M. Françon

Moderne Anwendungen der physikalischen Optik

M. Françon

Moderne Anwendungen der physikalischen Optik

In deutscher Sprache herausgegeben von
Prof. Dr. habil. Joachim Klebe

Mit 164 Abbildungen

AKADEMIE-VERLAG · BERLIN

1971

M. Françon

Modern Applications of Physical Optics

Authorized translation from English language

edition published by John Wiley & Sons, Inc., New York.

Erschienen im Akademie-Verlag GmbH,

108 Berlin, Leipziger Straße 3—4

Lizenznummer: 202 · 100/601/71

Gesamtherstellung: VEB Druckhaus „Maxim Gorki", 74 Altenburg

Bestellnummer: 7614181 (5864) · ES 18 B 5

Printed in German Democratic Republic

Vorwort zur deutschen Ausgabe

In den letzten zwanzig Jahren wurden auf verschiedenen Gebieten der Optik große Fortschritte erzielt. Dünne Schichten, Interferenzspektroskopie und -mikroskopie, Bildentstehung, Phasenkontrast, Kohärenz und seit der Anwendung der Laserstrahlung die nicht-lineare Optik und die Holographie sind die Hauptgebiete, auf denen sich die moderne Optik entwickelt hat.

In den meisten Fällen haben wir nur versucht, eine Einführung in die Grundgedanken und das Prinzip der neuen Methoden zu geben, vor allem im Fall der nichtlinearen Optik, wo eine ausführliche Behandlung theoretische Kenntnisse vorausgesetzt hätte, die den Rahmen dieses Buches überschreiten. Einen verhältnismäßig breiten Raum haben wir der Holographie und den Anwendungsmöglichkeiten der FOURIER-Transformation bei der Untersuchung der Bildentstehung durch optische Instrumente eingeräumt. Die Wissenschaftler, die Arbeiten auf dem Gebiet der Holographie veröffentlicht haben, sind so zahlreich, daß es uns unmöglich erschien, sie alle zu zitieren. Wir bitten sie deshalb an dieser Stelle um Entschuldigung. Selbst die Bibliographie kann in einem Werk wie dem vorliegenden nur einen kurzen Überblick geben.

Schließlich wurden die für viele Wissenschaftszweige so wichtigen Methoden der Beobachtung transparenter Objekte nicht vergessen. Wir haben die wesentlichen Elemente des Phasenkontrastes und der Interferenzmethoden behandelt. Noch ausführlicher haben wir die Interferenzmethoden mit polarisiertem Licht dargestellt, unter denen die Differentialmethode immer mehr Eingang in die Mikroskopie zu finden scheint.

Wir hoffen, daß die in diesem Buch insgesamt behandelten Probleme dem Leser zeigen, daß die Optik eine immer noch lebende und sich ständig weiterentwickelnde Wissenschaft ist.

Paris, 1970 M. FRANÇON

Vorwort

In den letzten zwanzig Jahren wurden in vielen Teilgebieten der Optik große Fortschritte erzielt. Dünne Schichten, Interferenzspektroskopie und -mikroskopie, Bildentstehung, Phasenkontrast und Anwendungen von polarisiertem Licht auf isotrope Objekte waren die bedeutendsten Gebiete bei den Entwicklungen der modernen physikalischen Optik.

In den folgenden Ausführungen werden wir uns bemühen, die Leitlinien der modernen optischen Forschung und die Prinzipien, die die Grundlage der neu entwickelten Methoden bilden, darzulegen. Wir haben den Anwendungen der FOURIER-Transformation bei der Untersuchung der Bildentstehung in optischen Instrumenten einen relativ breiten Raum gewidmet. Der Kongreß der International Commission on Optics (ICO), der im August 1959 in Stockholm stattfand, lenkte das besondere Interesse der Wissenschaftler auf dieses Gebiet. Die Anwendungen der FOURIER-Transformation haben die physikalischen Vorstellungen über die Bildentstehung völlig verändert.

Die Methoden der Beobachtung transparenter Objekte haben sich ebenfalls bedeutend weiterentwickelt. Diese Methoden sind in vielen Zweigen der Wissenschaft mit besonderem Nutzen angewendet worden. Das Phasenkontrastverfahren, von Professor F. ZERNIKE zuerst entwickelt, erlaubt die Messung von Wegdifferenzen, die kleiner als 1 Å sind, mit äußerst einfachen Mitteln. Die Fortschritte, die in diesen wie auch allen anderen Teilgebieten erzielt wurden, zeigen, daß die Optik noch immer eine lebende Wissenschaft ist, die sich stets weiterentwickelt.

M. FRANÇON

Paris, Frankreich

März 1963

Inhaltsverzeichnis

I. INTERFERENZ

1. Einleitung

Wenn man zwei oder mehrere Lichtwellen zur Überlagerung bringt, kann die zu beobachtende Erscheinung allgemein nicht in einfacher Weise beschrieben werden. Gehen die beiden Wellen von derselben monochromatischen Punktlichtquelle aus, dann ändert sich die Lichtintensität im Überlagerungsgebiet, und man kann *Interferenz* beobachten. Bekanntlich kann man eine Lichtwelle in einem festen Raumpunkt durch eine elliptische Lichtschwingung beschreiben, deren Form, Richtung und Phase sich dauernd ändern. Diese Änderungen verlaufen so schnell, daß ihnen weder das Auge noch irgendein physikalischer Empfänger folgen kann. Wenn zwei Lichtwellen von derselben Lichtquelle ausgesandt werden, besteht eine sehr enge Wechselbeziehung zwischen den Änderungen der Lichtschwingungen, die den beiden Wellen zugeordnet werden können. Diese Korrelation hängt von den Dimensionen der praktisch verwendeten Lichtquelle ab. Kann man die Lichtquelle als punktförmig annehmen, so ist diese Korrelation eindeutig: die beiden Wellen sind dann *kohärent*, d. h., sie können interferieren. Es ist aber nicht immer möglich, die Lichtquelle als punktförmig zu betrachten. Zwischen den Änderungen der beiden Lichtschwingungen besteht dann keine vollständige Korrelation mehr. Diese Wellen werden als *partiell kohärent* bezeichnet. Man kann noch Interferenzerscheinungen beobachten, aber ihre Wahrnehmbarkeit vermindert sich mit abnehmender Kohärenz der Wellen. Wenn die beiden Wellen von zwei verschiedenen Licht-

quellen ausgehen, sind die Änderungen der Lichtschwingungen vollkommen unabhängig. Man sagt dann, daß die beiden Wellen *inkohärent* sind. Unter gewöhnlichen Bedingungen beobachtet man keine Interferenzerscheinungen in irgendeinem Punkt des Überlagerungsraumes. Die Lichtintensität ergibt sich in diesem Fall immer als die Summe der Intensitäten der beiden Wellen. Um *unter diesen Bedingungen* Interferenzen zu erhalten, ist es notwendig, daß die zur Überlagerung kommenden Wellen von ein und demselben Punkt der Lichtquelle ausgesandt werden. Eine Interferenzanordnung muß daher eine Strahlenteilung erzeugen. Sie zerlegt eine einfallende Welle in zwei oder mehrere Teilwellen, die nach dem Durchlaufen unterschiedlicher Wege überlagert werden und dann ein Interferenzbild erzeugen. Es ist also nicht so, daß man keine Interferenzerscheinungen beobachten kann, wenn man eine ausgedehnte Lichtquelle verwendet. Jeder Punkt einer ausgedehnten Lichtquelle kann also Interferenzen hervorrufen. Alle dabei erzeugten Interferenzerscheinungen sind aber für verschiedene Punkte der Lichtquelle untereinander inkohärent. Ihre Intensitäten setzen sich daher einfach additiv zusammen. Wenn unter den gegebenen experimentellen Bedingungen die Überlagerung aller dieser Erscheinungen vollständig ist, kann man Interferenzen beobachten, die scharf begrenzt sind und jenen entsprechen, die man von einer punktförmigen Lichtquelle erhält. Ist die Überlagerung nicht mehr vollständig, so wird das Interferenzbild in einem gewissen Bereich unscharf. Die Lichtquelle erzeugt dann partiell kohärentes Licht. Die Wahrnehmbarkeit der Erscheinung nimmt ab. Schließlich wird die Beleuchtung im Beobachtungsfeld vollkommen gleichmäßig, wenn die Interferenzerscheinung, die von verschiedenen Punkten der Lichtquelle herrührt, völlig verschwommen ist. Unter diesen Bedingungen erzeugt die Lichtquelle eine inkohärente Beleuchtung.

Im allgemeinen sind die Lichtschwingungen elliptisch. Man kann sie als Resultierende von zwei linearen Schwin-

gungen ansehen, die in Richtung zweier zueinander senkrecht stehender Achsen, der x- und der y-Achse, zeigen:

$$x = x_m \cos(\omega t + \vartheta), \quad y = y_m \cos(\omega t + \psi), \tag{1.1}$$

wobei x_m und y_m die Amplituden, ϑ und ψ die Phasen, ω die Kreisfrequenz und t die Zeit bedeuten.

Von einem Atom wird innerhalb einer begrenzten Zeit Θ von der Größenordnung 10^{-8} s eine Welle emittiert, die nur eine bestimmte Länge besitzt. Nach Ablauf einer gewissen Zeitspanne, die im Vergleich zu Θ groß sei, kann dieser elliptisch polarisierte Wellenzug, den wir zuerst betrachtet haben, nicht mehr beobachtet werden. Von anderen Atomen der Lichtquelle werden neue Wellenzüge ausgesandt, aber es bestehen keine Beziehungen zwischen diesen und dem ersten. Das bedeutet, daß sich x_m, y_m, ϑ und ψ als Funktionen der Zeit vollkommen unregelmäßig ändern. Es besteht daher nach einer gewissen Zeit zwischen x und y kein Zusammenhang mehr, wie er durch Gleichung (1.1) beschrieben wird. Bei unseren Experimenten, bei denen die Beobachtungszeiten sehr groß gegenüber Θ sind, liegen dann zwei inkohärente Lichtschwingungen x und y längs der x- und y-Achse vor. Wir sind daher genötigt, die zeitlichen Mittelwerte dieser Größen zu verwenden, um die beobachteten Effekte zu beschreiben. Die Intensitäten dieser beiden Anteile sind den Mittelwerten von ${x_m}^2$ und ${y_m}^2$ proportional. Wenn man natürliches Licht verwendet, sind diese beiden Mittelwerte gleich.

Im allgemeinen kann man Interferenz- und Beugungserscheinungen behandeln, ohne daß man vom vektoriellen Charakter der Lichtwellen Gebrauch macht. Wir können die Lichtschwingungen durch eine skalare Funktion der Form $x = a \cos(\omega t + \varphi)$ darstellen, wobei die Phase φ und die optische Weglänge Δ durch die Beziehung

$$\varphi = 2\pi \Delta / \lambda \tag{1.2}$$

zusammenhängen. Für die folgenden Betrachtungen wird es vorteilhaft sein, die komplexe Schreibweise zu verwenden. Die Lichtschwingung ist dann gegeben durch

$$a[\cos(\omega t + \varphi) + \mathrm{j}\sin(\omega t + \varphi)] = a\,\mathrm{e}^{\mathrm{j}(\omega t + \varphi)} = a\,\mathrm{e}^{\mathrm{j}\omega t}\mathrm{e}^{\mathrm{j}\varphi} \tag{1.3}$$

mit $$\mathrm{j} = \sqrt{-1}.$$

Die Größe $\mathrm{e}^{\mathrm{j}\omega t}$ ist der harmonische Zeitanteil der Lichtschwingung und tritt als allgemeiner Faktor in allen Rechnungen auf. Daher kann dieser Faktor weggelassen werden. Die Lichtschwingung wird dann einfach durch den zeitfreien Faktor $a\mathrm{e}^{\mathrm{j}\varphi}$ mit der reellen Schwingungsamplitude a, die gleich dem Betrag der komplexen Amplitude $a\mathrm{e}^{\mathrm{j}\varphi}$ ist, dargestellt.

Historisch gesehen konnte man mit Hilfe der Interferenzerscheinungen die Wellennatur des Lichtes begründen. Heute findet man zahlreiche Anwendungen der Interferenzerscheinungen in vielen Zweigen der Wissenschaft und Technik. Interferenzen, erzeugt durch dünne Schichten, haben zu bedeutenden Fortschritten bei der Verbesserung der Lichtdurchlässigkeit von optischen Instrumenten und bei der Konstruktion von Interferenzfiltern beigetragen. Die Untersuchungen an dünnen Schichten haben auch das Interesse an der Interferenzspektroskopie wiederbelebt. Die Verwendung von physikalischen Empfängern hat es ermöglicht, noch solche geringen Helligkeitswerte aufzuzeichnen, daß die Methoden der Interferenzspektroskopie ungewöhnlich erweitert werden konnten. In der Meßtechnik kann man mit Hilfe von Interferenzmethoden Längenmessungen mit außerordentlicher Genauigkeit durchführen. Interferenzstreifen können heute bis zu hohen Gangunterschieden erfaßt werden. Dadurch kann das internationale Meter direkt mit der Wellenlänge einer Strahlung verglichen werden. In der Mikroskopie haben es Interferenzmethoden ermöglicht, eine ganze Reihe von Instrumenten zu entwickeln, mit denen man nicht nur durchsichtige

Objekte beobachten, sondern auch Brechungsindizes und Dicken von mikroskopischen Einzelheiten messen kann. Mit der weiteren Entwicklung der neuen Interferenztechniken wuchsen die Anwendungen der Interferenzmethoden in Wissenschaft und Industrie.

2. Dünne Schichten

Dünne Schichten, durchsichtig oder metallisch, auf Glas oder auf Metallen aufgebracht, haben innerhalb der letzten Jahre eine beträchtliche Entwicklung durchgemacht. Eine der bekanntesten Anwendungen ist die Verwendung von durchsichtigen dünnen Schichten zur Verminderung der Lichtreflexion auf Glasoberflächen. Diese reflexmindernden Schichten erhöhen effektiv die Durchlässigkeit der optischen Instrumente und reduzieren die „Geisterbilder“. Dadurch wird eine Verbesserung der Leistungsfähigkeit solcher Instrumente erreicht, die um so deutlicher wird, je größer die Anzahl der Oberflächen ist. Dies ist einer der größten Fortschritte, der seit der Einführung der systematischen Berechnung der Aberrationen durch Abbé erzielt wurde.

Die halbdurchlässigen dünnen Schichten, die den Anteil des von einer Glasoberfläche reflektierten Lichtes ohne Absorptionsverluste erhöhen, sollen hier ebenfalls erwähnt werden. Solche Schichten spielen im Fabry-Perot-Interferometer eine bedeutende Rolle. Mit ihrer Hilfe kann man auch Filter herstellen, die die Durchlässigkeit auf einen schmalen Frequenzbereich begrenzen. Monochromatische Filter dieses Typs, als Interferenzfilter bekannt, werden allgemein in Laboratorien und in der Industrie verwendet. Weiterhin kann man dünne Schichten herstellen, die im ultravioletten und im infraroten Bereich des Spektrums wirksam sind. Es ist z. B. möglich, Schichten für das Infrarot herzustellen, die infra-

rote Strahlung ohne Absorption durchlassen (kalte Spiegel). Die Probleme, die bei der Untersuchung der dünnen Schichten auftreten, können gelöst werden, wenn man die Grundgedanken der Interferenz des Lichtes benutzt. Bei den folgenden Betrachtungen wird angenommen, daß der Leser mit derartigen Vorstellungen vertraut ist.

2.1. *Interferenzen an durchsichtigen dünnen Schichten. Reflexionsvermögen und Durchlässigkeit für eine oder mehrere Schichten*

Wir wollen annehmen, daß eine einzelne durchsichtige Schicht der Dicke e und mit dem Brechungsindex n_1 (Abb. 2.1) gegeben sei. Sie befinde sich zwischen zwei

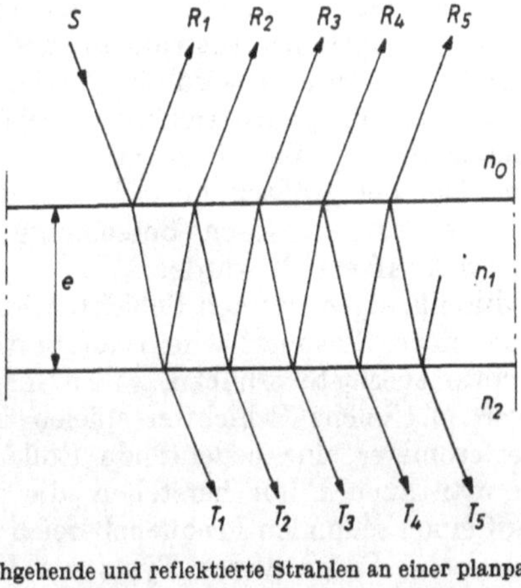

Abb. 2.1. Durchgehende und reflektierte Strahlen an einer planparallelen Platte

durchsichtigen Medien mit den Brechzahlen n_0 und n_2. Als Ergebnis von mehrfachen Reflexionen im Innern der Schicht wird ein einfallender Strahl S in eine Reihe von reflektierten Strahlen R_1, R_2, R_3, ... und in eine Reihe

von durchgehenden Strahlen $T_1, T_2, T_3, \ldots$ aufgespalten. Aus der Überlagerung der Strahlen $R_1, R_2, R_3, \ldots$ kann man den an der dünnen Schicht reflektierten Energiefluß berechnen. Auf dieselbe Weise kann der durchgehende Energiefluß aus der Interferenz der durchgelassenen Strahlen $T_1, T_2, T_3, \ldots$ ermittelt werden. Wir wollen kurz die klassischen Formeln für den reflektierten und den durchgehenden Energiefluß wiederholen. Dabei wollen wir uns auf den Fall des senkrechten Einfalls der Strahlen beschränken, der für die Untersuchung der prinzipiellen Erscheinungen ausreichend ist.

Als Einheit der Amplituden soll die Amplitude der einfallenden Welle (im Medium mit der Brechzahl n_0) verwendet werden. Dann ist die Amplitude r_1 der an der Grenzfläche zwischen dem Medium n_0 und der dünnen Schicht reflektierten Welle bzw. die Amplitude r_2 der an der Grenzfläche der dünnen Schicht mit dem Medium n_2 reflektierten Welle durch die Fresnelschen Formeln

$$r_1 = (n_0 - n_1)/(n_0 + n_1), \qquad r_2 = (n_1 - n_2)/(n_1 + n_2) \tag{2.1}$$

gegeben. Weiterhin erhält man

$$\varphi = 2\pi n_1 e/\lambda. \tag{2.2}$$

Wir wollen das Reflexionsvermögen als Verhältnis des reflektierten zum einfallenden Energiefluß definieren. Die klassischen Gesetze der Interferenz von Wellen können zur Berechnung des Reflexionsvermögens R der dünnen Schicht angewandt werden. Berücksichtigen wir die Gesamtheit aller Mehrfachreflexionen, so finden wir

$$R = \frac{r_1^2 + r_2^2 + 2 r_1 r_2 \cos 2\varphi}{1 + r_1^2 r_2^2 + 2 r_1 r_2 \cos 2\varphi}. \tag{2.3}$$

Als Durchlässigkeit T soll das Verhältnis des durchgehenden zum einfallenden Energiefluß definiert werden.

Setzen wir wieder die Gesamtheit aller Mehrfachreflexionen in Rechnung, so erhalten wir

$$T = \frac{(1 - r_1^2)(1 - r_2^2)}{1 + r_1^2 r_2^2 + 2 r_1 r_2 \cos 2\varphi}. \tag{2.4}$$

Durch Additionen der Beziehungen (2.3) und (2.4) erhält man $R + T = 1$. Das bedeutet, daß durch die Platte keine Energie absorbiert wird. Betrachtet man zwei durchsichtige dünne Schichten mit den Dicken e_1 und e_2 und den Brechzahlen n_1 und n_2 (Abb. 2.2), die zwischen

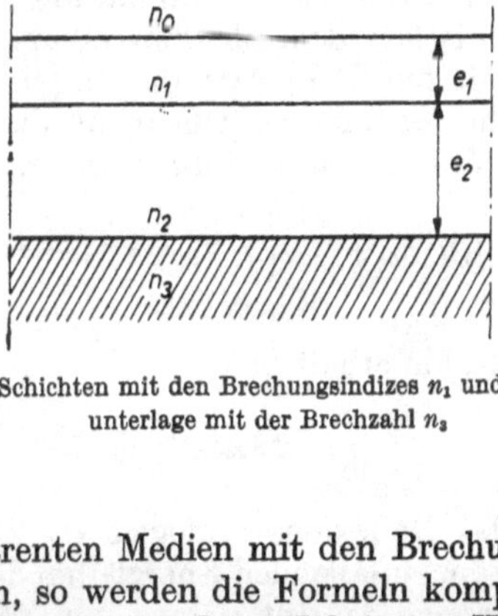

Abb. 2.2. Dünne Schichten mit den Brechungsindizes n_1 und n_2 auf einer Glasunterlage mit der Brechzahl n_3

zwei transparenten Medien mit den Brechungsindizes n_0 und n_3 liegen, so werden die Formeln komplizierter. Die Werte der Amplituden der reflektierten Wellen an den drei Grenzflächen nehmen dann folgende Form an:

$$r_1 = (n_0 - n_1)/(n_0 + n_1), \quad r_2 = (n_1 - n_2)/(n_1 + n_2),$$
$$r_3 = (n_2 - n_3)/(n_2 + n_3). \tag{2.5}$$

Weiterhin erhält man

$$\varphi_1 = 2\pi n_1 e_1/\lambda, \quad \varphi_2 = 2\pi n_2 e_2/\lambda. \tag{2.6}$$

Folgende Abkürzungen sollen eingeführt werden:

$$\begin{aligned}
a &= (1 + r_1 r_2 + r_2 r_3 + r_3 r_1) \cos\varphi_1 \cos\varphi_2 \\
&\quad - (1 - r_1 r_2 + r_2 r_3 - r_3 r_1) \sin\varphi_1 \sin\varphi_2 , \\
b &= (1 - r_1 r_2 - r_2 r_3 + r_3 r_1) \sin\varphi_1 \cos\varphi_2 \\
&\quad + (1 + r_1 r_2 - r_2 r_3 - r_3 r_1) \cos\varphi_1 \sin\varphi_2 , \\
c &= (r_1 + r_2 + r_3 + r_1 r_2 r_3) \cos\varphi_1 \cos\varphi_2 \\
&\quad - (r_1 - r_2 + r_3 - r_1 r_2 r_3) \sin\varphi_1 \sin\varphi_2 , \\
d &= (r_1 - r_2 - r_3 + r_1 r_2 r_3) \sin\varphi_1 \cos\varphi_2 \\
&\quad + (r_1 + r_2 - r_3 - r_1 r_2 r_3) \cos\varphi_1 \sin\varphi_2 , \\
f &= (1 + r_1)(1 + r_2)(1 + r_3) .
\end{aligned} \tag{2.7}$$

Das Reflexionsvermögen R und die Durchlässigkeit T für eine solche Anordnung mit zwei dünnen Schichten lassen sich dann wie folgt berechnen:

$$R = (c^2 + d^2)/(a^2 + b^2), \qquad T = (n_3/n_0) f^2/(a^2 + b^2). \tag{2.8}$$

Wenn man Systeme, die aus vielen dünnen Schichten aufgebaut sind, betrachtet (Mehrfachschichten), dann ist eine Darstellung mit Hilfe der Matrizenalgebra besonders geeignet. Jede einzelne dünne Schicht wird durch eine Elementarmatrix beschrieben. Die Eigenschaften der gesamten Anordnung werden dann durch eine Matrix dargestellt, die sich als Produkt aller Elementarmatrizen berechnen läßt. Bei senkrechtem Lichteinfall kann eine solche Elementarmatrix für eine durchsichtige dünne Schicht in folgender Weise geschrieben werden (Abb. 2.1):

$$\begin{pmatrix} m_{11} & m_{12} \\ m_{21} & m_{22} \end{pmatrix} = \begin{pmatrix} \cos\varphi & \mathrm{j}\,\dfrac{\sin\varphi}{n_1} \\ \mathrm{j}\,n_1 \sin\varphi & \cos\varphi \end{pmatrix}, \tag{2.9}$$

wobei n_1 der Brechungsindex der Schicht ist und φ durch Gleichung (2.2) gegeben ist. Aus der Matrix (2.9) kann man zwei Ausdrücke ableiten. Bildet man das Quadrat der Beträge dieser Ausdrücke, so erhält man das Reflexionsvermögen R und die Durchlässigkeit T:

$$R = \left| \left[\frac{n_0(m_{11} + n_s m_{12}) - (m_{21} + n_s m_{22})}{n_0(m_{11} + n_s m_{12}) + (m_{21} + n_s m_{22}} \right] \right|^2, \tag{2.10}$$

$$T = \left| \left[\frac{2 n_0}{n_0(m_{11} + n_s m_{12}) + (m_{21} + n_s m_{22}} \right] \right|^2. \tag{2.11}$$

Der Brechungsindex n_2 des untersten Mediums in Abb. 2.1 wird hier mit n_s bezeichnet, so daß diese Beziehungen auch für mehrere dünne Schichten angewendet werden können. Die Größe n_s bedeutet dann immer die Brechzahl des letzten Mediums.

Setzt man die Werte von m_{11}, m_{12}, m_{21} und m_{22} nach Gleichung (2.9) in die Beziehung (2.10) und (2.11) ein, so gelangen wir wieder zu denselben Ausdrücken, wie sie in den Gleichungen (2.3) und (2.4) angegeben wurden. Bei einer beliebigen Anzahl von dünnen Schichten können wir schreiben:

$$\begin{pmatrix} m_{11} & m_{12} \\ m_{21} & m_{22} \end{pmatrix} = \begin{pmatrix} \cos\varphi_1 & \mathrm{j}\,\dfrac{\sin\varphi_1}{n_1} \\ \mathrm{j}\,n_1 \sin\varphi_1 & \cos\varphi_1 \end{pmatrix} \begin{pmatrix} \cos\varphi_2 & \dfrac{\mathrm{j}\sin\varphi_2}{n_2} \\ \mathrm{j}\,n_2 \sin\varphi_2 & \cos\varphi_2 \end{pmatrix}. \tag{2.12}$$

Durch Multiplikation der Matrizen auf der rechten Seite von Gleichung (2.12) erhalten wir wieder eine Matrix, deren Elemente m_{11}, m_{12}, m_{21} und m_{22} auf diese Weise explizit durch die Größen der einzelnen Schichten ausgedrückt werden können. Setzt man diese Werte in die Gleichungen (2.10) und (2.11) ein, so kann man das Reflexionsvermögen und die Durchlässigkeit für alle Schichten berechnen.

Diese Rechnungen können für absorbierende Medien und schrägen Einfall erweitert werden. Die Matrixelemente wie auch die Formeln für R und T werden dabei natürlich komplizierter.

2.2. *Reflexmindernde dünne Schichten*

Eine bedeutende Anwendung der durchsichtigen dünnen Schichten ist die Herstellung reflexmindernder Beläge. Wenn ein Lichtbündel durch ein optisches Instrument hindurchgeht, wird ein Teil davon an jeder brechenden Fläche reflektiert und in Richtung der Lichtquelle zurückgeworfen. Dieser Teil trägt zur Bilderzeugung nichts bei und ist somit verloren. Die wirklichen Verhältnisse sind jedoch noch komplizierter; denn ein Teil dieses Lichtes wird wiederum an anderen brechenden Flächen reflektiert und gelangt in den Bildraum, wo es den Kontrast schwächt.

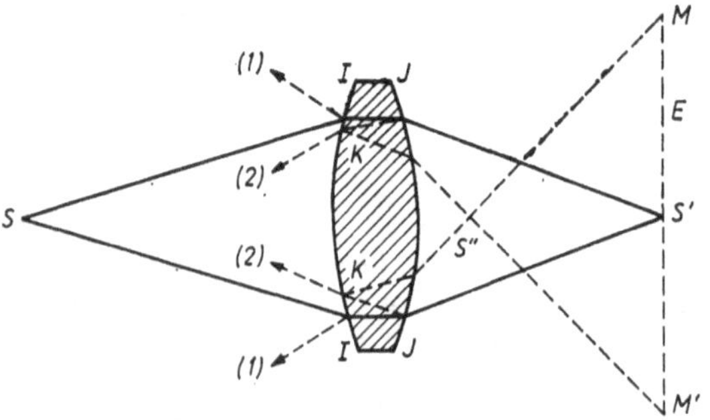

Abb. 2.3. Geisterlicht, das von den brechenden Flächen einer Linse reflektiert wird

Abb. 2.3 zeigt schematisch die Lichtwege, wie wir sie oben beschrieben haben. Die Lichtquelle S sendet Strahlen SI aus, die in I in Richtung der Strahlen (*1*) reflektiert werden. Diese Strahlen (*1*) sind für die Ab-

bildung verloren, wenn keine anderen brechenden Flächen zwischen S und dem Objektiv O liegen. Bei I setzt ein Teil des Lichtes über J seinen Weg fort, läuft in S' zusammen und erzeugt damit das normale Bild S'. In J wird aber auch ein Teil in Richtung JK reflektiert. In den Punkten K findet einmal eine Brechung statt. Das gebrochene Licht breitet sich entlang der Strahlen (2) aus und trägt nicht zur Abbildung bei. Zum anderen wird in K ein Teil reflektiert und breitet sich in Richtung KS'' aus. Es trägt somit zur Erzeugung eines reellen Bildes in S'' bei. Hierbei handelt es sich um ein Geisterbild, das die Beobachtungsebene E gleichmäßig ausleuchtet und einen Lichthof MM' erzeugt. Natürlich ist dieser Lichthof sehr schwach. Wenn aber das Instrument viele brechende Flächen besitzt, ergeben die Reflexionsverluste eine Verminderung der Beleuchtung im Bild S'' (das Objekt kann auch ausgedehnt sein; S stellt dann einen Punkt desselben dar) und die relative Bedeutung des Lichthofes MM' steigt an.

Man findet z. B. in einem Periskop oder in einem Zystoskop bis zu 30 brechende Flächen. In diesem Fall sind infolge der Reflexionen an den brechenden Flächen $^4/_5$ des einfallenden Lichtes für eine normale Abbildung verloren. Es ist daher verständlich, daß unter solchen Bedingungen ein großes Interesse an der Verminderung von Reflexionen bestanden hat. Diese Reflexminderung ist als „Vergütung“ der Oberflächen bekannt. Vergütete Oberflächen werden heute in allen optischen Instrumenten verwendet, bei Objektivlinsen für Photo- und Filmkameras, in Mikroskopen usw.

Es sei S die Oberfläche einer Glasplatte mit dem Brechungsindex n_2. Auf ihr befinde sich ein dünner Film der Dicke e und der Brechzahl n_1 (Abb. 2.4). Das Reflexionsvermögen der Oberfläche S, die mit der dünnen Schicht überzogen ist, läßt sich mit Hilfe von Gleichung (2.3) berechnen. Daraus erhält man ein Maximum oder ein Minimum für R, wenn $\varphi = (2k + 1)(\pi/2)$ ist. Das bedeutet, daß ein Maximum oder ein Minimum vorliegt,

wenn die optische Dicke des Films ein ungerades Vielfaches von $\lambda/4$ ist.

Für diesen Wert von φ erhält man

$$R = [(r_1 - r_2)/(1 - r_1 r_2)]^2 = [(n_0 n_2 - n_1^2)/(n_0 n_2 + n_1^2)]^2. \tag{2.13}$$

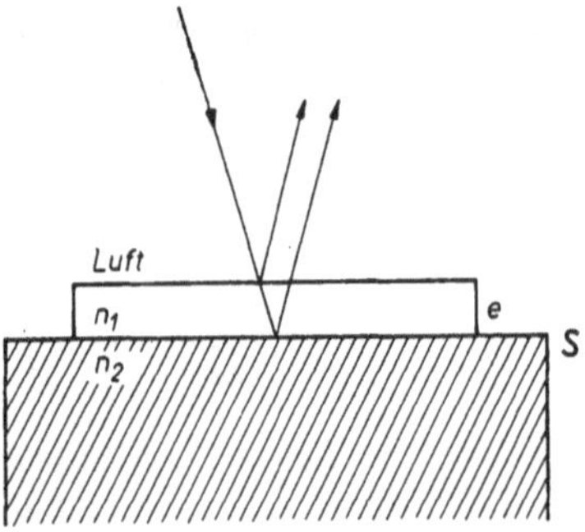

Abb. 2.4. Reflexmindernder Überzug einer Glasplatte mit der Brechzahl n_2 mit einer dünnen Schicht der Brechzahl n_1

R hat ein Minimum, wenn $n_0 < n_1 < n_2$ ist. Ein Maximum liegt vor, wenn $n_0 < n_1$ und $n_1 > n_2$ ist. Wenn sich das System in Luft $n_0 = 1$ befindet, erhält man ein Minimum, wenn $n_1 < n_2$ gilt. Ein dünner Film, dessen Brechungsindex kleiner ist als der der Unterlage, auf die er aufgebracht wurde, verkleinert immer das Reflexionsvermögen dieser Trägerschicht. Wenn der Wert des Brechungsindex n_1 zwischen n_0 ($n_0 = 1$) und n_2 liegt, erfolgt der Übergang an der Grenzfläche Luft—Film von einem optisch dünneren zu einem optisch dichteren Medium. An der Grenzfläche Film—Unterlage findet ebenfalls ein Übergang von einem optisch dünneren Medium zu einem optisch dichteren Medium statt. Bekanntlich braucht man in diesem Fall zum Gangunterschied der Wellen, die an den beiden Grenzflächen

reflektiert werden, keinen zusätzlichen Phasensprung hinzuzufügen. Wenn die Dicke der Schicht gleich $\lambda/4$ ist, wird der Gangunterschied durch die Reflexion bei senkrechtem Einfall gleich $\lambda/2$. Die Wellen, die an den beiden Grenzflächen reflektiert werden, besitzen entgegengesetzte Phasen und heben sich daher gegenseitig auf. Dies ist anschaulich der Grund, warum R ein Minimum annimmt. Gleichung (2.13) zeigt, daß R zum Verschwinden gebracht werden kann, wenn die Brechzahlen der drei Medien folgender Beziehung genügen:

$$n_1^2 = n_0 n_2 . \qquad (2.14)$$

Wenn $n_0 = 1$ ist, dann wird

$$n_1 = \sqrt{n_2} . \qquad (2.15)$$

Für optisches Glas, dessen Brechungsindizes zwischen 1,5 und 1,8 liegen, nimmt die Quadratwurzel aus diesen Zahlen Weıte zwischen 1,22 und 1,34 an. Es gibt jedoch

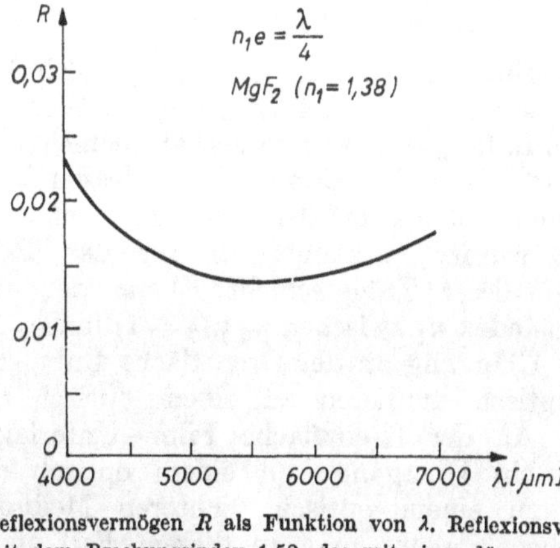

Abb. 2.5. Reflexionsvermögen R als Funktion von λ. Reflexionsvermögen R von Glas mit dem Brechungsindex 1,52, das mit einer dünnen Schicht aus Magnesiumfluorid der optischen Dicke $\lambda/4$ ($\lambda = 0{,}55\ \mu m$) überzogen wurde

keine Substanzen, deren Brechzahlen kleiner als 1,34 sind und die daher als Filmmaterial geeignet wären. Deshalb kann man auch fast nie R mit Hilfe einer einfachen Schicht zu Null machen. Abb. 2.5 zeigt die Abhängigkeit des Reflexionsvermögens von der Wellenlänge für Glas mit dem Brechungsindex $n_2 = 1{,}52$, das mit einer dünnen Schicht aus Magnesiumfluorid mit der optischen Dicke $\lambda/4$ für eine Wellenlänge $\lambda = 5500$ Å überzogen wurde. Das Reflexionsvermögen ist viermal kleiner als das von nicht vergütetem Glas, was in vielen Fällen ausreichend ist.

Bei der Verwendung von Doppelschichten ergeben sich natürlich größere Möglichkeiten. Nach Gleichung (2.8) verschwindet R, wenn gleichzeitig $\varphi_1 = \varphi_2 = \pi/2$ und $n_0 n_2^2 = n_1^2 n_3$ ist.

Die beiden Schichten haben dann eine optische Dicke von einem Viertel der Wellenlänge. Diese Beziehung zwischen den Brechungsindizes kann jedoch im allgemeinen nicht mit bekannten durchsichtigen Substanzen erfüllt werden. R kann aber außerdem bei zwei Schichten auch noch verschwinden, wenn man in Gleichung (2.8) $c = 0$ und $d = 0$ setzt. Wir erhalten dann

$$\tan^2 \varphi_1 = \frac{n_1^2 (n_3 - n_0)(n_2^2 - n_0 n_3)}{(n_0 n_2^2 - n_1^2 n_3)(n_1^2 - n_0 n_3)}, \tag{2.16}$$

$$\tan \varphi_2 = \frac{n_1 n_2 (n_0 - n_3)}{n_0 n_2^2 - n_1^2 n_3} \cdot \frac{1}{\tan \varphi_1}. \tag{2.17}$$

Diese Beziehungen gestatten eine viel größere Auswahl der Brechungsindizes.

Wir wollen wieder $n_0 = 1$ setzen. In allen Fällen führt dies zu $n_2 > n_1$. Die Brechzahl der Schicht, die unmittelbar auf das Glas aufgebracht ist, muß größer sein als die der äußeren Schicht. Der Film auf dem Glas bewirkt nämlich, daß das Reflexionsvermögen des Glases anwächst. Diese Zunahme wird dann durch die äußere Schicht wieder aufgehoben. Wenn R für eine mittlere

Wellenlänge des sichtbaren Spektrums verschwindet, dann ist es am blauen und am roten Ende des sichtbaren Spektrums merklich größer als das Reflexionsvermögen R_0 des unvergüteten Glases. Fordert man $R < R_0$ im gesamten Spektralbereich, so muß R für zwei verschiedene Werte von λ innerhalb dieses Bereiches zum Verschwinden gebracht werden. Es ergeben sich hierzu verschiedene Möglichkeiten. Die am meisten interessierende benutzt die Lösung $\varphi_2 = 2\varphi_1$ d. h. $n_2 e_2 = 2 n_1 e_1$. Die Dicke der zweiten Schicht ist doppelt so groß wie die der ersten. Das Reflexionsvermögen verschwindet für die Wellenlänge λ_1, wenn $\varphi_1 = 2\pi n_1 e_1/\lambda_1$ wird. Die Beziehung (2.16) ist jedoch auch erfüllt, wenn man φ_1 durch $\pi - \varphi_1$ ersetzt. Das Reflexionsvermögen wird dann auch für eine zweite Wellenlänge λ_2 gleich Null, wenn

$$\pi - \varphi_1 = 2\pi n_1 e_1/\lambda_2 = \varphi_1(\lambda_1/\lambda_2)$$

ist, woraus

$$\varphi_1 = \pi/(1 + \lambda_1/\lambda_2)$$

folgt.

Die optische Dicke der beiden Schichten wird dann

$$n_1 e_1 = \lambda_1\lambda_2/2(\lambda_1 + \lambda_2), \quad n_2 e_2 = \lambda_1\lambda_2/(\lambda_1 + \lambda_2). \quad (2.18)$$

Daher erhalten wir eine Schicht $n_2 e_2$ der Dicke $\lambda/2$ und einen Film $n_1 e_1$ der Dicke $\lambda/4$ (Abb. 2.6).

Abb. 2.7, entnommen von A. F. Turner, zeigt ein Beispiel für den vorliegenden Fall. Man sieht, daß im sichtbaren Spektrum das Reflexionsvermögen immer sehr viel kleiner als das des nicht vergüteten Glases bleibt.

Mit drei Schichten kann man das Reflexionsvermögen für drei Wellenlängen des Spektrums zum Verschwinden bringen. Man kann zum Beispiel Flintglas mit dem Brechungsindex $n_4 = 1{,}62$ vergüten mit drei Schichten der otpischen Dicken $n_1 e_1 = \lambda/4$, $n_2 e_2 = \lambda/2$ und $n_3 e_3 = 3\lambda/4$. Die erste Schicht kann z. B. aus MgF_2 ($n_1 = 1{,}38$) bestehen, die zweite aus ZnS ($n_2 = 2{,}30$)

und die dritte aus Al_2O_3 ($n_3 = 1{,}76$). Das Reflexionsvermögen wird dann auf weniger als 0,5% über nahezu das ganze sichtbare Spektrum reduziert.

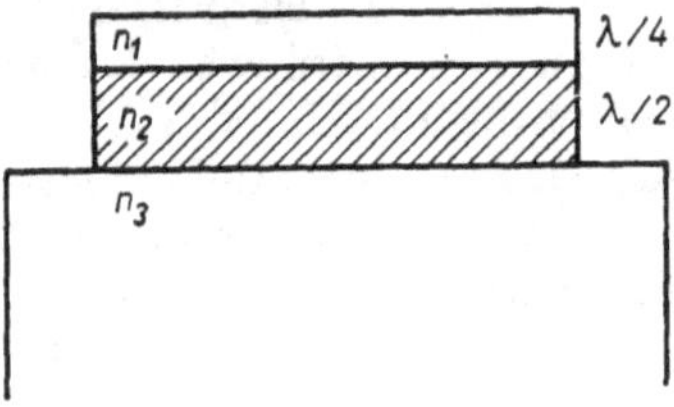

Abb. 2.6. Reflexmindernder Überzug mit zwei dünnen Schichten

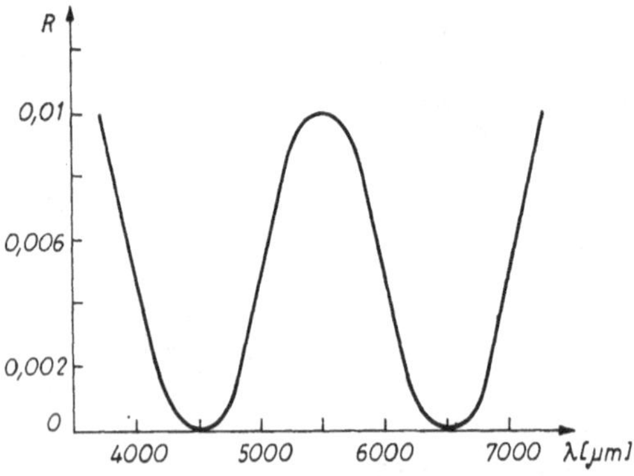

Abb. 2.7. Reflexionsvermögen R als Funktion von λ für den Fall zweier dünner Schichten (A. F. Turner)

Bei einem speziellen Instrument mit 20 unvergüteten Flächen beträgt z. B. die Durchlässigkeit nur 0,32. Nach dem Vergüten mit einem Dreischichtsystem erreicht die Durchlässigkeit einen Wert von 0,98.

2.3. Methoden zur Erhöhung des Reflexionsvermögens von Oberflächen

In gewissen Fällen, z. B. im Fabry-Perot-Interferometer, ist es sehr wichtig, das Reflexionsvermögen der Glasoberflächen zu vergrößern, während eine gute Durchlässigkeit erhalten bleibt. Halbdurchlässige metallische Schichten besitzen ein gutes Reflexionsvermögen, aber sie erzeugen auch immer eine merkliche Absorption. Dies ist der Grund, warum man sich den Untersuchungen für die Anwendung durchsichtiger dünner Schichten zugewendet hat.

Das Reflexionsvermögen einer Glasoberfläche kann sehr stark erhöht werden, wenn man auf ihr einen dünnen durchsichtigen Film mit großem Brechungsindex und einer optischen Dicke von $\lambda/4$ aufbringt.

Wir wollen zu Gleichung (2.13) zurückkehren und annehmen, daß sich das System in Luft ($n_0 = 1$) befindet. An Stelle der Beziehung $n_1 < n_2$, die zu einer Verminderung des Reflexionsvermögens führt, wollen wir den Fall betrachten, daß $n_1 > n_2$ ist. Der umgekehrte Effekt tritt ein; das Reflexionsvermögen steigt an. Eine dünne Schicht mit dem Brechungsindex n_1, der größer als derjenige der Unterlage ist, erhöht immer das Reflexionsvermögen. An der Grenzfläche Luft—Film findet ein Übergang von einem optisch dünneren zu einem optisch dichteren Medium statt. An der Grenzfläche Film—Unterlage erfolgt der Übergang von einem optisch dichteren Medium zu einem optisch dünneren. Bekanntlich muß man in diesem Fall zum Gangunterschied der an den beiden Grenzflächen reflektierten Wellen einen zusätzlichen Phasensprung von $\lambda/2$ hinzuzählen. Wenn die optische Dicke der Schicht $\lambda/4$ beträgt, wird der Gangunterschied durch die Reflexion bei senkrechtem Einfall $\lambda/2$. Nach Hinzufügen des zusätzlichen Phasensprunges von $\lambda/2$ erhalten wir einen Gesamtgangunterschied von λ. Die Wellen, die an den beiden Grenzflächen reflektiert

werden, befinden sich in Phase. Dies ist der Grund, warum das Reflexionsvermögen R ein Maximum annimmt. Tabelle I zeigt einige numerische Beispiele, die nach Gleichung (2.13) berechnet wurden.

Tabelle I

Reflexionsvermögen einer Glasoberfläche mit dem Brechungsindex 1,5, die mit einer dünnen Schicht der optischen Dicke $\lambda/4$ vergütet wurde.

Filmmaterial	Brechungsindex	λ	Reflexionsvermögen	Reflexionsvermögen des unvergüteten Glases
ZnS	2,3	0,546 µm	0,37	0,04
TiO_2	2,6	0,546 µm	0,40	0,04

Noch bessere Ergebnisse erhält man, wenn man durchsichtige Mehrfachschichten verwendet. Schichten der Dicke $\lambda/4$ mit abwechselnd hohem und niedrigem Brechungsindex werden übereinandergebracht (Abb. 2.8). Mehrfaches Anwenden der Überlegungen für das vorhergehende System mit nur einer Schicht erklärt die Wir-

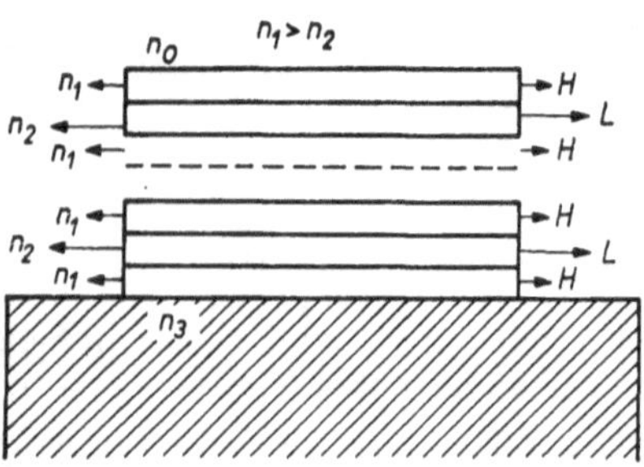

Abb. 2.8. Zunahme des Reflexionsvermögens von Glas der Brechzahl n_3 durch abwechselnde Belegung mit dünnen Schichten hoher Brechzahl (H) und niedriger Brechzahl (L)

kungsweise. Dadurch wird das Reflexionsvermögen erhöht, die Durchlässigkeit verringert sich, da praktisch die Absorption vernachlässigt wurde. Berechnungen des Reflexionsvermögens für senkrechten Einfall auf ein solches System geschichteter Filme lassen sich einfach mit Hilfe der Matrizen aus Gleichung (2.12) durchführen.

Wir wollen ein spezielles Zahlenbeispiel betrachten. Die Schichten mit hohem Brechungsindex (H) bestehen aus Zinksulfid ($n = 2{,}3$), die Schichten mit niedriger Brechzahl (L) aus Kryolith ($n = 1{,}3$). Als Unterlage verwenden wir Glas mit dem Brechungsindex $n = 1{,}5$. Die Rechnungen ergeben ein Reflexionsvermögen $R = 0{,}964$ für sieben Schichten, jede von der Dicke $\lambda/4$ ($\lambda = 0{,}589\,\mu\text{m}$). Das Reflexionsvermögen von Metallen kann auf dieselbe Weise vergrößert werden, indem man sie mit einem oder mehreren Paaren von durchsichtigen Schichten mit abwechselnd hohem und niedrigem Brechungsindex überzieht, wobei die Dicke so bestimmt werden muß, daß die Amplituden aller reflektierten Wellen additiv sind. Wegen des auftretenden Phasensprunges bei der Reflexion an einer Metalloberfläche muß die Schicht mit dem kleineren Brechungsindex, die sich unmittelbar auf dem Metall befindet, eine Dicke von etwas weniger als $\lambda/4$ haben. Wir können z. B. durch Überziehen einer dünnen, halbdurchlässigen Silberschicht mit einem Kryolithfilm und einer Zinksulfidschicht ihr Reflexionsvermögen von 0,86 auf 0,94 oder von 0,94 auf 0,97 erhöhen.

2.4. *Absorbierende dünne Schichten*

Bei Verwendung von absorbierenden dünnen Schichten werden die Berechnungen komplizierter. Wir wollen einen dünnen, absorbierenden Film betrachten, der durch zwei absorbierende Medien begrenzt wird. Die Brechzahlen n_0, n_1 und n_2 und die FRESNELschen Koeffizienten (2.1) werden durch komplexe Größen ersetzt.

Es seien n_0, n_1 und n_2 die reellen Brechzahlen. Dann können wir ansetzen

$$\begin{aligned}(n_0) &= n_0 - \mathrm{j}K_0,\\ (n_1) &= n_1 - \mathrm{j}K_1, \qquad (2.19)\\ (n_2) &= n_2 - \mathrm{j}K_2.\end{aligned}$$

Um die Werte der Koeffizienten r_1 und r_2 (Gleichung (2.1)) zu berechnen, genügt es, an Stelle von n_0, n_1 und n_2 die entsprechenden Werte (n_0), (n_1) und (n_2) einzusetzen. In dieser Form kann man die Gleichungen (2.3) und (2.4) verwenden. Die Berechnung von absorbierenden Mehrfachschichten kann man wieder einfacher mit Hilfe der Matrizen durchführen, deren Elemente komplex werden.

Diese Berechnungen kann man auch auf dünne Metallschichten und auf absorbierende Filme aus dielektrischem Material anwenden.

Halbdurchlässige Metallschichten werden verwendet, um stärker reflektierende Grenzflächen zu erhalten. Man kann diese in Interferenzfiltern anwenden.

2.5. Interferenzfilter

Betrachtet man eine oder mehrere dünne Schichten, so zeigen die Formeln (2.3), (2.4), (2.10), (2.11) und (2.12), daß das Reflexionsvermögen und die Durchlässigkeit eines Systems von der Wellenlänge abhängen. Man kann ein System so bestimmen, daß das Maximum der Durchlässigkeit in einen engen Spektralbereich fällt und die Durchlässigkeit für alle anderen Wellenlängen praktisch verschwindet. Beleuchtet man nun ein solches System mit weißem Licht, so beobachtet man, daß farbiges Licht hindurchtritt. Wir haben also ein durchsichtiges Interferenzfilter. Ähnlich kann man ein System berechnen, das in einem engen Spektralbereich ein maximales Reflexionsvermögen besitzt, während sein Reflexionsvermögen für

alle anderen Wellenlängen praktisch gleich Null ist. Wir haben dann ein Reflexionsinterferenzfilter. Ein großer Vorteil der Interferenzfilter gegenüber den gewöhnlichen absorbierenden Filtern besteht darin, daß die Wellenlängen des Durchlaßbereiches mit irgendeiner, vorher ausgesuchten Wellenlänge in Übereinstimmung gebracht werden können.

2.6. Durchsichtige Interferenzfilter

In seiner einfachsten Form besteht ein durchsichtiges Interferenzfilter aus einer dünnen, durchsichtigen Schicht mit ebenen und parallelen Grenzflächen, die von zwei halbdurchlässigen dünnen Metallschichten gleichmäßiger Dicke eingeschlossen wird. Filter dieses Typs können als echte Fabry-Perot-Standards von extrem kleiner Dicke bezeichnet werden, in denen die Luftschicht durch eine feste, transparente Lamelle ersetzt worden ist.

Ein solches Filter wollen wir mit einem parallelen Lichtbündel beleuchten. Wir wollen dazu eine Lichtquelle verwenden, die weißes Licht aussendet, und das hindurchgegangene Licht in einem Spektralapparat untersuchen. Bekanntlich entsteht infolge der Überlagerungen ein Interferenzspektrum, das aus feinen hellen Banden besteht, die auf einem dunklen Untergrund liegen. Wenn die beiden dünnen Metallschichten ein hohes Reflexionsvermögen besitzen, sind die durchgelassenen Banden sehr schmal. Der Abstand, der die beiden Banden voneinander trennt, hängt von der Dicke der durchsichtigen Schicht ab. Durch eine passende Wahl der Schichtdicke erhält man nur eine einzige helle Linie, die noch hindurchtreten kann. Dies ist das Prinzip der Interferenzfilter.

Es sei δ die optische Dicke der durchsichtigen Lamelle. Um δ berechnen zu können, muß man zur optischen Dicke der durchsichtigen Schicht einen Gangunterschied hinzufügen, der gleich dem Phasensprung ist, der an der Grenzfläche Metall—durchsichtiger Film erzeugt wird.

Bei senkrechtem Einfall sind die Wellenlängen der hellen Linien gegeben durch

$$2\delta = p\lambda \tag{2.20}$$

wobei p eine ganze Zahl bedeutet.

Die Wellenlängen der hellen Linien nehmen daher die Werte 2δ, δ, $2\delta/3$, $\delta/2$, ... an. Wir wollen annehmen, daß $\delta = 0{,}546$ µm betrage. Die Linien befinden sich dann an den Stellen $\lambda = 1{,}09$ µm, $\lambda = 0{,}546$ µm, $\lambda = 0{,}364$ µm, ... Auf diese Weise erhält man ein Filter, das nur grünes Licht durchläßt. Die Breite einer Linie, die in der Nachbarschaft der Wellenlänge λ durchgelassen wird, ist gegeben durch

$$\mathrm{d}\lambda = \left[(1 - R)/\pi p \sqrt{R}\right] \lambda, \tag{2.21}$$

wobei R das Reflexionsvermögen der Metallschichten bedeutet. Nehmen wir $R = 0{,}9$ und $\lambda = 0{,}546$ µm an, so erhalten wir für das obige Filter ($\delta = 0{,}546$ µm) für die Wellenlänge $\lambda = 0{,}546$ µm eine Linienbreite $\mathrm{d}\lambda = 84$ Å ($p = 2$).

Filter dieses Typs besitzen Durchlässigkeiten, die in der Größenordnung von 10 bis 40% liegen bei Linienbreiten von 50 bis 300 Å. Wir können das Reflexionsvermögen der beiden halbdurchlässigen Metallschichten erhöhen, indem wir sie mit einem oder mehreren Paaren von abwechselnd hoch oder niedrig brechenden durchsichtigen Schichten überziehen. Gleichung (2.21) zeigt, daß die Linienbreite mit wachsendem p abnimmt. Zur gleichen Zeit verringert sich aber auch der Abstand zwischen den einzelnen Linien. Wir wollen jetzt an Stelle von $\delta = 0{,}546$ µm einen anderen Wert $\delta = 1{,}092$ µm verwenden. Man erhält nun drei helle Linien im sichtbaren Spektralbereich. Ihre Wellenlängen liegen bei $\lambda = 0{,}761$ µm, $\lambda = 0{,}546$ µm und $\lambda = 0{,}437$ µm. Mit $R = 0{,}90$ hat die Linie bei $\lambda = 0{,}546$ µm eine Breite von $\mathrm{d}\lambda = 46$ Å ($p = 4$). Es ergibt sich so eine schmalere

Linie. Die beiden anderen Linien $\lambda = 0{,}761\ \mu m$ und $\lambda = 0{,}437\ \mu m$ befinden sich in einem relativ großen Abstand zur mittleren Linie und können durch ein gewöhnliches Absorptionsfilter oder mit einem Breitband-Interferenzfilter eliminiert werden. Dazu eignet sich z. B. ein Filter des ersten Typs ($\delta = 0{,}546\ \mu m$). Mit Hilfe einer solchen Kombination könnte man ein Interferenzfilter besserer Monochromasie erhalten. Gleichung (2.21) zeigt, daß Metallschichten mit großem Reflexionsvermögen benötigt werden, um scharf monochromatische Interferenzfilter herzustellen. Unglücklicherweise wachsen das Reflexionsvermögen und die Absorption dieser Schichten gleichzeitig an, so daß das durchgelassene Licht zu schwach wird.

Wir hatten gesehen (Abschnitt 2.3), daß dünne, durchsichtige Mehrfachschichten das Reflexionsvermögen praktisch ohne eine Erhöhung der Absorption vergrößern. Aus diesem Grunde erhält man auch bei ihrer Anwendung auf

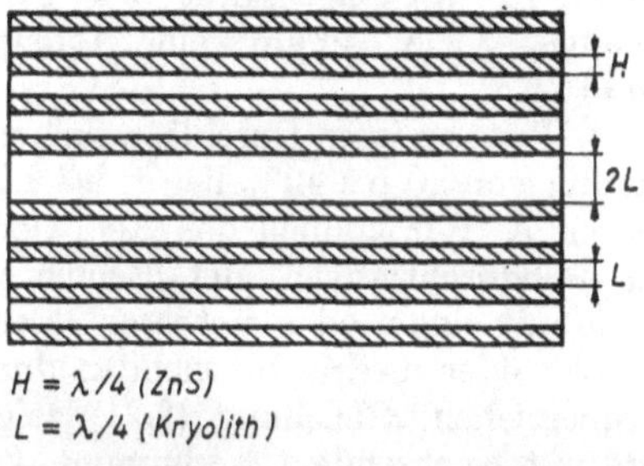

Abb. 2.9. Transmissions-Interferenzfilter, das aus 15 dünnen durchsichtigen Schichten aufgebaut ist (Ring und Wilcock)

Interferenzfilter gute Ergebnisse. Mit einem Filter, das aus 15 dünnen durchsichtigen Schichten besteht, können Linienbreiten in der Größenordnung von 20 Å im violetten Spektralbereich erhalten werden, wobei die Durchlässigkeit bei 0,70 liegt (Abb. 2.9).

2.7. Reflexionsinterferenzfilter

In seiner einfachsten Form besteht ein Reflexionsinterferenzfilter (Abb. 2.10) aus einem vollständig reflektierenden Spiegel (*1*), auf dem ein dünner Film aus einer durchsichtigen Substanz (*2*) aufgebracht worden ist.

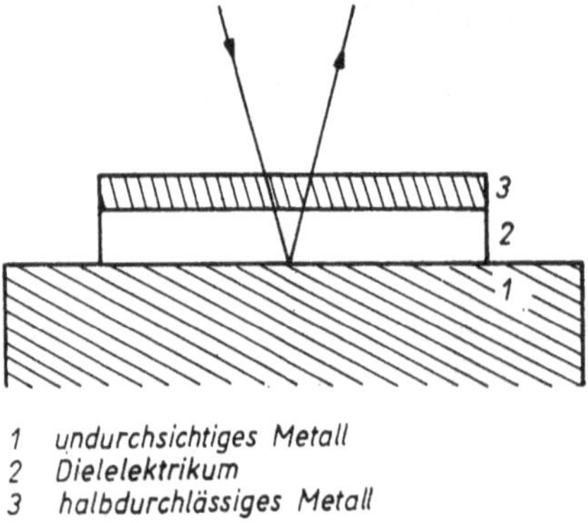

Abb. 2.10. Reflexionsinterferenzfilter

Dieser dünne durchsichtige Film (*2*) ist selbst mit einer sehr dünnen halbdurchlässigen Metallschicht (*3*) überzogen. Die Dicken der Schichten (*2*) und (*3*) werden so bestimmt, daß die durch die beiden Metallflächen reflektierten Wellen in Phase sind. Man muß dabei zur optischen Dicke der Schicht (*2*) einen Gangunterschied hinzufügen, der gleich dem Phasensprung ist, der an der Grenzfläche Metall—Dielektrikum entsteht. Insgesamt muß sich ein Gangunterschied von der Größe $\lambda/2$ ergeben. Bei Reflexion verdoppeln sich die optischen Wege, und die Gangunterschiede werden gleich λ. Dies ist die Wellenlänge, für die das Reflexionsfilter berechnet wurde.

Die Kurve in Abb. 2.11 zeigt das Reflexionsvermögen eines undurchsichtigen Aluminiumfilters, das mit einer

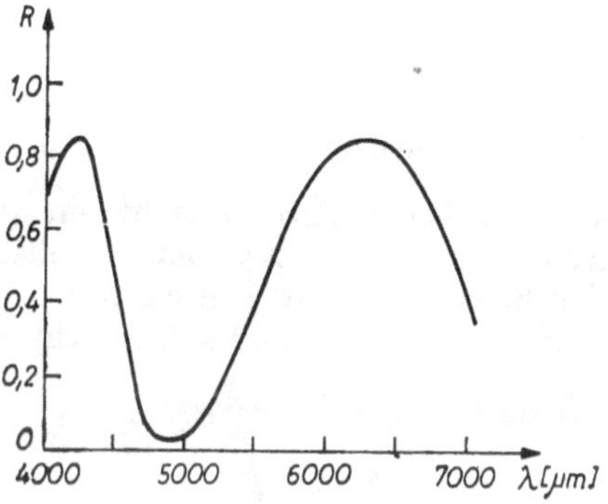

Abb. 2.11. Reflexionsvermögen R eines Reflexionsinterferenzfilters (eine dünne Schicht) (A. F. Turner)

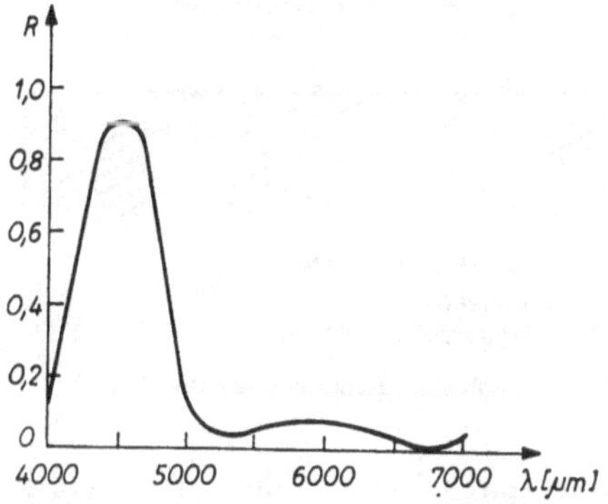

Abb. 2.12. Reflexionsvermögen R eines Reflexionsinterferenzfilters (zwei dünne Schichten) (A. F. Turner)

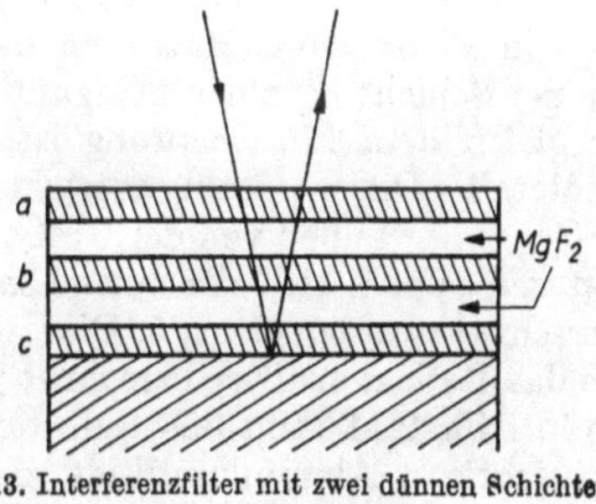

Abb. 2.13. Interferenzfilter mit zwei dünnen Schichten (MgF_2)

dünnen Schicht aus MgF_2 und einer halbdurchlässigen Aluminiumschicht kombiniert wurde. Die Selektivität des Filters kann durch Erhöhung der Anzahl der Schichten gesteigert werden. Die Kurve in Abb. 2.12 zeigt das Ergebnis, wenn das in Abb. 2.13 dargestellte Filter benutzt wird. Es werden zwei Schichten aus MgF_2 und zwei halbdurchlässige Aluminiumfilter bei *a* und *b* verwendet. Die Aluminiumschicht bei *c* ist undurchsichtig.

2.8. Filter mit verhinderter Totalreflexion nach Turner

In diesem System wird die Reflexion an der dünnen halbdurchlässigen Metallschicht der vorher betrachteten Filter durch eine „verhinderte" Totalreflexion an der Hypothenuse zweier totalreflektierender Prismen ersetzt (Abb. 2.14). Das Licht fällt unter einem Einfallswinkel

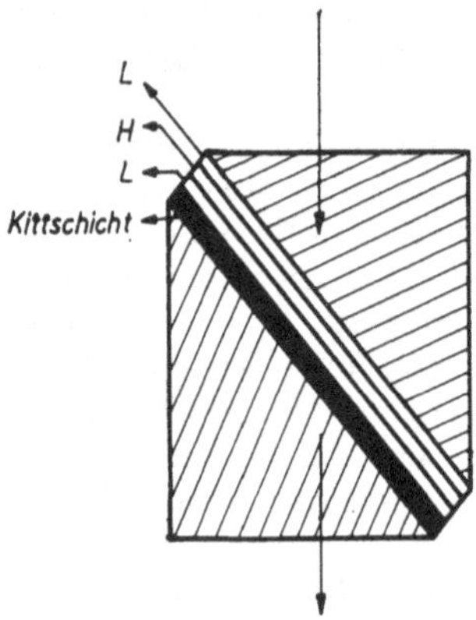

Abb. 2.14. Filter mit verhinderter Totalreflexion nach TURNER

auf die Schichten, der größer als der BREWSTERsche Winkel ist. Es ist bekannt, daß auch bei der Totalreflexion ein Teil der einfallenden Welle in das optisch dünnere Medium eindringt und sich entlang der Schichten

ausbreitet, wenn diese hinreichend dünn sind. Wir erhalten so ein Interferenzfilter vom Fabry-Perot-Typ mit sehr hohem Reflexionsvermögen und ohne Absorption. Fällt auf das Filter natürliches Licht, so werden zwei Linien durchgelassen, die senkrecht zueinander polarisiert sind. Die Durchlässigkeit beträgt für jede Linie 0,50. In polarisiertem Licht hat die Durchlässigkeit bei einer geeigneten Orientierung der Schwingungsebene der einfallenden Welle ein Maximum und ist gleich der Einheit für beide Linien.

2.9. Dünne Schichten im Infraroten und Ultravioletten

Im infraroten Spektralbereich werden dünne Schichten bei der Herstellung von reflexmindernden Schichten für Transmissions- und Reflexionsfilter verwendet. Genau so wie die reflexmindernden Schichten im sichtbaren Spektrum bewirken die Schichten im Infraroten ein Ansteigen der durch das optische System hindurchtretenden Energie durch eine Verminderung der Reflexionsverluste. Dadurch tritt eine Erhöhung des Kontrastes ein. Die Substanzen, die im Infraroten verwendet werden, haben häufig einen sehr großen Brechungsindex. Die Reflexionsverluste werden dann erheblich. Dieser Sachverhalt ist aus Abb. 2.15 zu ersehen. Längs der Ordinate ist das Reflexionsvermögen für senkrechten Einfall auf die Oberfläche eines Mediums mit der Brechzahl n aufgetragen. (Als Medium, in dem sich die einfallende Welle ausbreitet, wurde Luft angenommen.) Auf der Abszisse ist der Brechungsindex n abgetragen. Für Germanium, dessen Brechungsindex $n = 4$ ist, erhält man z. B. für $R = 0{,}36$, die Durchlässigkeit beträgt nur 0,47. (Germanium ist im Infraroten durchsichtig.) Für viele Anwendungen genügt eine einfache reflexmindernde Schicht. Das Reflexionsvermögen kann man nach Gleichung (2.13) berechnen. Die Brechzahl der Schicht n_1 ist dann gegeben durch Gleichung (2.15), wobei $n_0 = 1$ gesetzt wurde. Wir betrachten wieder Germanium, dessen Brechungsindex für

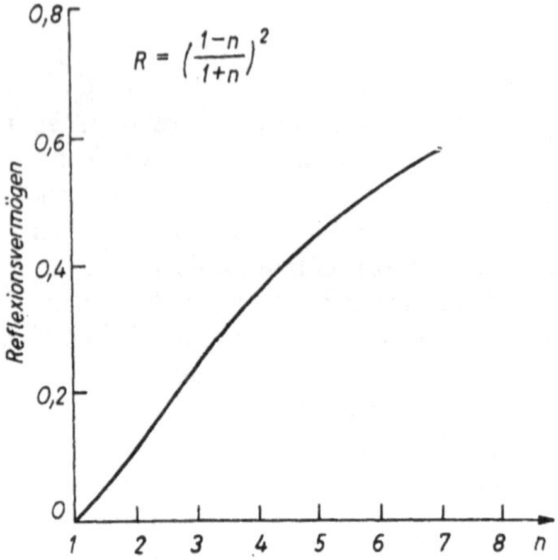

Abb. 2.15. Berechnetes Reflexionsvermögen R einer einzelnen Oberfläche in Abhängigkeit vom Brechungsindex n

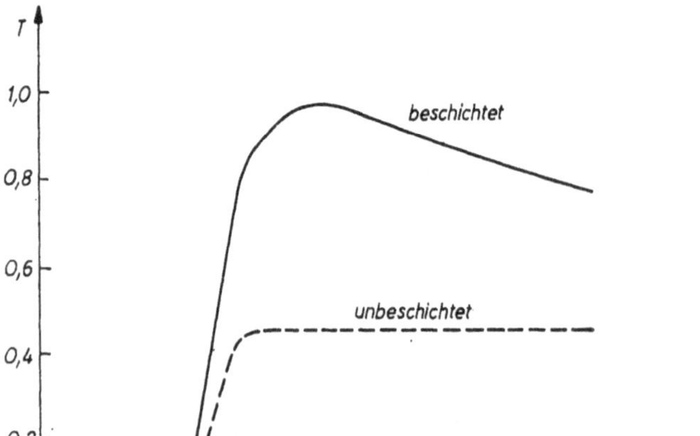

Abb. 2.16. Gemessene Durchlässigkeit einer Germaniumplatte unbeschichtet bzw. mit einer SiO-Schicht an jeder Fläche überzogen, nach G. HASS und A. F. TURNER. Dicke der Platte 0,5 mm; Dicke der SiO-Schicht 0,575 μm = $\lambda/4$ bei $\lambda = 2{,}3$ μm

$\lambda = 2\ \mu$m den Wert $n_2 = 4{,}1$ und für $\lambda = 10\ \mu$m den Wert $n_2 = 3{,}94$ besitzt, und überziehen es mit einer Schicht aus SiO ($n_1 = 1{,}9$), deren optische Dicke $\lambda/4$ beträgt. Die Ergebnisse sind in Abb. 2.16 dargestellt. Die Durchlässigkeit von Germaniumschichten steigt bei einer Wellenlänge $\lambda = 2\ \mu$m von 0,46 bis auf mehr als 0,90 an.

Transmissionsinterferenzfilter für den infraroten Spektralbereich werden nach der üblichen Mehrfachschichtentechnik hergestellt. Da Substanzen mit hoher Durchlässigkeit im Infraroten, wie z. B. Germanium, bekannt sind, kann man Interferenzfilter für das Infrarote relativ leichter herstellen als solche, die man im sichtbaren Spektrum verwenden will, wo Substanzen mit ähnlich großer Durchlässigkeit unbekannt sind. Die Abb. 2.17,

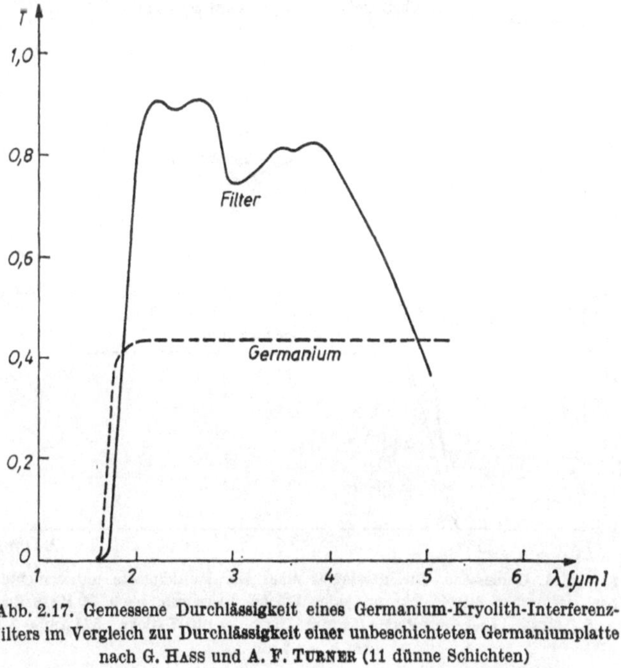

Abb. 2.17. Gemessene Durchlässigkeit eines Germanium-Kryolith-Interferenzfilters im Vergleich zur Durchlässigkeit einer unbeschichteten Germaniumplatte nach G. Hass und A. F. Turner (11 dünne Schichten)

2.18 und 2.19 zeigen die Ergebnisse von drei Filtern, die aus dünnen Schichten aus Germanium und Kryolith zusammengesetzt sind. Das erste Filter (Abb. 2.17) besteht

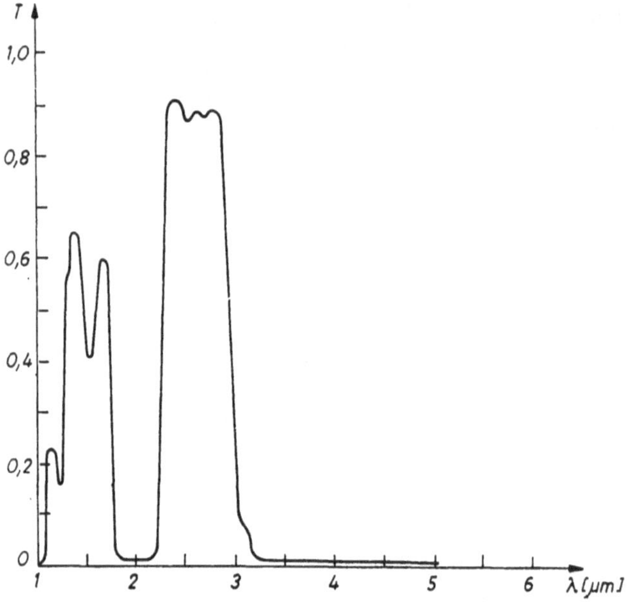

Abb. 2.18. Gemessene Durchlässigkeit eines Germanium-Kryolith-Interferenzfilters nach G. Hass und A. F. Turner (5 dünne Schichten)

aus elf Schichten, abwechselnd Germanium und Kryolith, die alle mit Ausnahme der beiden äußeren Schichten eine optische Dicke von $\lambda/4$ besitzen.

$$\left.\begin{matrix}\text{Durchsichtige} \\ \text{Unterlage}\end{matrix}\right\} \begin{matrix} H & L\,H\,L\,H\,L\,H\,L\,H\,L & H & \text{Luft} \\ \lambda/8 & & \lambda/8 & \end{matrix}$$

H bedeutet dabei Germanium und L Kryolith.

Das zweite Filter (Abb. 2.18) besteht aus drei Germaniumschichten der Dicke $\lambda/2$ und aus zwei Kryolithschichten der Dicke $\lambda/4$.

Durchsichtige Unterlage } *H L H L H* Luft

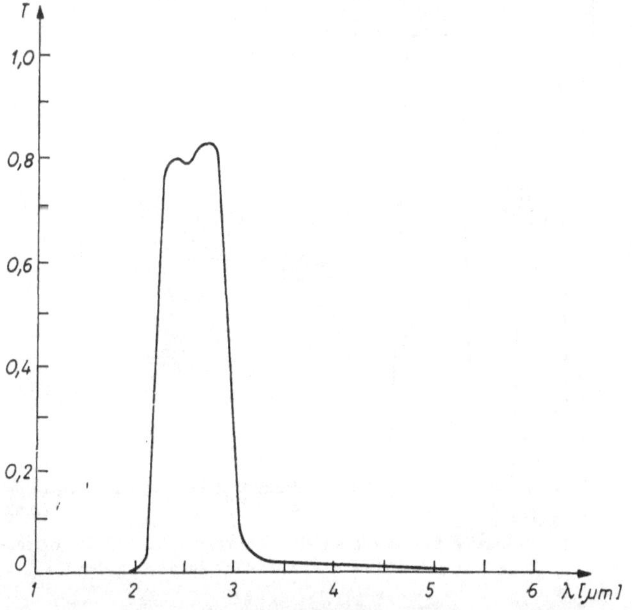

Abb. 2.19. Gemessene Durchlässigkeit eines Filters, bei dem die Filter aus den Abb. 2.17 und 2.18 hintereinandergeschaltet sind, nach G. HASS und A. F. TURNER

Das dritte Filter (Abb. 2.19) besteht schließlich aus den beiden vorstehenden Filtern, die hintereinander geschaltet wurden.

Es ist oft nützlich, im Infraroten stärker reflektierende Oberflächen zu verwenden, während man im sichtbaren

Spektrum nur schwach reflektierende Oberflächen benutzt. Solche Reflexionsfilter werden in Infrarotspektrometern angewendet, um das Streulicht zu reduzieren. Abb. 2.20 zeigt eine Kombination aus drei Schichten. Die Schicht aus Siliziummonoxid und die Germaniumschicht

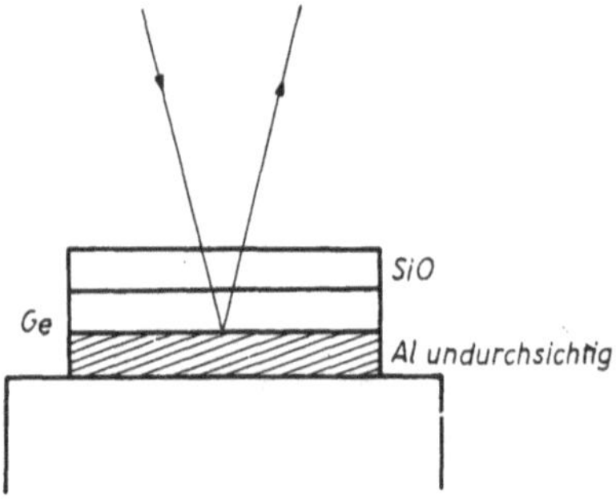

Abb. 2.20. Reflexionsinterferenzfilter im Infraroten

haben eine Dicke von ungefähr einer Viertel Wellenlänge. Die Aluminiumschicht muß hinreichend dick sein, damit sie undurchsichtig wird. Das Germanium ist im sichtbaren Spektrum stark absorbierend, aber nicht im Infraroten. Die SiO-Schicht bewirkt, daß die Reflexion des Systems im sichtbaren Spektrum nahezu Null wird. Das Reflexionsvermögen, das für $\lambda = 1\ \mu m$ den Wert 0,80 und für $\lambda = 1{,}2\ \mu m$ den Wert 0,90 annimmt, bleibt sehr hoch für größere Wellenlängen. Das Reflexionsvermögen im sichtbaren Spektrum ist von der Größenordnung 0,02.

Umgekehrt interessiert man sich aber auch für Spiegel, die im sichtbaren Spektrum gut reflektieren und die infrarote Strahlung absorbieren (kalte Spiegel). Solche Spiegel kann man auch unter Verwendung von Mehrfachschichten herstellen. Abb. 2.21 zeigt das Reflexionsvermögen R und die Durchlässigkeit T eines Spiegels von diesem Typ.

Kalte Spiegel werden in Projektionsapparaten verwendet, die große Intensitäten erzeugen, um die entstehende Wärme möglichst schnell zu beseitigen.

Im Ultravioletten ist man bestrebt, auftretende Geisterbilder zu reduzieren und die Reflexion an Spiegeln und Gittern durch Verwendung dünner Schichten zu verbessern.

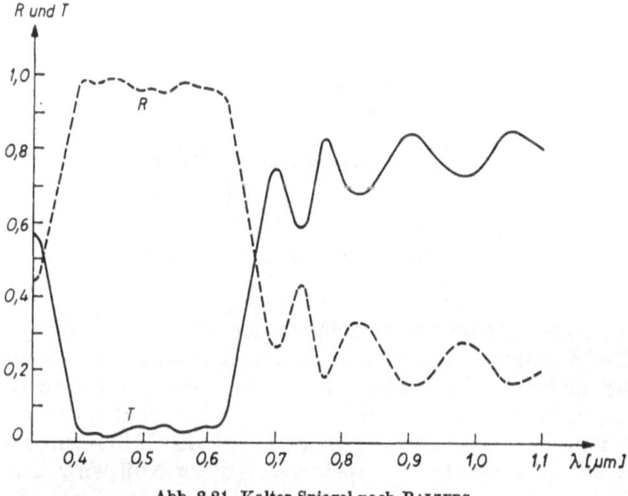

Abb. 2.21. Kalter Spiegel nach BALZERS

In Instrumenten, die mit ultraviolettem Licht arbeiten, verwendet man mit Vorteil solche reflektierende Flächen, die im Ultravioletten ein gutes und in den übrigen Spektralbereichen ein sehr schwaches Reflexionsvermögen besitzen. Abb. 2.22 zeigt das Reflexionsvermögen einer Glasoberfläche, die mit einer Germaniumschicht bedampft wurde und deren Reflexionsvermögen R einen Wert von 0,50 für $\lambda = 0{,}4\ \mu m$ besitzt. Darüber befindet sich ein Film aus Zinkoxid, dessen Dicke so gewählt

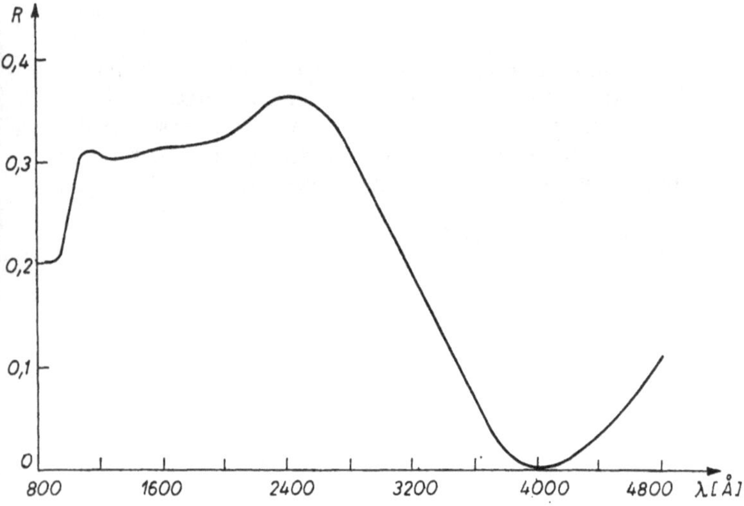

Abb. 2.22. Reflexionsvermögen von ZnS auf Ge beschichtetem Glas im Ultravioletten nach G. HASS und R. TOUSEY

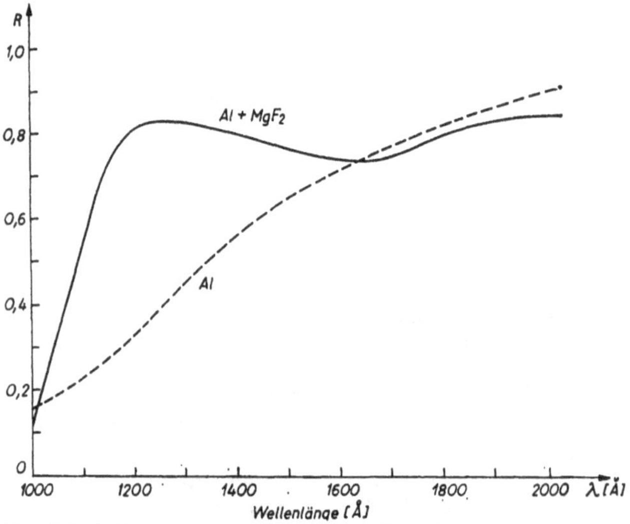

Abb. 2.23. Reflexionsvermögen von aufgedampften Aluminium, das mit MgF_2 beschichtet wurde, nach G. HASS und R. TOUSEY

wird, daß für diese Wellenlänge die durch Interferenz bewirkte resultierende Reflexion verschwindet.

Ein anderes wichtiges Ergebnis ist das Ansteigen des Reflexionsvermögens von Aluminium, das man mit einem dünnen Film aus Magnesiumfluorid vergütet. Abb. 2.23 zeigt die starke Zunahme des Reflexionsvermögens im fernen Ultravioletten.

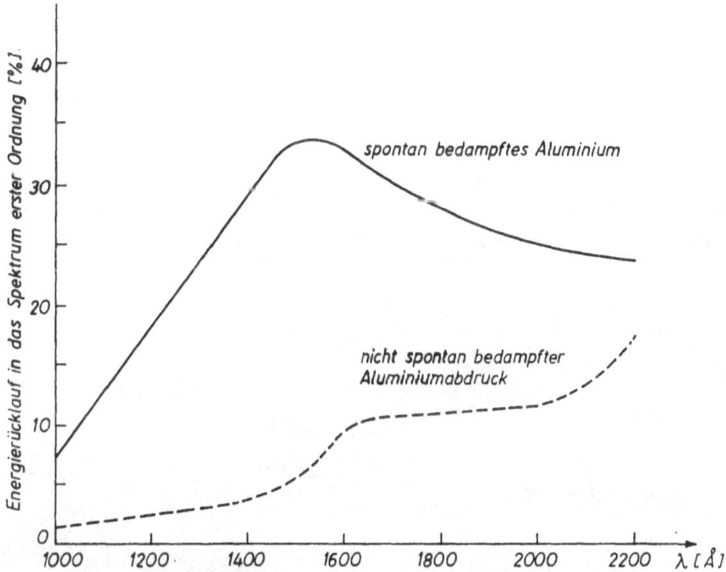

Abb. 2.24. Gitter mit spontan aufgedampften Aluminium nach G. Hass und R. Tousey (Blaze-Wellenlänge bei 1200 Å)

Schließlich soll noch die Verbesserung des Reflexionsvermögens von Gittern im fernen Ultravioletten erwähnt werden. Aluminium-überzogene Gitter, die man durch Kopieren hergestellt hat, besitzen im fernen Ultravioletten kein gutes Reflexionsvermögen. Eine beträchtliche Verbesserung des Reflexionsvermögens (D. Richardson) erhält man, wenn man diese Kopie mit einem

anderen Aluminiumfilm ein oder zwei Sekunden lang bedampft (spontane Bedampfung). Abb. 2.24 zeigt die Ergebnisse. Das vorliegende Gitter besitzt eine maximale Intensität in der ersten Ordnung („Blaze“) nahe bei 1200 Å. Die Ergebnisse können durch Aufbringen eines MgF_2-Filmes auf die vorhergehende Schicht weiter verbessert werden.

2.10. Anwendung von dünnen Schichten bei künstlichen Satelliten

Um einen Satelliten auf seiner Umlaufbahn verfolgen zu können, ist es notwendig, daß seine Oberfläche im sichtbaren Spektrum stark reflektiert. Andererseits muß der Satellit die absorbierte Sonnenenergie so abstrahlen, daß er sich nicht übermäßig erwärmt oder abkühlt. Ein solcher Satellit enthält Apparate (Batterien und Transistoren), deren Leistungsfähigkeit beeinträchtigt wird, wenn die Temperatur zu stark schwankt. Daher muß die Temperatur eines Satelliten relativ stabil gehalten werden.

Eine blanke Metalloberfläche würde eine zu große Temperatur im Satelliten erzeugen. Eine weiß angestrichene Oberfläche würde ihn dagegen zu stark abkühlen. Dieses Problem kann man durch die Verwendung dünner Schichten lösen. Es wird eine Oberfläche benötigt, die einerseits im sichtbaren Spektrum gut reflektiert, andererseits aber mehr Energie abstrahlt als eine Metalloberfläche. Man verwendet daher ein Dielektrikum, das für sichtbares Licht durchlässig ist und im Infraroten ein starkes Absorptionsband besitzt. In guter Näherung wird diese Forderung erfüllt, wenn man eine Schicht aus SiO auf Aluminium aufdampft. Ist dieser SiO-Film sehr dünn (125 nm), so beeinflußt er das Reflexionsvermögen im Infraroten nicht, ist aber in diesem Spektralbereich stark absorbierend. Daraus ergibt sich, daß die einfallenden mit den reflektierten Wellen interferieren, sich stehende Wellen ausbilden und sich ein Schwingungsknoten (Nullamplitude) unmittelbar auf der Oberfläche

befindet. Wenn die Dicke des Filmes aus SiO im Vergleich zur betrachteten Wellenlänge im Infraroten nicht klein ist, nimmt die Reflexion ab. Dadurch können die Absorption eines SiO-Filmes im infraroten Bereich und auch die ausgesandte Strahlung gesteuert werden. Eine Lösung dieses Typs wurde für die Vanguard-Satelliten gewählt.

2.11. Herstellung dünner Schichten

Die am häufigsten angewandte Methode zur Herstellung dünner Schichten ist das Aufdampfen im Vakuum. Sie kann für eine sehr große Anzahl von Substanzen verwendet werden und gestattet die Bedampfung

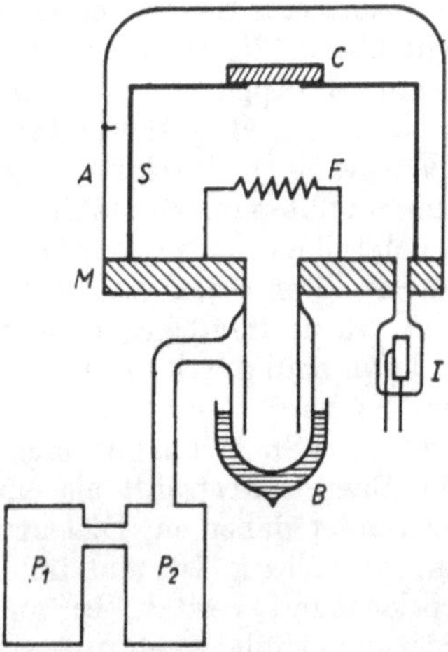

Abb. 2.25. Schematische Darstellung einer Anordnung zum Aufdampfen von dünnen Schichten im Vakuum

großer Flächen. Die Substanz, die verdampft werden soll, kann auf verschiedenen Wegen erhitzt werden. Man kann sie zum Beispiel unmittelbar auf einen Metalldraht oder eine Metallplatte bringen, die von einem elektrischen

Strom durchflossen werden, oder man legt sie in einen feuerfesten Schmelztiegel, der durch einen Glühdraht erhitzt wird. Abb. 2.25 zeigt eine schematische Darstellung einer Bedampfungsapparatur für dünne Schichten. Der Behälter, der evakuiert werden soll, besteht aus einem Platinteller M, auf dem sich eine abhebbare Glocke A (aus Glas oder Metall) befindet. Das Vakuum wird mit Hilfe einer Vorpumpe P_1 und einer Diffusionspumpe P_2, die mit der Glocke durch das Rohr T verbunden ist, erzeugt. Im Rohr T ist eine Falle B mit flüssiger Luft angebracht. Die Unterlage, auf der die dünne Schicht aufgedampft werden soll, kann man z. B. bei C auf einem Stativ S anbringen. Die aufzudampfende Substanz wird unmittelbar auf den Draht F gebracht, der durch einen elektrischen Strom erhitzt wird. Als Vakuummeßinstrument verwendet man im allgemeinen ein Ionisationsmanometer I.

Die Entwicklung der reflexmindernden Schichten, von Schichten mit hohem Reflexionsvermögen, von Interferenzfiltern, Polarisatoren usw. haben verschiedene Autoren veranlaßt, die Präparationstechnik für Schichtsysteme, wobei jede Schicht eine definierte Dicke und Brechzahl besitzt, zu verbessern. Die Herstellung solcher Vielfachschichten erfordert eine fortlaufende Kontrolle der Dicke jeder einzelnen Schicht während des gesamten Bedampfungsprozesses. Weiterhin müssen diese Mehrfachschichten in einem einzigen Prozeß hergestellt werden, ohne daß zwischendurch Luft in die Glocke eingelassen werden darf.

3. Interferenzspektroskopie

Die Interferenzspektroskopie basiert auf den Arbeiten von Michelson, Fabry und Lummer. Sie wurde auf Grund der Untersuchungen an dünnen Schichten und der

Anwendung von physikalischen Empfängern entwickelt. Das Prinzip aller Interferenzmethoden ist die Zerlegung einer Lichtwelle in zwei oder mehrere Wellen mit Hilfe eines Interferometers. Im Fall eines Mehrstrahlinterferometers vom Fabry-Perot-Typ gehen die aufgespaltenen Lichtwellen durch das Interferometer, und man kann die sich ergebenden Interferenzstreifen untersuchen. Wenn das einfallende Licht nur aus einer einfachen monochromatischen Strahlung besteht, kann man nur ein einziges Streifensystem beobachten. Wenn von der Lichtquelle zwei verschiedene monochromatische Wellen ausgesandt werden, sind zwei Streifensysteme zu beobachten, die unterschiedlich sind. Anstatt die verschiedenen monochromatischen Strahlungen eines Spektrums mit Hilfe eines Prismas oder eines Gitters zu trennen, kann man auch die Streifen, die von den monochromatischen Wellen eines Spektrums erzeugt werden, in einem Interferometer aufspalten. Auf diese Weise kann man die Feinstruktur einer Linie untersuchen und Wellenlängen mit sehr großer Genauigkeit messen.

Zweistrahlinterferometer vom Michelson-Typ können auch in der Interferenzspektroskopie verwendet werden. In diesem Zusammenhang sei auf die Methode der Fourier-Transformation hingewiesen, deren Prinzipien wir im Abschnitt 7 behandeln werden.

Wie alle Anordnungen, die zur Untersuchung von Strahlungen verwendet werden, kann man auch die Interferenzinstrumente in zwei Gruppen einteilen, je nachdem, ob die Bestimmungsgrößen des Spektrums gleichzeitig oder nacheinander gemessen werden sollen. Von den Instrumenten der ersten Gruppe wollen wir die Kombination eines Fabry-Perot-Interferometers mit einem Spektrographen erwähnen. Zur zweiten Gruppe gehört eine Anordnung, in der ein Fabry-Perot-Interferometer mit einem photoelektrischen Empfänger zusammengeschaltet wird. Dies sind die beiden Typen von Anordnungen, die wir im folgenden beschreiben wollen.

3.1. Interferenzspektroskopie mit Hilfe eines Fabry-Perot-Interferometers und eines Spektrographen

Abb. 3.1 zeigt eine schematische Darstellung der Anordnung. Die Lichtquelle S, deren Emissionsspektrum untersucht werden soll, wird so aufgestellt, daß S im Brennpunkt des Objektes O_1 liegt. In I wird dann ein FABRY-PEROT-Interferometer oder ein FABRY-PEROT-Etalon aufgestellt, von wo die im Unendlichen liegenden Streifen in die Brennebene der Linse O_2 abgebildet

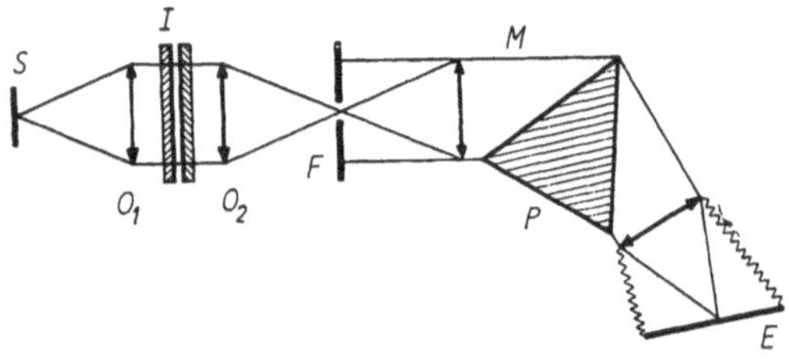

Abb. 3.1. Anordnung zur Interferenzspektroskopie: FABRY-PEROT-Interferometer mit einem Spektrographen kombiniert

werden. Ein FABRY-PEROT-Interferometer besteht bekanntlich aus zwei dünnen Glasplatten, deren gegenüberliegende Flächen halbdurchlässig und parallel sind. Mit Hilfe einer mechanischen Vorrichtung kann man den Abstand zwischen den Platten verändern. Wenn man die Dicke des Luftspaltes zwischen den beiden Platten mit Hilfe von drei Ringen geeigneter Dicke fest einstellt, bekommt man ein FABRY-PEROT-Etalon. Wegen der zahlreichen Reflexionen zwischen den beiden Platten erzeugen die Streifen in Durchsicht ein unendliches System von sehr feinen, hellen Ringen auf dunklem Untergrund. Bei der Anordnung, die in Abb. 3.1 dargestellt ist, liegen diese Ringe in F, der Brennebene des Objektivs O_2. Sendet die

Lichtquelle eine zusammengesetzte Strahlung aus, so überlagern sich die Ringe, die von den verschiedenen monochromatischen Wellen herrühren. Um diese zu trennen, verwendet man einen Spektrographen *M*. Den Spalt *F* des Spektrographen öffnet man in Abhängigkeit vom Durchmesser der einzelnen Ringe. Man erhält auf der Platte *E* soviel verschiedene Bilder des Spaltes *F*, wie es verschiedene Strahlungen gibt. Jedes Bild (Abb. 3.2)

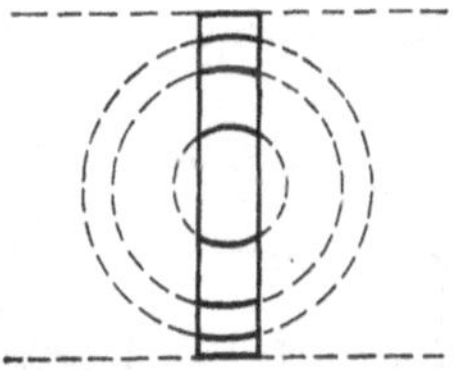

Abb. 3.2. Bild des Spektrographenspaltes

zeigt denjenigen Teil des Ringsystems, der innerhalb des Spaltes *F* liegt, und entspricht einer gegebenen Strahlung. Wenn der Spalt *F* sehr schmal wird, sieht man in jedem Bild nur noch eine Reihe von hellen Punkten. Im Fall einer Linie ohne Struktur beobachtet man eine Erscheinung, wie sie in Abb. 3.3a dargestellt ist. Auf Grund der feinen Einzelheiten der Ringe, wie sie durch das Fabry-

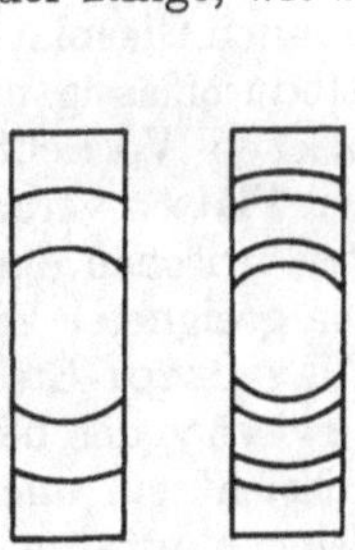

Abb. 3.3a. Einfachlinie Abb. 3.3b. Doppellinie

PEROT-Interferometer erzeugt werden, kann man stets die Struktur einer Linie erkennen. Eine Doppellinie würde ein Bild ergeben, das in Abb. 3.3b dargestellt ist.

Der Spektrograph selbst trennt nur die einzelnen Linien voneinander. Das FABRY-PEROT-Interferometer ermöglicht die Beobachtung der Feinstruktur der Linien in jedem Bild des Spaltes. Es sei R das Reflexionsvermögen und T die Durchlässigkeit der Oberflächen des Interferometers. Weiterhin wollen wir die Dicke des Luftspaltes zwischen den beiden Platten des Interferometers mit e und den Einfallswinkel der Strahlen mit i bezeichnen. Wir können dann $\varphi = 4\pi e \cos i/\lambda$ setzen.

Die klassische Theorie der Interferenz liefert für die Intensität I des durchgelassenen Lichtes den bekannten Ausdruck

$$I = \left(\frac{T}{1 - R}\right)^2 \left[1 + \frac{4R}{(1 - R)^2} \sin^2 \varphi/2\right]^{-1} \tag{3.1}$$

Aus dieser Gleichung kann man ablesen, daß $4R/(1 - R)^2$ groß sein muß, wenn man sehr feine Streifen erhalten will. Das bedeutet, daß das Reflexionsvermögen der Oberflächen des Interferometers groß werden muß. Deshalb interessiert man sich für die Anwendung dünner Schichten, wie wir bereits feststellten. Die Oberflächen des Interferometers werden daher mit mehreren dünnen Schichten vergütet. Man erhält dann sehr feine Streifen, weil gleichzeitig eine gute Durchlässigkeit erhalten bleibt. Man kann daher extrem dicht beieinanderliegende Wellenlängen noch voneinander trennen und eine große Auflösung erzielen. Das mögliche Auflösungsvermögen wird nur durch die Wellenlängen selbst begrenzt. Aus denselben Gründen kann man auch mit einem FABRY-PEROT-Interferometer die Messung von Wellenlängen der Spektrallinien mit extremer Genauigkeit durchführen. Bei diesen Messungen vergleicht man die gesuchte Wellenlänge mit der bekannten Wellenlänge einer Standardlinie (vgl. Gleichung (4.4)).

3.2. Interferenzspektroskopie unter Verwendung eines Fabry-Perot-Interferometers und eines photoelektrischen Empfängers

Bei den Interferenzmethoden, deren Prinzipien wir gerade behandelt haben, erfaßt man alle Informationen gleichzeitig auf einer Photoplatte. Es gibt nun eine zweite Möglichkeit, bei der man die Informationen nacheinander erhält. Bei der experimentellen Anordnung, die von P. JACQUINOT entwickelt wurde, wird die Spektrallinie, deren Struktur man bestimmen will, zunächst mit Hilfe eines Monochromators isoliert. Diese monochromatische Lichtwelle wird dann durch ein FABRY-PEROT-Interferometer geschickt. In der Brennebene der Objektivlinse kann man dann Lichtringe beobachten. Eine kreisförmige Blende, die man in der Brennebene aufstellt, wird konzentrisch zu den Ringen eingestellt. Durch sie wird ein kleiner Teil der Ringe ausgeblendet. Hinter der Blende befindet sich ein Photovervielfacher, der mit einem Verstärker und einer Abtastvorrichtung verbunden ist. Wenn sich der Abstand der Platten des Interferometers verändert, dehnen sich die Ringe aus oder ziehen sich zusammen. Diese Erscheinung läuft vor der kreisförmigen Blende vorbei. Die daraus resultierenden Änderungen der Lichtintensität werden durch den Photovervielfacher registriert. Man erhält schließlich eine Kurve, aus der man die Struktur der zu untersuchenden Linie ermitteln kann. Praktisch wird ein FABRY-PEROT-Etalon benutzt, bei dem man die Gangunterschiede nicht durch Verschiebung der Platten erzeugt, die viel zu grob sein würden, sondern durch eine Änderung des Druckes in einem Probenbehälter. Die Druckänderungen bewirken eine Änderung der Brechzahl der Luft. Folglich ändert sich auch in der Gleichung (3.1) der Wert von φ. Die Ringe laufen vor der kreisförmigen Blende genauso vorbei, als ob sich der Abstand zwischen den Platten geändert hätte, nur ist die Bewegung gleichmäßig und vollkommen bestimmt.

Die Methoden der Interferenzspektroskopie sind nicht auf die Untersuchung von Emissionslinien beschränkt. Man kann sie ebenso gut auch auf Absorptionslinien anwenden. Weiterhin kann man mit ihnen auch im Ultravioletten und Infraroten arbeiten.

Diese Methoden werden in der Astronomie, speziell zur spektralen Untersuchung von Sternen und interstellaren Nebeln, angewandt.

4. Interferenzmessungen

Die Anwendungen von Interferenzen für verschiedene Messungen sind zahlreich. Im allgemeinen kann man mit Hilfe von Interferenzen optische Weglängen messen. Man kann, je nachdem, welche Größen bekannt sind, entweder den Brechungsindex n, eine Länge e, eine Wellenlänge λ oder deren Änderungen bestimmen. Daher kann man die Interferenzmessungen in folgender Weise einteilen:

Messung von n (Refraktometrie)

a) wenn e und λ bekannt sind,

oder

b) durch Vergleich mit zwei bekannten Brechungsindizes;

Messung von e (Längenmessungen)

a) wenn n und λ bekannt sind (Messungen in Transmission),

oder,

b) wenn λ bekannt ist (Messungen bei Reflexion),

oder

c) durch Vergleich mit einer bekannten Länge (Messungen bei Reflexion)

Messung von λ (Interferenzspektroskopie)	durch Vergleich mit einer bekannten Wellenlänge

Messung von n

Es sei ein durchsichtiges Objekt mit dem Brechungsindex n und der Dicke e gegeben, das sich in Luft befinde. Mit einem Interferometer messen wir $\delta = (n - 1)\, e = k\lambda$. Wenn e und λ bekannt sind, erhalten wir sofort $n = 1 + k\lambda/e$.

Wir wollen nun annehmen, daß das Objekt mit dem unbekannten Brechungsindex n nacheinander in zwei Medien mit den Brechzahlen n_1 und n_2 gebracht wird. Wenn wir in beiden Fällen Licht derselben Wellenlänge verwenden, ergeben die Messungen

$$\begin{aligned} (n - n_1)e &= k_1\lambda, \\ (n - n_2)e &= k_2\lambda, \end{aligned} \tag{4.1}$$

woraus man

$$n = (n_1 k_2 - n_2 k_1)/(k_2 - k_1) \tag{4.2}$$

erhält.

Messung von e

Wenn n und λ bekannt sind, erhalten wir entsprechend den oben aufgestellten Beziehungen $e = k\lambda/(n - 1)$. Führt man die Messung bei Reflexion durch, dann erhalten wir $e = k\lambda/2$.

Die Längenmessung kann auch bei Verwendung von Licht derselben Wellenlänge durch Vergleich mit einer bekannten Länge e' ausgeführt werden. Man erhält dann $e = k\lambda/2$ und $e' = k'\lambda/2$, woraus

$$e/e' = k/k' \tag{4.3}$$

folgt.

Messung von λ

In der Interferenzspektroskopie führen wir relative Messungen mit einem Interferenznormal aus. Das Etalon wird nacheinander mit einer Strahlung der Wellenlänge λ, die gemessen werden soll, und mit einer anderen Strahlung der bekannten Wellenlänge λ' beleuchtet. Wenn e die Dicke des Normals angibt, kann man die Interferenzordnungen $p = 2e/\lambda$ und $p' = 2e/\lambda'$ messen, woraus man das Verhältnis der Wellenlängen bestimmen kann:

$$\lambda/\lambda' = p'/p. \tag{4.4}$$

Es gibt eine große Anzahl von Interferometern, mit denen man die oben beschriebenen Messungen durchführen kann. Obwohl sich manche Einzelheiten bei der speziellen Anwendung für die verschiedenen Apparaturen unterscheiden werden, bleibt das allgemeine Prinzip der Messungen praktisch immer dasselbe. Wir wollen als Beispiel ein MICHELSON-Interferometer betrachten, das von einer monochromatischen Lichtquelle S beleuchtet wird

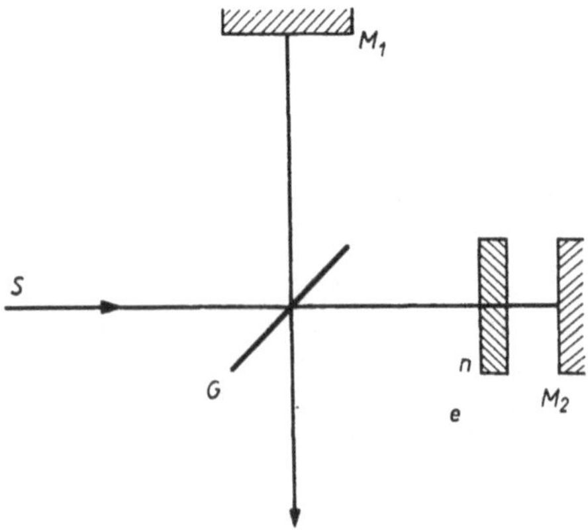

Abb. 4.1. MICHELSON-Interferometer

(Abb. 4.1). Wir wollen die relative Orientierung der beiden ebenen Spiegel M_1 und M_2 so einstellen, daß ein System von geradlinigen Streifen erzeugt wird, die parallel und äquidistant sind (Abb. 4.2).

Zwischen die Strahlenteilerplatte G und den Spiegel M_2 bringen wir eine Platte, die untersucht werden soll. Ihre Dicke soll mit e, ihre Brechzahl mit n bezeichnet werden. Durch die Platte wird eine Wegdifferenz von der Größe $(n-1)e$ hervorgerufen. Die Streifen werden in einem Bereich verschoben, der durch die Platte gegeben ist (Abb. 4.3). Aus der Verschiebung, die in Einheiten der

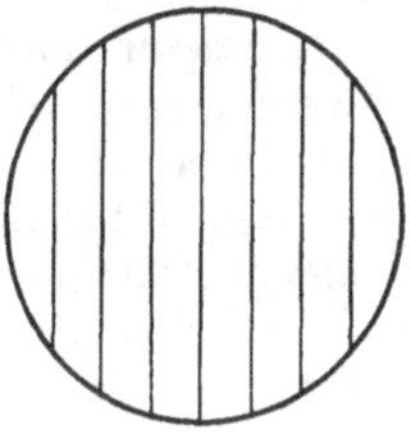

Abb. 4.2. (*links*) Geradlinige Streifen, wenn das Bild von einem der Spiegel (z. B. M_1) nach der Reflexion an dem Strahlenteiler G nicht parallel zum anderen Spiegel (M_2) liegt

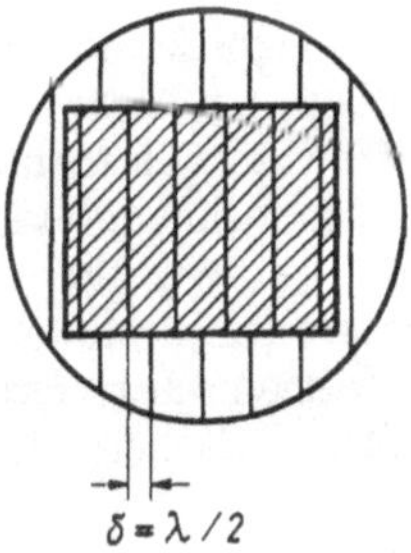

Abb. 4.3. (*rechts*) Streifenverschiebung, die durch eine dünne transparente Platte hervorgerufen wird

Streifenabstände angegeben wird, kann man den Wegunterschied ermitteln. In Abb. 4.3 beträgt die Verschiebung ungefähr die Hälfte des Abstandes zwischen zwei Streifen. In diesem Fall gilt dann $(n-1)e = \lambda/2$, woraus man die Dicke e bestimmen kann, wenn man den Brechungsindex n kennt, und umgekehrt.

Welchen Typ von Interferometern man auch immer verwendet, man kann mit allen Messungen zur Bestim-

mung der Streifenverschiebung durchführen. Die Methoden zur Erzeugung dieser Streifen sind für die verschiedenen Anordnungen unterschiedlich, aber das Meßprinzip bleibt überall dasselbe. Es ist möglich, damit Wegdifferenzen bis zu einer Größenordnung von $\lambda/1000$ zu messen. Interferenzmethoden sind daher extrem genaue Meßmethoden.

4.1. Anwendungen von Interferenzmessungen

Die verschiedenen Möglichkeiten von Messungen finden zahlreiche Anwendungen sowohl in der Industrie als auch bei Laboruntersuchungen. Die Messung des Brechungsindex n für Gase kann mit einem speziellen Interferenzrefraktometer (Rayleigh-Interferometer) durchgeführt werden. Untersucht man beispielsweise die Luftströmungen um Hindernisse (z. B. Tragflächenmodelle) in einem Windkanal, so muß man die Druckverteilung um das Hindernis ermitteln. Da der Brechungsindex n der Luft eine Funktion des Druckes p ist, kann man daraus Rückschlüsse auf die Druckverhältnisse ziehen. Der Zusammenhang zwischen Brechzahl n und Druck p ist gegeben durch

$$n = 1 + 0{,}0003\,(p/H), \qquad (4.5)$$

wobei H den atmosphärischen Druck bedeutet. Man kann also die Druckverhältnisse durch Untersuchungen der Brechzahlverteilung mit einem Interferometer (e ist bekannt und konstant) bestimmen.

In der Interferenzmikroskopie spielt die Messung von n ebenfalls eine wichtige Rolle. Hier interessiert man sich für den Brechungsindex von mikroskopischen Objekten (Anwendungen in der Biologie, Mikrochemie usw.).

Schließlich möchte man in bestimmten Fällen die Änderungen von n ermitteln, ohne Messungen des Brechungsindex selbst durchführen zu müssen. Solche Messungen sind z. B bei der Kontrolle der Homogenität von durchsichtigen Substanzen (Glas und Flüssigkeiten) wichtig.

Längenmessungen besitzen eine besondere Bedeutung. Die Qualität von JOHANNSEN-Keilen wird mit Hilfe von Interferenzen kontrolliert. Längen können mit Hilfe von Endmaßen gemessen werden. Hierbei wird eine Länge durch den Abstand definiert, den zwei extrem ebene und parallele Meßflächen voneinander besitzen.

Wenn man Längenmessungen durch Vergleich mit einer anderen bekannten Länge durchführen will, kann man die klassischen Überlagerungsstreifen benutzen. Dabei ist es notwendig, daß sich die beiden Längen nur sehr wenig voneinander unterscheiden oder in einem nahezu einfachen ganzzahligen Verhältnis stehen.

Häufig ist es wichtig, sehr kleine Längen zu messen, beispielsweise die Dicke einer dünnen transparenten Schicht oder die Dickenänderungen einer reflektierenden oder durchsichtigen Oberfläche (Qualitätskontrolle von Oberflächen).

Wenn die Verwendung von Mehrfachschichten möglich ist, kann man mit ihrer Hilfe genaue und leichte Messungen durchführen. S. TOLANSKY hat in vielen bemerkenswerten Arbeiten die Technik solcher Messungen sehr weit entwickelt.

Alle Längenmessungen verlangen die Existenz eines primären Längennormals. Sehr lange Zeit verwendete man als primären Längenstandard den Platin-Meterprototyp, der im Pavillon de Breteuil in Sévres in Frankreich mit großer Sorgfalt aufbewahrt wird. Heute ist das primäre internationale Längennormal durch eine spezielle Wellenlänge gegeben, die den Vorteil hat, unzerstörbar zu sein.

4.2. Die neue Wellenlängendefinition des Meters

Die erste experimentelle Längenbestimmung des Meters in Wellenlängeneinheiten wurde 1892 von MICHELSON mit Hilfe seines Interferometers durchgeführt. 1931 wiederholten BENOIT, FABRY und PEROT die Messung des Meters mit verschiedenen Methoden, die mit Mehrfach-

interferenzen, erzeugt durch versilberte Platten, arbeiteten (Überlagerungsstreifen). In diesen beiden unterschiedlichen Verfahren wurde der Platin-Iridium-Meterprototyp des Internationalen Büros für Maße und Gewichte mit der roten Cadmiumlinie (6348 Å) verglichen. Dieser Vergleich konnte aber nicht direkt vorgenommen werden. Es war daher notwendig, Zwischennormale zu verwenden. Um Interferenzstreifen bei einem sehr hohen Gangunterschied beobachten zu können, muß man eine sehr scharfe monochromatische Strahlung verwenden. Wir wollen annehmen, daß die benutzte Strahlung vollkommen monochromatisch sei. Mit δ wollen wir den Gangunterschied und mit $p = \delta/\lambda$ die Ordnung der Interferenzerscheinung im Aufpunkt bezeichnen.

Wenn die Lichtquelle keine monochromatische Strahlung aussendet, erhält man verschiedene Werte der Interferenzordnungen, die zu den einzelnen Wellenlängen gehören. In einem Punkt, in dem die Streifen beobachtet werden, ergibt sich für die Wellenlänge λ die Interferenzordnung $p = \delta/\lambda$, für die Wellenlänge λ' der Wert $p' = \delta/\lambda'$ usw. Die beobachtete Erscheinung ergibt sich als Überlagerung aller derjenigen Erscheinungen, die zu den verschiedenen monochromatischen Strahlungen gehören, welche von der Lichtquelle ausgesandt werden. Der Streifenabstand ist für die verschiedenen Strahlungen unterschiedlich. Die Überlagerung aller dieser Streifensysteme führt zu einer Verminderung des Kontrastes im Interferenzbild. Um zu erreichen, daß die Interferenzstreifen bei steigendem δ sichtbar bleiben, ist es notwendig, daß die Änderung der Interferenzordnungen einen gewissen Wert ε nicht überschreitet. Wir würden dann

$$\mathrm{d}p = -\delta(\mathrm{d}\lambda/\lambda^2) = p(\mathrm{d}\lambda/\lambda) \tag{4.6}$$

und

$$p(\mathrm{d}\lambda/\lambda) \leqq \varepsilon \tag{4.7}$$

erhalten. Wenn wir hohe Gangunterschiede betrachten, d. h. große Werte von p, müssen wir, um Gleichung (4.7)

befriedigen zu können, eine Strahlung mit einem sehr großen Schärfemaß $\lambda/d\lambda$ verwenden. Mit Hilfe der roten Cadmiumlinie ist es nicht möglich, einen Gangunterschied von der Größenordnung eines Meters zu erhalten und ihn direkt mit dem Meternormal zu vergleichen.

Der Fortschritt, der bei der Konstruktion und Herstellung von Lichtquellen erzielt wurde, ermöglicht heute direkte Messungen. Um eine sehr scharfe Linie zu erhalten, muß man ein Gas unter niedrigem Druck und bei tiefer Temperatur benutzen. Die verwendete Substanz muß ein hohes Atomgewicht besitzen. ERNST ENGELHARD hat eine Lichtquelle weiterentwickelt, die diese Bedingungen recht gut erfüllt. Es handelt sich hierbei um eine Krypton-86-Quelle, die eine gelbgrüne Strahlung der Wellenlänge 0,6056 μm aussendet. Die Abhängigkeit der Wellenlänge dieser Strahlung von den Arbeitsbedingungen einer solchen Lampe ist unabhängig voneinander von ENGELHARD in der Physikalisch-Technischen Bundesanstalt und von J. TERRIEN im Bureau International des Poids et Mesures (Internationales Büro für Maße und Gewichte) untersucht worden. Eine Extrapolation der Ergebnisse auf den Drucknullpunkt ermöglicht es, die Wellenlänge für ruhende Atome im nicht angeregten Zustand zu ermitteln. Diese Wellenlänge ist ein natürliches Längennormal, das fünfzigmal genauer ist als der Platin-Iridium-Prototyp. Das Internationale Komitee für Maße und Gewichte hat festgelegt, daß das Meter in folgender Weise definiert werden soll: Das Meter ist diejenige Länge, die gleich 1650763,73 Wellenlängen der Strahlung im Vakuum ist, die zum Übergang zwischen dem $2p_{10}$- und dem $5d_5$-Niveau des Krypton-86-Atoms gehört.

5. Interferenzmikroskopie

Bekanntlich gibt es Objekte, die sich von dem Medium, in das sie eingebettet sind, nur durch Änderungen ihres Brechungsindex und ihrer Dicke unterscheiden. Diese Objekte, die transparente oder Phasenobjekte genannt werden, entziehen sich daher einer gewöhnlichen Beobachtung. Solche Objekte treten vorwiegend in der Biologie auf. Will man sie im Mikroskop beobachten, so muß man sie mit verschiedenen Methoden anfärben. Bei lebenden Objekten wirkt sich das Anfärben sehr schädlich aus. Daher besteht ein reges Interesse an der Interferenzmikroskopie. Hierdurch ergeben sich Möglichkeiten, lebende Objekte unter Kontrastbedingungen zu beobachten, wie man sie bei der Untersuchung angefärbter lebloser Objekte vorfindet. Ein weiterer Vorteil dieser Methode besteht darin, daß es dadurch möglich wird, den Brechungsindex oder die Dicke der durchsichtigen Objekte bei der Beobachtung zu messen. Schließlich ist ihre Anwendung nicht auf die Biologie beschränkt, sondern diese Methode kann vielfach in der Chemie, der Physik und in verschiedenen industriellen Techniken benutzt werden.

5.1. Durchlicht-Interferenzmikroskopie

Wir wollen uns bei den folgenden Betrachtungen auf Interferenzmikroskope beschränken, die zwei unpolarisierte Wellen verwenden. Das Prinzip von Interferenzmikroskopen, die mit zwei polarisierten Wellen arbeiten, wird in Abschnitt 12.1 beschrieben.

Interferenzmikroskope arbeiten unter Verwendung von zwei Wellen nach folgendem Prinzip (Abb. 5.1): Ein Lichtstrahl SM, der von einem Kondensor ausgeht, wird bei M in zwei Lichtstrahlen A und B zerlegt. Die Aufspaltung bei M wird durch ein Bauteil eines Interfero-

meters bewirkt. Der Strahl *MAN* durchdringt das Phasenobjekt *A*, während der Strahl *MBN* an diesem vorbeigeht. Mit Hilfe eines anderen Interferometerteiles werden diese beiden Strahlen bei *N* überlagert und gelangen ins Mikroskop. Die Erscheinung ist für alle Strahlen, die vom Kondensor ausgehen, dieselbe. Es gibt daher nur eine einfallende ebene Welle Σ_0 (Abb. 5.2), die

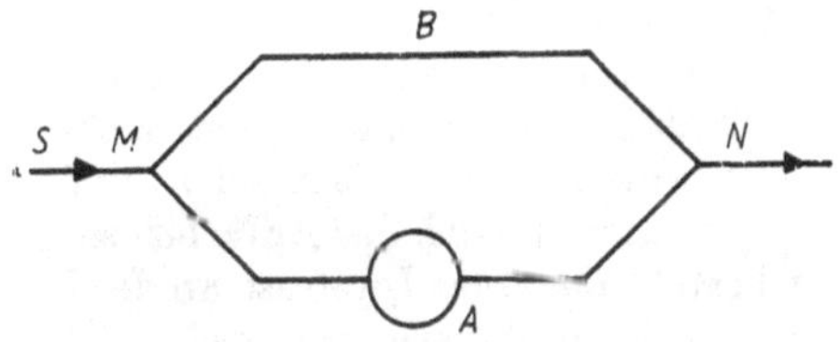

Abb. 5.1. Prinzip des Interferenzmikroskops

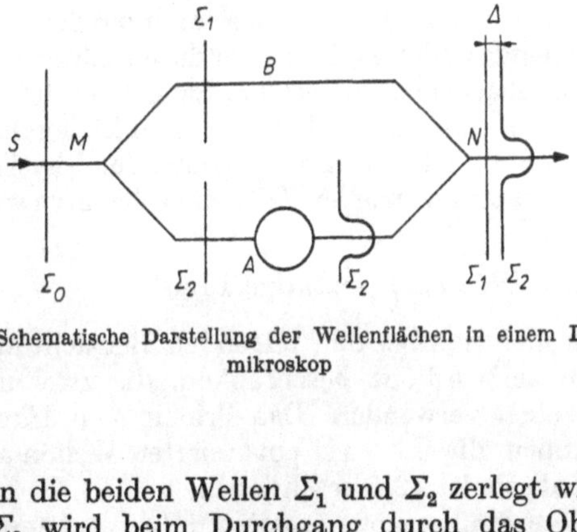

Abb. 5.2. Schematische Darstellung der Wellenflächen in einem Interferenzmikroskop

bei *M* in die beiden Wellen Σ_1 und Σ_2 zerlegt wird. Die Welle Σ_2 wird beim Durchgang durch das Objekt *A* deformiert, während die Welle Σ_1 unbeeinflußt bleibt. Hinter *N* und im Endbild, das man durch das Mikroskop beobachten kann, haben die beiden Wellen eine gegenseitige Lage zueinander, wie sie in Abb. 5.2 dargestellt

wird. Der Abstand Δ zwischen den beiden Wellen, d. h. ihr Gangunterschied, wird mit Hilfe des Interferometers in Intensitätsunterschiede umgesetzt.

Wenn $\Delta = 0$ ist, sind die beiden Wellen in allen Gebieten in Phase, wobei keine Deformationen der Wellenflächen durch das Objekt A hervorgerufen wurden. Die Lichtintensität besitzt dort einen Wert I_0. Ruft das Objekt in bestimmten Bereichen einen Gangunterschied δ hervor, so kann man im Bild von A eine Intensität $I = I_0 \cos^2 \pi\delta/\lambda$ beobachten. Die Intensität I ist von I_0 verschieden, und das transparente Objekt kann wahrgenommen werden. Nimmt δ einen Wert von $\lambda/2$ an, so erscheint das Objekt schwarz auf weißem Untergrund. Im allgemeinen, wenn Δ verschieden von Null ist, erhält man für die Intensität außerhalb des Bildes des Objektes $I = I_0 \cos^2 \pi\Delta/\lambda$ und $I = I_0 \cos^2 \pi(\Delta \pm \delta)/\lambda$ im Bild des Objektes. Wenn Δ und δ kleine Werte besitzen, kann

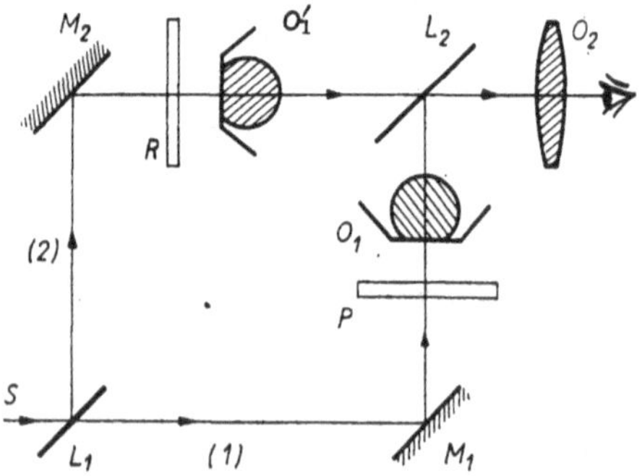

Abb. 5.3. Das Prinzip des LEITZ-Interferenzmikroskops, das auf dem MACH-ZEHNDER-Interferometer beruht

man bei Verwendung von weißem Licht die Interferenzfarben der NEWTONschen Farbskala beobachten. Das Bild des Objektes erscheint in einer Farbe, die sich von der des restlichen Bildfeldes unterscheidet.

Abb. 5.3 veranschaulicht das Arbeitsprinzip des LEITZ-Interferenzmikroskops. Das Licht, das die Lichtquelle S

aussendet, wird durch die halbdurchlässige Platte L_1 in zwei Strahlen (*1*) und (*2*) aufgespalten. Der Strahl (*1*) geht durch L_1 hindurch, wird dann am Spiegel M_1 reflektiert, durchläuft das Objekt P und die Objektivlinse O_1 des Mikroskops, wird darauf durch die halbdurchlässige Platte L_2 reflektiert und gelangt in das Okular O_2. Der Strahl (*2*) wird an der Platte L_1 und am Spiegel M_2 reflektiert, durchdringt ein Vergleichspräparat R, das kein Objekt enthält, und weiter ein Objektiv O_1' und die Platte L_2. Er gelangt dann ebenfalls in das Okular O_2.

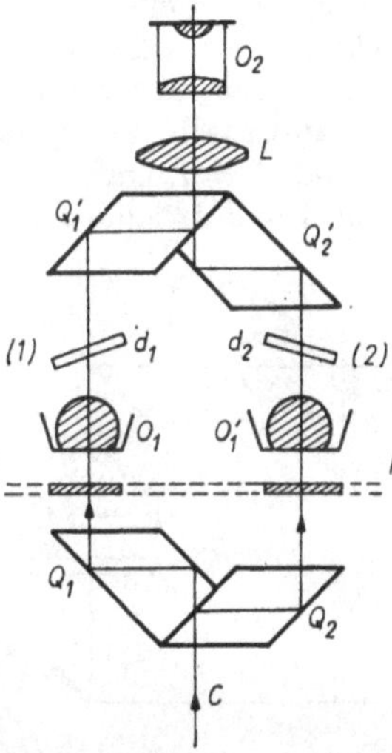

Abb. 5.4. Schematische Darstellung einer praktischen Ausführung des LEITZ-Interferenzmikroskops

Infolge der auftretenden Interferenz zwischen den Teilwellen (*1*) und (*2*) gelingt es, die Phasendetails des Präparates P sichtbar zu machen. Die vorliegende Interferenzmikroskop-Anordnung arbeitet nach dem Prinzip des MACH-ZEHNDER-Interferometers. Es ist offensicht-

lich, daß die beiden optischen Wege identisch sein müssen, wenn man die Erscheinung in weißem Licht beobachten will. Abb. 5.4 zeigt schematisch eine Darstellung der praktischen Ausführung dieses Instrumentes. Die Spiegel M_1 und M_2 sowie die Platten L_1 und L_2 sind durch eine Kombination von Prismen Q_1, Q_1', Q_2 und Q_2' ersetzt worden. Die Objektivlinsen O_1 und O_1' sind auf unendlich korrigiert. Die Linse L erzeugt je ein Bild von P und R, die sich überlagern und durch das Okular O_2 beobachtet werden können. Der Kondensor (hier nicht eingezeichnet) liegt bei C. Zwei Platten d_1 und d_2, die parallele Flächen besitzen, gestatten es, den Gangunterschied zwischen den beiden Strahlen (*1*) und (*2*) zu verändern. Wir haben also zwei selbständige, aber identische Mikroskope. Das eine (*1*) enthält das zu untersuchende Präparat P, während sich im anderen (*2*) kein Objekt befindet. (Die Glasträger bei P und R sind ebenfalls gleich.) Das Mikroskop (*1*) erzeugt ein Bild, das mit einer Vergleichswelle interferiert, die durch das Mikroskop (*2*) hindurchtritt. Auf diese Art und Weise werden Nebenbilder verhindert.

Abb. 5.5 zeigt einen anderen Typ eines Interferenzmikroskops, das von Dyson entwickelt wurde. Ein Lichtstrahl S, der von einem Kondensor (hier nicht eingezeichnet) herkommt, durchsetzt eine Planparallelplatte L_1 aus Glas, deren obere Fläche x_1x_1' halbdurchlässig ist. Der einfallende Strahl wird an dieser Fläche im Punkt M in zwei Teilstrahlen aufgespalten. Ein Teil breitet sich in der Richtung des einfallenden Strahles aus, der andere wird bei M nach unten reflektiert. Der erste Strahl geht bei A durch das Präparat P hindurch, in dem sich das Objekt befindet, und weiter durch eine zweite Platte L_2, die dieselbe Dicke wie L_1 besitzt und deren Flächen x_2x_2' und x_3x_3' ebenfalls halbdurchlässig sind. Der Strahl wird dann an der oberen Fläche bei C und anschließend an der unteren Fläche bei N reflektiert. Der weitere Strahlengang ist durch NEF gegeben. Der zweite Strahl, der bei M nach unten reflektiert wird, wird an der unteren Fläche von L_1 bei B wieder reflektiert. In diesem

Gebiet ist die Unterseite der Platte L_1 mit einer kleinen, undurchsichtigen Lamelle überzogen, die vollständig reflektiert. Von B aus verläuft der Strahl in der Richtung BN parallel zu MC. Die beiden Strahlen werden bei N überlagert und ergeben einen Strahl NEF. Die vorstehend angegebenen Wege sind in Abb. 5.6 gesondert aufgezeichnet worden. In Abb. 5.5 haben wir auch den

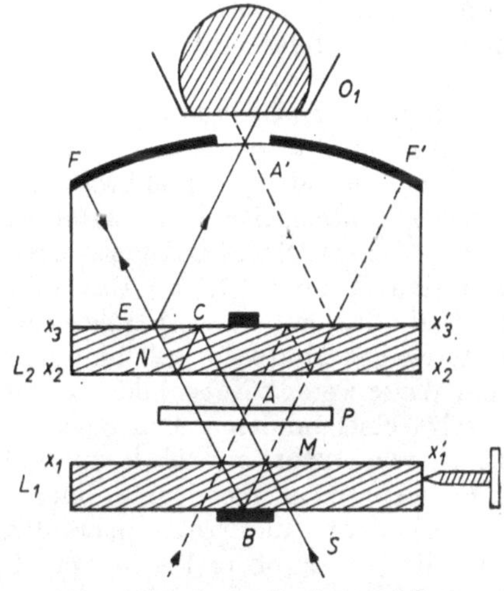

Abb. 5.5. Interferenzmikroskop nach DYSON

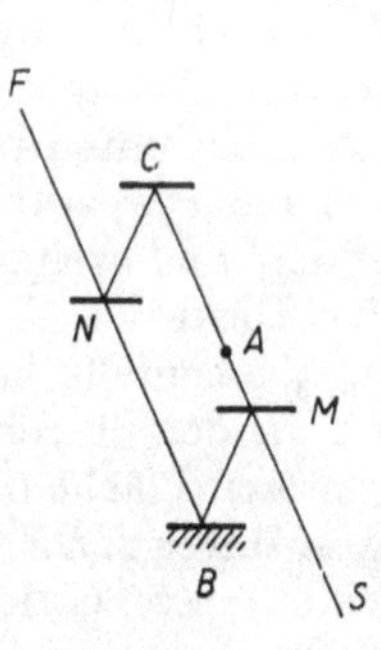

Abb. 5.6. Darstellung des Strahlenverlaufs im Mikroskop nach DYSON

Strahlengang eingezeichnet, der symmetrisch in bezug auf die Achse des Systems zum oben beschriebenen Strahlengang verläuft. Das Objekt wird von einer unendlich großen Anzahl von Strahlen beleuchtet, die alle vom Kondensor kommen und zusammen einen Kegel bilden.

Wenn man das Präparat P zwischen die beiden Platten L_1 und L_2 bringt, ist es nicht möglich, mit einem starken Objektiv von kurzer Brennweite alle Strahlen zu erfassen. Daher wird das Licht, das aus der Platte L_2 austritt, mit Hilfe einer Halbkugel gesammelt. Der Strahl NEF breitet sich in Glas aus, das den gleichen Brechungsindex wie L_1 und L_2 besitzt. Dieser Glasblock wird durch eine reflektierende Kugel $FA'F'$ mit ihrem Mittelpunkt in B begrenzt. Der Strahl NEF wird daher bei F an diesem sphärischen Konkavspiegel in sich selbst reflektiert und erreicht nach seiner Umkehr die halbdurchlässige Fläche x_3x_3'. Hier erfolgt wiederum eine Reflexion, und er gelangt zum Punkt A', der symmetrisch zu B in bezug auf die Oberfläche x_3x_3' liegt. Der Strahlenkegel, der im Objekt bei A zusammenläuft, konvergiert wiederum bei A', in dessen Umgebung die reflektierenden Metallschichten entfernt wurden.

Man erhält bei A' ein sehr gutes Bild von A; denn aus den Symmetrieverhältnissen folgt, daß A und der Mittelpunkt der Kugel $FA'F'$ gleichwertig sind. Es ist aber allgemein bekannt, daß die Abbildung an der Kugel bezüglich ihres Mittelpunktes stigmatisch ist. Das Bild A' ist ein Interferenzbild, in dem jedes durchsichtige Detail sichtbar gemacht wird. Das Bild kann mit einem gewöhnlichen Mikroskop beobachtet werden, dessen Objektiv mit O_1 identisch ist. Für eine geeignete Justierung ersetzt man die beiden planparallelen Platten L_1 und L_2 durch Prismen mit sehr kleinen Winkeln. Wie wir bereits früher festgestellt haben, ist es möglich, mit derartigen Instrumenten den Brechungsindex oder die Dicke transparenter Objekte bei der Untersuchung zu messen. Wir wollen annehmen, daß man den Objekten, die in einer bestimmten Farbe im Bild erscheinen, mit Hilfe der Newtonschen

Farbskala einen Gangunterschied $\Delta \pm \delta = a$ zuordnen kann. Das restliche Bildfeld besitze eine Farbe, die zu einer Wegdifferenz $\Delta = b$ gehört. Der vom Objekt erzeugte Gangunterschied besitzt dann den absoluten Wert von $\delta = a - b$. Die Dicke des Objektes wollen wir mit e und seinen Brechungsindex mit n bezeichnen. Bettet man das Objekt in ein Medium mit der Brechzahl n' ein, so ergibt sich

$$\delta = (n' - n)e = a - b. \qquad (5.1)$$

Wenn die Dicke e und der Brechungsindex n' bekannt sind, dann die Brechzahl n des Objektes berechnet werden. Umgekehrt kann e bestimmt werden, wenn man n und n' kennt. In dem Fall, wo weder e noch n bekannt sind, können diese beiden Größen trotzdem noch ermittelt werden, wenn es möglich ist, das Objekt nacheinander in zwei Medien mit den bekannten Brechungsindizes n_1 und n_2 einzubetten. Die Dicke e und die Brechzahl n sind dann durch die Gleichungen (4.1) und (4.2) gegeben.

Anstatt die Messungen über das Erkennen und Zuordnen von Farben durchzuführen, kann man auch Interferenzstreifen erzeugen. Es ist immer möglich, in einem Interferenzmikroskop ein gleichmäßiges Bildfeld (Δ = const) durch ein Bildfeld zu ersetzen, das von Streifen in monochromatischem Licht durchsetzt ist (Δ ändert sich linear). Die Bestimmung von δ kann durch die Messung der Streifenverschiebungen wie in allen klassischen Interferenzmethoden erfolgen.

5.2. Auflicht-Interferenzmikroskopie

Neben den vorstehend beschriebenen Geräten gibt es auch Interferenzmikroskope, bei denen die Untersuchungen im reflektierten Licht durchgeführt werden. Die Anordnung von Linnik (Abb. 5.7) verwendet das Prinzip des Michelson-Interferometers. Ein Lichtstrahl, der vom Vertikalilluminator des Mikroskops kommt

(schematisch durch S und C dargestellt), wird durch die Teilerplatte G, die gegen den Lichtstrahl um 45° geneigt ist, in zwei Teilstrahlen zerlegt. Ein Teil des Lichtes wird in der Abbildung nach unten reflektiert, geht durch das Objektiv O_1 und beleuchtet dann das reflektierende Objekt P, welches untersucht werden soll. Die Strahl-

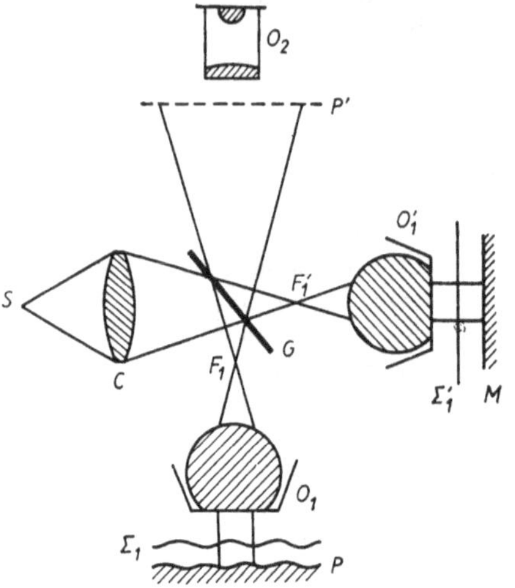

Abb. 5.7. Interferenzmikroskop nach LINNIK (reflektiertes Licht)

richtung kehrt sich um, der Lichtstrahl geht wieder durch O_1 und den Strahlenteiler G und gelangt in das Okular O_2. Das Licht, das durch G hindurchtritt, geht durch die Linse O_1' hindurch, die die gleichen Eigenschaften wie O_1 besitzt, und wird an einem ebenen Vergleichsspiegel M reflektiert. Es kehrt seine Ausbreitungsrichtung um, durchläuft wieder O_1', wird bei G reflektiert und gelangt ebenfalls in das Okular O_2. Die beiden Bilder F_1 und F_1' der Lichtquelle entstehen im Brennpunkt der beiden Objektive O_1 und O_1'.

Die Welle Σ_1, die infolge der Unregelmäßigkeiten der Oberfläche des Objektes P deformiert wird, und die ebene Vergleichswelle Σ_1' interferieren im Bild P', das mit Hilfe des Okulars O_2 beobachtet werden kann. Wenn das Bild des Spiegels M nach der Reflexion bei G parallel zu P verläuft, ist das Bildfeld gleichmäßig ausgeleuchtet. Die Unregelmäßigkeiten in der Dicke bewirken Änderungen in den Lichtintensitäten. Durch schwaches Neigen von M ist das Bild des Spiegels nach der Reflexion an G nicht mehr parallel zu P, und man kann einige geradlinige Interferenzstreifen beobachten. Durch Messung der Streifenverschiebungen kann die Oberflächenstruktur bestimmt werden.

Vielstrahlinterferenzen sind für mikroskopische Untersuchungen von Oberflächen besonders geeignet. Die Oberfläche muß zunächst präpariert werden, um ihr ein hohes Reflexionsvermögen zu geben. Dann wird auf ihr eine optisch ebene, halbdurchlässige Oberfläche aufgebracht. Die Mehrfachreflexionen, die zwischen den beiden Flächen erzeugt werden, erzeugen ein System von sehr scharfen Streifen (Fizeau-Streifen), die mit einem gewöhnlichen Mikroskop beobachtet werden können. Diese scharfen Streifen, die denen im vorhergehenden Abschnitt behandelten ähnlich sind, stellen wahre topographische Höhenlinien dar. Sie gestatten es, sehr kleine Höhenänderungen des Objektes mit einer Genauigkeit von der Größenordnung von einem Tausendstel einer Wellenlänge zu messen.

Literatur

1. F. Abeles, Thesis, Ann. Phys. **5**, 596–640, 706–781 (1950).
2. International Colloquium on Recent Progress in Interference Spectroscopy, Editions du C.N.R.S., Paris 1958.
3. J. Dyson, Proc. Roy. Soc. London **A 204**, 170 (1950).

4. E. ENGELHARD and J. TERRIEN, Determination of the wavelength of the $2p_{10}-5d_5$ radiation from krypton-86 for non-perturbed atoms, Rev. opt., **39**, No. 1, 11–18 (1960).
5. J. GREHN, Mitt. Wiss. u. Tech., **1**, No. 2, 35 (1959).
6. G. HASS and R. TOUSEY, J. Opt. Soc. Amer. **49**, No. 6, 593–602 (1959).
7. G. HASS and A. F. TURNER AUWÄRTER, Ergebnisse der Hochvakuumtechnik und der Physik dünner Schichten, 143–163, 1959.
8. G. HASS, L. F. DRUMMETER and M. SCHACH, J. Opt. Sci. Amer. **49**, No. 9, 918–924 (1959).
9. O. S. HEAVENS, Optical Properties of Thin Solid Films, Butterworth, London 1955.
10. S. TOLANSKY, An Introduction to Interferometry, Longmans, Green & Co., London 1955.
11. A. VASICEK, Optics of Thin Films, North-Holland Publishing Company, Amsterdam 1960.

II. BEUGUNG UND BILDENTSTEHUNG

6. Anwendung der Fourier-Transformation in der Optik

Die Anwendung der FOURIER-Transformation in der Optik gestattet es, allgemeine Beziehungen aufzustellen, die die Berechnung der Abbildung durch optische Instrumente vereinfachen und verdeutlichen. Wir wollen eine Objektivlinse betrachten, die von einer punktförmigen Lichtquelle beleuchtet wird. Als Bild erhält man eine Beugungserscheinung, die für die Linse charakteristisch ist. Man kann die Struktur dieser Erscheinung, d. h. die Struktur des Bildes der Lichtquelle, bestimmen, wenn die Daten der Linse bekannt sind. Andererseits kann man bei Kenntnis der Beugungserscheinung die Objektivlinse berechnen, die die Beugungserscheinung erzeugte, d. h., wir können die verschiedenen Parameter bestimmen, die die Linse charakterisieren.

Bei ausgedehnten Objekten beschreibt die FOURIER-Transformation in einer sehr klaren Weise den Mechanismus der Bildentstehung. Ein optisches Instrument wirkt wie ein Filter, das nur bestimmte Details durchläßt, andere dagegen nicht. Ein solches Filter kann man so verändern, daß es bestimmte Einzelheiten bevorzugt durchläßt. Derartige Methoden führen vor allem in der Photographie zu interessanten Anwendungen.

Im folgenden wollen wir stets annehmen, daß die betrachteten optischen Instrumente ideal sind und durch kreisförmige Berandungen begrenzt werden.

6.1. Die Fourier-Transformation und das Bild einer punktförmigen Lichtquelle

Es sei L eine ideale Linse, die im Punkt A' ein Bild der punktförmigen Lichtquelle A erzeugt (Abb. 6.1). Bekanntlich kann man die Struktur des Bildes A' durch Anwendung des HUYGENS-FRESNELschen Prinzips berechnen.

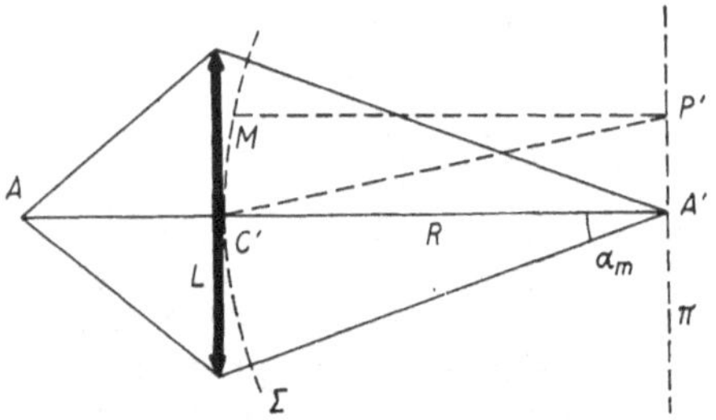

Abb. 6.1. Der Gangunterschied in P' beträgt $C'P' - MP'$

Jeder Punkt M der Wellenfläche Σ (Kugel mit dem Mittelpunkt in A') kann als Lichtquelle angesehen werden, von der Wellen ausgehen, deren Amplituden und Phasen gleich den Amplituden und Phasen derjenigen Welle sind, die von der Quelle A nach M gelangt.

Jeder Punkt der Wellenfläche Σ sendet Wellen aus, die untereinander gleiche Phasen besitzen. Diese Wellen kommen in allen Punkten, mit Ausnahme des Punktes A', der Ebene Π, die durch das Bild A' gelegt werden kann, mit unterschiedlicher Phase an. Im Punkt P' haben z. B. die Wellen, die von M und vom Zentrum C' der Wellenfläche Σ ausgehen, einen Gangunterschied $\Delta = MP' - C'P'$. Wir wollen die Lichtwellen (beschrieben durch den elektrischen Feldvektor) nicht durch die reelle Schreibweise von der Form $a \cos(\omega t - \varphi)$

darstellen, sondern die komplexe Schreibweise $a e^{j\varphi}$ verwenden, die bereits früher eingeführt wurde, wobei die harmonische Zeitabhängigkeit nicht weiter berücksichtigt wird (Kapitel I, Abschnitt 1).

Die Phase der Welle, die von M ausgeht, ist in P' gegeben durch $\varphi = (2\pi/\lambda) \cdot MP' = k \cdot MP'$, wobei $k = 2\pi/\lambda$ die Wellenzahl und λ die Wellenlänge dieser Welle bedeuten. Die Welle selbst kann in P' durch den Ausdruck $e^{jkMP'}$ dargestellt werden, wenn wir noch $a = 1$ setzen. Wir wollen den Wert der Phase in C' als Bezugsphase annehmen und ihn daher gleich Null setzen. Die Welle, die von M ausgeht, läßt sich dann im Punkt P' folgendermaßen darstellen:

$$\exp\left\{jk(MP' - C'P')\right\} = \exp\left\{jk\Delta\right\}. \tag{6.1}$$

Die Wellen, die von allen Punkten eines kleinen Flächenelementes $\mathrm{d}s$ in der Umgebung von M ausgehen, ergeben in P' einen Wert, wie er in Gleichung (6.1) dargestellt ist.

Die Welle, die sich als Überlagerung aller Wellen, die von den verschiedenen Punkten der Wellenfläche Σ ausgehen, ergibt, läßt sich in P', abgesehen von einem konstanten Faktor, darstellen in der Form

$$U = \iint_{\Sigma} \exp\left\{jk\Delta\right\}\mathrm{d}s. \tag{6.2}$$

Um den Wert von U im Punkt P' bestimmen zu können, muß man den Gangunterschied Δ berechnen. Wir wollen dazu Abb. 6.2 betrachten, die die Verhältnisse aus Abb. 6.1 perspektivisch darstellt. Als Koordinatensystem wollen wir einmal die β'- und die γ'-Achse, die sich in C' schneiden, zur Beschreibung der Wellenfläche verwenden. (In diesem System werden Winkelkoordinaten benutzt, die man Abb. 6.2 entnimmt.) Zum anderen benutzen wir in der Bildebene ein y', z'-Koordinatensystem, dessen Achsen sich im Bildpunkt A' schneiden. (Die gestrichenen Größen sollen andeuten, daß sie sich auf den Bildraum beziehen.)

Im folgenden soll immer angenommen werden, daß der Winkel α_m (Abb. 6.1) klein ist. Unter diesen Bedingungen kann man, wenn β' und γ' die Winkelkoordinaten von M sind, mit $R = C'A'$ für die beiden Abstände

$$MP' = \sqrt{(y' - R\beta')^2 + (z' - R\gamma')^2 + (x' - R)^2},$$

$$C'P' = \sqrt{y'^2 + z'^2 + R^2}$$

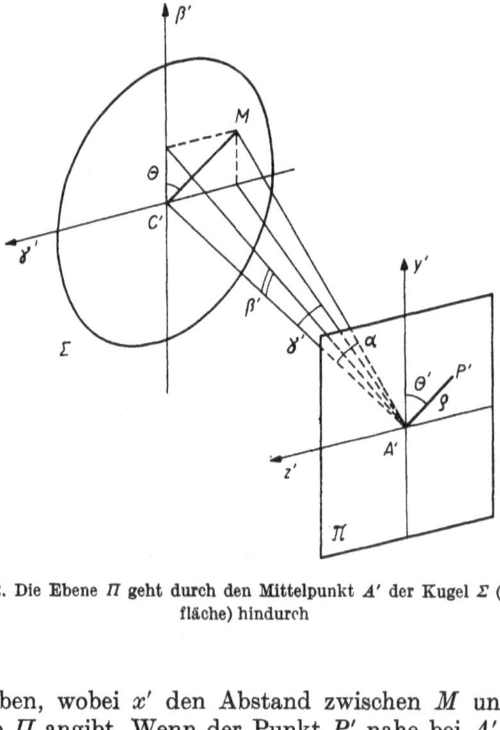

Abb. 6.2. Die Ebene Π geht durch den Mittelpunkt A' der Kugel Σ (Wellenfläche) hindurch

schreiben, wobei x' den Abstand zwischen M und der Ebene Π angibt. Wenn der Punkt P' nahe bei A' liegt, kann man eine Reihenentwicklung durchführen. Berück-

sichtigt man nur die Glieder mit niedrigen Potenzen, so erhält man leicht

$$\Delta \cong -(\beta' y' + \gamma' z'), \tag{6.3}$$

woraus man U als Funktion von y' und z' berechnen kann:

$$U(y',z') = \int\int \exp\{-\mathrm{j}k(\beta' y' + \gamma' z')\}\, \mathrm{d}\beta'\, \mathrm{d}\gamma'. \tag{6.4}$$

Bisher hatten wir vorausgesetzt, daß die Objektivlinse gleichmäßig transparent sei. Die Lichterregung wurde über die gesamte Wellenfläche Σ als konstant angenommen. Eine solche Annahme ist nicht immer gerechtfertigt. Wir wollen die Verteilung der Lichterregung längs der Wellenfläche Σ durch die Funktion $g(\beta',\gamma')$ beschreiben. Wenn solche Änderungen nur durch Absorption in der Linse hervorgerufen werden, ist die Funktion $g(\beta',\gamma')$ reell. Bewirkt die Linse dagegen nur Phasenänderungen, so ist die Funktion $g(\beta'\gamma')$ rein imaginär. Im allgemeinen wird die Funktion $g(\beta',\gamma')$ komplex sein. Die Lichterregung wird dann in P'

$$U(y',z') = \int\int g(\beta',\gamma') \exp\{-\mathrm{j}k(\beta' y' + \gamma' z')\}\, \mathrm{d}\beta'\, \mathrm{d}\gamma'. \tag{6.5}$$

Es zeigt sich, daß Gleichung (6.5) eine mathematische Operation ausdrückt, die man FOURIER-Transformation nennt. Die Funktionen $U(y',z')$ und $g(\beta',\gamma')$ sind demnach durch die folgenden Gleichungen miteinander verknüpft:

$$U(y',z') = \int\int g(\beta',\gamma') \exp\{-\mathrm{j}k(\beta' y' + \gamma' z')\}\, \mathrm{d}\beta'\, \mathrm{d}\gamma', \tag{6.6}$$

$$g(\beta',\gamma') = \int\int U(y',z') \exp\{\mathrm{j}k(\beta' y' + \gamma' z')\}\, \mathrm{d}y' \mathrm{d}z'. \tag{6.7}$$

Die Funktion $g(\beta',\gamma')$ ist die FOURIER-Transformierte der Funktion $U(y',z')$ und umgekehrt. Die FOURIER-Trans-

formation kann auf folgende Art und Weise interpretiert werden: Gegeben sei eine bestimmte Verteilung der komplexen Amplitude $g(\beta',\gamma')$ längs der Wellenfläche Σ, die durch die Linse L erzeugt wird (Abb. 6.2). Mit Hilfe von Gleichung (6.6) kann man die Beugungserscheinung $U(y',z')$ in A' berechnen, d. h. das Bild der punktförmigen Lichtquelle. Umgekehrt kann man aber auch mit Gleichung (6.7) die Verteilung der komplexen Amplitude $g(\beta',\gamma')$ längs der Wellenfläche Σ bestimmen, wenn das Beugungsbild in A' durch $U(y', z')$ gegeben ist. Bevor wir die FOURIER-Transformation zur Behandlung der Entstehung von Bildern ausgedehnter Objekte anwenden, wollen wir Gleichung (6.4) noch einmal etwas genauer betrachten. Wir wollen uns erinnern, welche Bedeutung die Lichterregung im Bild einer gegebenen Punktlichtquelle besitzt, das durch ein ideales Instrument mit kreisförmigen Berandungen erzeugt wurde. Setzen wir

$$\sphericalangle MC'\beta' = \theta, \quad \sphericalangle MA'C' = \alpha, \quad \sphericalangle y'A'P' = \theta', \quad A'P' = \varrho,$$

so erhalten wir

$$\alpha \cos\theta = \beta', \qquad \alpha \sin\theta = \gamma',$$

$$\varrho \cos\theta' = y', \qquad \varrho \sin\theta' = z',$$

woraus

$$\beta' y' + \gamma' z' = \alpha\varrho \cos(\theta - \theta') \tag{6.8}$$

folgt. Durch eine geeignete Wahl des Nullpunktes für das Azimut kann man die rechte Seite der Gleichung (6.8) vereinfachen zu der Form $a\varrho \cos\theta$.

Die Lichterregung $U(y',z')$ in P' (siehe Gleichung (6.4)) wird damit

$$U(y',z') = \int_0^{2\pi} \int_0^{\alpha_m} \exp\left\{-\mathrm{j} k\alpha\varrho \cos\theta\right\} \alpha \,\mathrm{d}\alpha \,\mathrm{d}\theta .$$

Durch Einführung der BESSEL-Funktion 1. Ordnung und der Abkürzung $Z = k\alpha_m\varrho$ erhalten wir das allgemein bekannte Ergebnis

$$U(y',z') = (\pi\alpha_m^2)^2 2J_1(Z)/Z. \tag{6.9}$$

Verwendet man als Einheit der Intensität den Wert, den sie im Bildzentrum $(Z = 0)$ annimmt, so kann man die Intensität E in einem Aufpunkt $P(y',z')$, der sich im Abstand ϱ von A' in der Bildebene Π befindet, berechnen durch die Gleichung

$$E(y',z') = [2J_1(Z)/Z]^2. \tag{6.10}$$

Die klassische Beziehung (6.10) gibt die Intensitätsverteilung im Bild einer punktförmigen Lichtquelle an (Abb. 6.3). Man nennt sie elementare Beugungsfigur oder

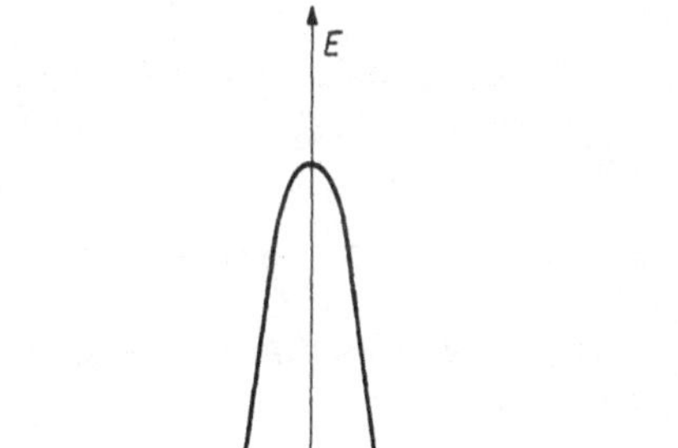

Abb. 6.3. Intensitätsverteilung im AIRY-Scheibchen

AIRY-Scheibchen. Das erste Minimum, in dem E gleich Null wird, liegt bei $Z = 3{,}83 = k\alpha_m\varrho$, woraus man für den Durchmesser des zentralen Maximums den allgemein bekannten Wert $2\varrho = 1{,}22\,\lambda/\alpha_m$ erhält.

6.2. Das Bild eines inkohärenten ausgedehnten Objektes. Ein Fundamentalsatz

Um vom Bild einer punktförmigen Lichtquelle, dessen Struktur wir soeben behandelt haben, zu dem eines ebenen, ausgedehnten Objektes übergehen zu können, sind Kenntnisse über die Art der Beleuchtung notwendig. Die Beleuchtung ist dann inkohärent, wenn die verschiedenen Elemente des Objektes Wellen aussenden, die untereinander inkohärent sind, d. h., wenn sie keine festen Phasenbeziehungen untereinander besitzen (Kapitel I, Abschnitt 1). Bei den meisten optischen Instrumenten, bei Apparaturen zur Beobachtung oder zur Photographie entfernter Objekte, bei Spektrographen usw. liegen solche Verhältnisse vor. Bei Mikroskopen ist diese Bedingung sicher nicht erfüllt. Hier wird das Objekt mit einer zusätzlichen Lichtquelle beleuchtet. Die Wellen, die von verschiedenen Punkten des Objektes ausgehen, sind nicht mehr unabhängig voneinander.

Im folgenden wollen wir prinzipiell nur inkohärente Objekte durch eine Methode, wie sie auch in der Akustik und Elektrizitätslehre verwendet wird, untersuchen. Durch Anwendung der Fourier-Transformation kann man die Intensität im Objekt in unendlich viele sinusförmige Anteile zerlegen, deren Amplituden von den zugehörigen Perioden p abhängen. Man überlegt sich leicht, daß p hier die Dimension einer Länge besitzen muß. Wir wollen aber vorwiegend den reziproken Wert $1/p$ verwenden, den man als „Ortsfrequenz" bezeichnet. Die Qualität eines Bildes von einem ausgedehnten Objekt hängt offensichtlich vom typischen Beugungsscheibchen ab, das man als Bild einer Punktlichtquelle erhält. Es ist aber allgemeiner und vorteilhafter, wenn man Untersuchungen anstellt, wie gut das optische Instrument diese verschiedenen sinusförmigen Anteile durchläßt. Es läßt sich ein Filtergesetz für Ortsfrequenzen aufstellen, die charakteristisch für das optische Instrument sind. Wir

wollen die benötigten Größen definieren und einen Fundamentalsatz aufstellen.

a) $E(y', z')$ möge die Intensität der Beugungsfigur mit dem Zentrum in A' darstellen. A' ist dabei das Bild einer punktförmigen Lichtquelle A (Abb. 6.4). Die Intensitätsverteilung ist gegeben durch Gleichung (6.10).

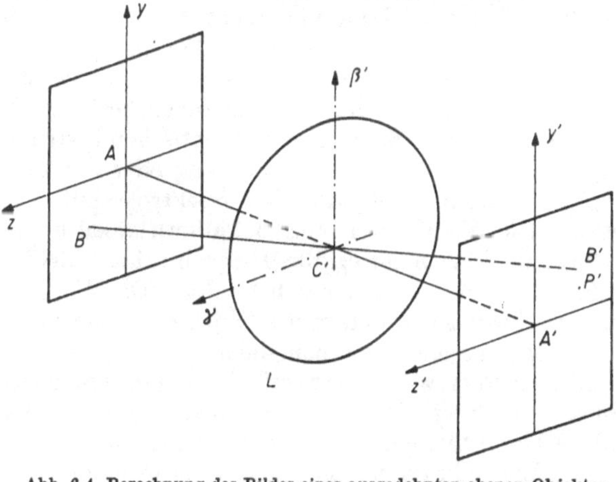

Abb. 6.4. Berechnung des Bildes eines ausgedehnten ebenen Objektes

b) Eine andere Punktlichtquelle B erzeugt in B' dieselbe Beugungserscheinung wie die Quelle A im Punkt A', die aber um die Strecke $A'B'$ verschoben ist. Ohne die Allgemeinheit der Ergebnisse in irgendeiner Weise zu beschränken, können wir annehmen, daß die Vergrößerung zwischen der Objektebene (y, z-Ebene) und der Bildebene (y', z'-Ebene) den Wert 1 besitzt. Die Koordinaten von B' sind in absoluten Werten gleich denen von B. Die Intensität in einem Punkt P', die von der Beugungserscheinung um das Zentrum B' herrührt, wird durch die gleiche Funktion E gegeben. Man kann sie als $E = E(y' - y, z' - z)$ schreiben.

c) Das Objekt, das in der y,z-Ebene liegen möge, sei ein inkohärentes ausgedehntes Objekt, dessen Helligkeitsverteilung von y und z abhängt. Sie werde durch die Funktion $O(y,z)$ beschrieben.

d) Die Intensitätsverteilung im Bild, das in der y',z'-Ebene liegen möge, soll durch eine unbekannte Funktion $I(y',z')$ dargestellt werden, die wir bestimmen wollen.

Die Intensität $I(y',z')$ in einem beliebigen Punkt der Bildebene wird durch die Funktionen $O(y,z)$ und $E(y'-y, z'-z)$ bestimmt. Wenn das Objekt tatsächlich inkohärent strahlt, kann die Intensitätsverteilung im Bild ermittelt werden, indem man die Summe der Einzelintensitäten bildet, die als die verschiedenen Bilder jedes einzelnen Objektpunktes entstehen. Wir erhalten somit

$$I(y',z') = \iint O(y,z)E(y'-y, z'-z)\,\mathrm{d}y\,\mathrm{d}z. \quad (6.11)$$

Wir wollen diesen Ausdruck durch Einführung der FOURIER-Transformierten der Funktionen $O(y,z)$ und $E(y',z')$ umformen. Die FOURIER-Transformierten können

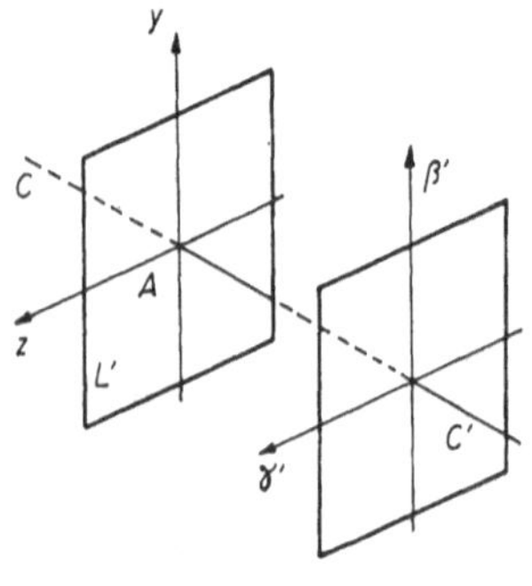

Abb. 6.5. Das Bild C' der punktförmigen Lichtquelle C stellt die FOURIER-Transformierte der Amplitudenverteilung in der y,z-Ebene dar

durch folgende Analogie veranschaulicht werden (Abb. 6.5): Wir wollen annehmen, daß sich ein gedachtes Objekt, dessen Amplitudenverteilung durch die Funktion $O(y,z)$ gegeben ist, vor einer Objektivlinse L' befindet. (Die Linse L' ist in Abb. 6.5 nicht eingetragen; sie müßte in der y,z-Ebene eingezeichnet werden.) Von einer punktförmigen Lichtquelle C würde diese Linse in C' ein Bild erzeugen. Die Beugungsfigur, die dabei in der Bildebene entsteht, wird durch eine Funktion ω der Variablen β' und γ' beschrieben.

Diese Funktion ω stellt die FOURIER-Transformierte von $O(y,z)$ dar. Wir wollen nun zwei neue Variable einführen, die für unsere weiteren Berechnungen vorteilhaft sein werden: μ' und ν', gegeben in der Form $\mu' = \beta'/\lambda$ und $\nu' = \gamma'/\lambda$.

Die Variablen μ' und ν' besitzen die Dimension einer reziproken Länge, d. h., sie sind Ortsfrequenzen. Die Funktion ω hängt von μ' und ν' ab und kann daher als $\omega(\mu',\nu')$ geschrieben werden.

Wir erhalten dann entsprechend Gleichung (6.7)

$$\omega(\mu',\nu') = \iint O(y,z) \exp\left\{\mathrm{j}\, 2\pi(\mu' y + \nu' z)\right\} \mathrm{d}y\, \mathrm{d}z. \tag{6.12}$$

Gleichung (6.12) bedeutet, daß $\omega(\mu',\nu')$ die FOURIER-Transformierte von $O(y,z)$ ist, d. h. die FOURIER-Transformierte des Objektes selbst. Wir ersetzen nun, ähnlich wie in Abb. 6.5, die y,z-Ebene durch die y',z'-Ebene und das Objekt $O(y,z)$ durch $E(y',z')$. Wir erhalten in Q' eine Beugungserscheinung, die durch die folgende Funktion beschrieben werden kann:

$$\Omega(\mu',\nu') = \iint E(y',z') \exp\left\{\mathrm{j}\, 2\pi(\mu' y' + \nu' z')\right\} \mathrm{d}y'\, \mathrm{d}z'. \tag{6.13}$$

Die Funktion $\Omega(\mu',\nu')$ ist die FOURIER-Transformierte von $E(y',z')$, d. h. die FOURIER-Transformierte des Bildes einer punktförmigen Lichtquelle.

Auf Grund der Eigenschaften der FOURIER-Transformation (Gleichung (6.6) und (6.7)) können wir dann schreiben:

$$E(y',z') = \iint \Omega(\mu',\nu') \exp\{-\mathrm{j}\, 2\pi(\mu' y' + \nu' z')\}\, \mathrm{d}\mu'\, \mathrm{d}\nu'$$

oder (6.14)

$$E(y'-y,z'-z) = \iint \Omega(\mu',\nu') \exp\{-\mathrm{j}\, 2\pi[\mu'(y'-y) + \nu'(z'-z)]\}\, \mathrm{d}\mu'\, \mathrm{d}\nu'. \quad (6.15)$$

Setzt man in Gleichung (6.11) für $E(y'-y,z'-z)$ den Wert ein, der sich aus der Beziehung (6.15) ergibt, so erhält man

$$I(y',z') = \iint O(y,z)\Big[\iint \Omega(\mu',\nu') \exp\{-\mathrm{j}\, 2\pi[\mu'(y'-y) + \nu'(z'-z)]\}\, \mathrm{d}\mu'\, \mathrm{d}\nu'\Big]\, \mathrm{d}y\, \mathrm{d}z. \quad (6.16)$$

Wir wollen die Reihenfolge der Integrationen vertauschen. Dann können wir schreiben

$$I(y',z') = \iint \Omega(\mu',\nu') \exp\{-\mathrm{j}\, 2\pi(\mu' y' + \nu' z')\} \times \Big[\iint O(y,z) \exp\{\mathrm{j}\, 2\pi(\mu' y + \nu' z)\}\, \mathrm{d}y\, \mathrm{d}z\Big]\, \mathrm{d}\mu'\, \mathrm{d}\nu', \quad (6.17)$$

woraus unter Verwendung von Gleichung (6.12)

$$I(y',z') = \iint \Omega(\mu',\nu')\,\omega(\mu',\nu') \times \exp\{-2\,\mathrm{j}\pi(\mu' y' + \nu' z')\}\, \mathrm{d}\mu'\, \mathrm{d}\nu' \quad (6.18)$$

folgt. Die Intensität in einem Punkt $P'(y',z')$ des Bildraumes eines inkohärenten Objektes (Abb. 6.4) wird durch die Funktion $I(y',z')$ beschrieben, die gemäß Gleichung (6.18) die FOURIER-Transformierte des Produktes $\Omega(\mu',\nu')\,\omega(\mu',\nu')$ ist. Wir bilden nach Gleichung

(6.18) die FOURIER-Transformierte von $I(y',z')$ und erhalten somit

$$\Omega(\mu',\nu')\,\omega(\mu',\nu') = \iint I(y',z') \times \exp\{\mathrm{j}\,2\pi(\mu' y' + \nu' z')\}\,\mathrm{d}\mu'\,\mathrm{d}\nu'. \tag{6.19}$$

Es konnte damit gezeigt werden, daß $\Omega(\mu',\nu')$ die FOURIER-Transformierte des Bildes einer Punktlichtquelle und $\omega(\mu',\nu')$ die FOURIER-Transformierte des Objektes darstellt. Das Ergebnis, wie es durch die Gleichung (6.19) gegeben ist, kann in folgender Weise formuliert werden:

Satz. Die FOURIER-Transformierte des Bildes eines inkohärenten Objektes (gegeben durch die rechte Seite von Gleichung (6.19)) ist gleich dem Produkt aus der FOURIER-Transformierten des Objektes (Funktion ω) und der FOURIER-Transformierten des Bildes eines einzelnen Punktes (Funktion Ω).

Wir werden als Anwendung dieses Satzes in Abschnitt 6.4 ein Beispiel behandeln.

6.3. Die Fourier-Transformierte des Bildes einer punktförmigen Lichtquelle für ein ideales optisches Instrument

Wir wollen die FOURIER-Transformierte $\Omega(\mu',\nu')$ des Bildes $E(y',z')$ einer punktförmigen Lichtquelle für ein ideales optisches Instrument berechnen. Die Kenntnis dieser Transformierten wird für die praktischen Anwendungen des vorstehend abgeleiteten Lehrsatzes benötigt. Zu diesem Zweck wollen wir $E(y',z')$ als Funktion der Lichterregung $U(y',z')$, die reell ist, ausdrücken. Wir erhalten dann

$$E(y',z') = |U(y',z')|^2 = U(y',z')\,U(y',z'). \tag{6.20}$$

Drückt man $E(y',z')$ in Gleichung (6.13) durch $U(y',z')$ aus, so kann man schreiben:

$$\Omega(\mu',\nu') = \iint U(y',z')\cdot U(y',z')\exp\{\mathrm{j}\,2\pi(\mu' y' + \nu' z')\} \times \mathrm{d}y'\,\mathrm{d}z'. \tag{6.21}$$

Eine der beiden unter dem Integral stehenden Funktionen $U(y',z')$ wollen wir durch den Ausdruck ersetzen, wie er durch Gleichung (6.6) gegeben ist:

$$\begin{aligned}\Omega(\mu'\ \nu') = \iint U(y',z') \exp\left\{\mathrm{j}\, 2\pi(\mu' y' + \nu' z')\right\} \\ \times \left[\iint g(\beta',\gamma') \exp\left\{-\mathrm{j}\, k(\beta' y' + \gamma' z')\right\}\right. \\ \left.\times\, \mathrm{d}\beta'\, \mathrm{d}\gamma'\right] \mathrm{d}y'\, \mathrm{d}z'. \qquad (6.22)\end{aligned}$$

Nun wollen wir die Reihenfolge der Integrationen vertauschen:

$$\begin{aligned}\Omega(\mu',\nu') = \iint g(\beta',\gamma')\left[\iint U(y',z') \exp\left\{-\mathrm{j}\, k[(\beta' - \lambda\mu')\, y'\right.\right. \\ \left.\left.+ (\gamma' - \lambda\nu') z']\right\} \mathrm{d}y'\, \mathrm{d}z'\right] \mathrm{d}\beta'\, \mathrm{d}\gamma'. \qquad (6.23)\end{aligned}$$

Der Ausdruck innerhalb der eckigen Klammern unterscheidet sich von demjenigen in Gleichung (6.7) nur dadurch, daß die Variablen β' und γ' durch $\beta' - \lambda\mu'$ und $\gamma' - \lambda\nu'$ ersetzt wurden und daß das Vorzeichen im Exponenten gewechselt hat. Der Unterschied im Vorzeichen ist unbedeutend, da alle Erscheinungen symmetrisch zur Achse liegen und die Funktionen $U(y',z')$ und $g(\beta',\gamma')$ reell und gerade sind.

Daher können wir auch schreiben:

$$\begin{aligned}g(\beta' - \lambda\mu', \gamma' - \lambda\nu') = \iint U(y',z') \exp\left\{-\mathrm{j}\, k[(\beta' - \lambda\mu')\, y'\right. \\ \left.+ (\gamma' - \lambda\nu') z']\right\} \mathrm{d}y'\, \mathrm{d}z',\end{aligned}$$

woraus sich

$$\Omega(\mu',\nu') = \iint g(\beta',\gamma') g(\beta' - \lambda\mu', \gamma' - \lambda\nu')\, \mathrm{d}\beta'\, \mathrm{d}\gamma' \qquad (6.24)$$

ergibt. Wenn wir eine gleichmäßig durchlässige Linse mit kreisförmiger Berandung betrachten, ist die Funktion $g(\beta',\gamma')$ innerhalb eines Kreises vom Radius α_m (Abb. 6.1) konstant und Null außerhalb des Kreises. Die Funktion

$g(\beta' - \lambda\mu', \gamma' - \lambda\nu')$ verhält sich genau wie $g(\beta', \gamma')$, nur ist der Kreismittelpunkt um den Betrag $\lambda\sqrt{\mu'^2 + \nu'^2}$ verschoben (Abb. 6.6).

Die FOURIER-Transformierte $\Omega(\mu', \nu')$ ist dann bestimmt durch die Fläche, die den beiden Kreisen gemeinsam ist, da das Produkt der beiden Funktionen $g(\beta', \gamma')$ und $g(\beta' - \lambda\mu', \gamma' - \lambda\nu')$ außerhalb dieser gemeinsamen

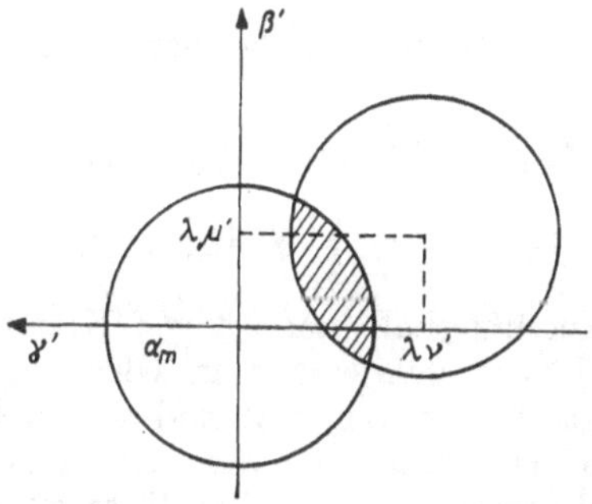

Abb. 6.6. Die FOURIER-Transformierte des Bildes einer punktförmigen Lichtquelle wird durch die gemeinsame Fläche zweier Kreise charakterisiert.

Fläche gleich Null ist, weil immer einer der beiden Faktoren verschwindet. Von dieser gemeinsamen Fläche werden wir ausgehen, um ein Gesetz zur Ortsfrequenzfilterung abzuleiten.

Da die Erscheinungen symmetrisch sind, kann $\Omega(\mu', \nu')$ als Funktion einer einzigen Variablen $\lambda\sqrt{\mu'^2 + \nu'^2}$ dargestellt werden. Man kann daher $\mu' = 0$ setzen und die Mittelpunkte der beiden Kreise auf die γ'-Achse legen (Abb. 6.7).

Wenn S den Wert des Flächeninhalts der gemeinsamen Fläche der beiden Kreise angibt, erhalten wir

$$\Omega(\mu', \nu') = \Omega[\sqrt{\mu'^2 + \nu'^2}] = \Omega(\nu') = S .$$

Setzt man den Flächeninhalt eines Kreises als Einheit an, so ergibt sich, wie man leicht sieht,

$$\Omega(\nu') = S = 2(\theta - \sin\theta\cos\theta)/\pi. \qquad (6.25)$$

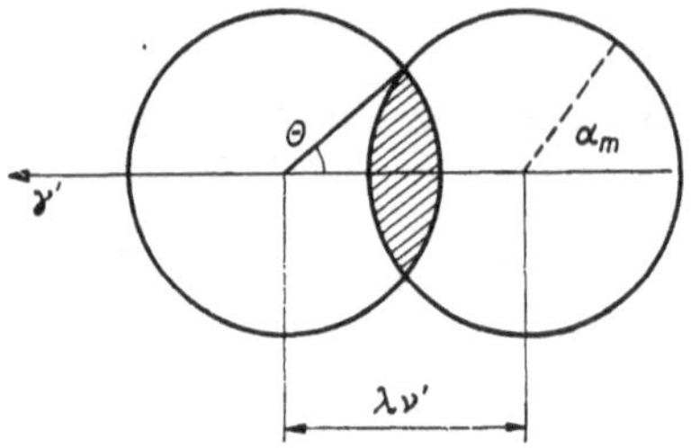

Abb. 6.7. Eine andere Anordnung der beiden Kreise

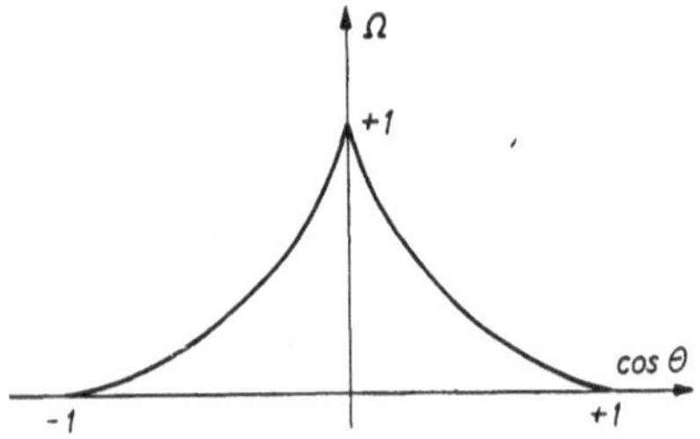

Abb. 6.8. Amplitudenverteilung bei der FOURIER-Transformierten des Bildes einer punktförmigen Lichtquelle

Außerdem kann man aus Abb. 6.7 ablesen, daß folgende Beziehung gilt:

$$\cos\theta = \lambda\nu'/2\alpha_m. \qquad (6.26)$$

Da ν' proportional zu $\cos\theta$ ist, können wir die FOURIER-Transformierte $\Omega(\nu') = S$ als Funktion von $\cos\theta$ darstellen. Abb. 6.8 zeigt die Abhängigkeit der Funktion

$\Omega(\nu') = S$ von $\cos\theta$. Man erkennt, wie sich die Amplitude der FOURIER-Transformierten des Bildes einer punktförmigen Lichtquelle verändert.

6.4. Ortsfrequenzfilterung durch ein ideales optisches Instrument. Das Bild eines inkohärenten periodischen Objektes

Das Problem, das wir nun behandeln wollen, ist das folgende: Gegeben sei ein Objekt $O(y,z)$, gesucht ist sein Bild $I(y',z')$. Die Lösung kann durch Anwendung des Satzes aus Abschnitt 6.2 gefunden werden.

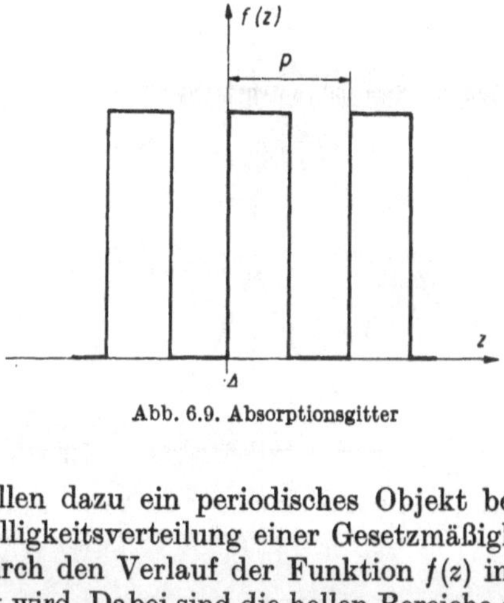

Abb. 6.9. Absorptionsgitter

Wir wollen dazu ein periodisches Objekt betrachten, dessen Helligkeitsverteilung einer Gesetzmäßigkeit folgt, wie sie durch den Verlauf der Funktion $f(z)$ in Abb. 6.9 dargestellt wird. Dabei sind die hellen Bereiche gleich den dunklen Zonen (Absorptionsgitter). Die Helligkeitsänderungen im Objekt werden dargestellt durch die Funktion

$$O(z) = 1 + \frac{4}{\pi}\left(\sin\frac{2\pi z}{p} + \frac{1}{3}\sin 3\cdot\frac{2\pi z}{p} + \cdots\right). \tag{6.27}$$

Wir wollen nun den Kontrast γ des Objektes definieren. Dazu betrachten wir zwei Bereiche des Objektes mit den Helligkeiten L_1 und L_2, wobei L_1 die Helligkeit des helleren Objektbereiches sei. Wir wollen dann

$$\gamma = (L_1 - L_2)/L_1 \tag{6.28}$$

setzen. Die Werte, die γ annehmen kann, liegen zwischen 0 und 1. Im oben betrachteten Fall (Abb. 6.9) ergibt sich $L_1 = 1$ und $L_2 = 0$. Der Kontrast nimmt seinen Maximalwert 1 an. Das Objekt $O(z)$ kann man als Überlagerung von Sinusschwingungen der Frequenzen $1/p$, $3/p$, $5/p$, ... betrachten. Um das Bild $I(z')$ berechnen zu können, müssen wir untersuchen, in welcher Art und Weise das optische Instrument diese verschiedenen Sinusschwingungen durchläßt, d. h., wir müssen herausfinden, wie die verschiedenen Frequenzen des Objektes durchgelassen werden.

Zunächst wollen wir die Sinusfunktion aus Gleichung (6.27) betrachten, die die Grundschwingung beschreibt. Mit Hilfe der EULERschen Formel können wir dann schreiben:

$$\frac{4}{\pi} \sin \frac{2\pi z}{p} = -\frac{2\mathrm{j}}{\pi} \left(\exp\left[\mathrm{j}\,\frac{2\pi z}{p}\right] - \exp\left[-\mathrm{j}\,\frac{2\pi z}{p}\right] \right). \tag{6.29}$$

Durch Anwendung derselben Operation auf die anderen Glieder in der Gleichung (6.27) erhalten wir

$$O(z) = 1 - \frac{2\mathrm{j}}{\pi} \left[\left(\exp\left\{\mathrm{j}\,\frac{2\pi z}{p}\right\} - \exp\left\{-\mathrm{j}\,\frac{2\pi z}{p}\right\} \right) + \frac{1}{3} \left(\exp\left\{\mathrm{j}3 \cdot \frac{2\pi z}{p}\right\} - \exp\left\{-\mathrm{j}3 \cdot \frac{2\pi z}{p}\right\} \right) + \cdots \right]. \tag{6.30}$$

Von diesem Ausdruck können wir sofort die FOURIER-Transformierte berechnen:

$$\omega(\nu') = 1 - \frac{2\mathrm{j}}{\pi}\left[\exp\left\{\mathrm{j}\,\frac{2\pi z}{p}\right\}\exp\left\{\mathrm{j}\,2\pi\nu' z\right\}\right.$$

$$\left.-\exp\left\{-\,\mathrm{j}\,\frac{2\pi z}{p}\right\}\exp\left\{\mathrm{j}\,2\pi\nu' z\right\}+\cdots\right].$$

Durch Umformung erhält man daraus

$$\omega(\nu') = 1 - \frac{2\mathrm{j}}{\pi}\left[\exp\left\{\mathrm{j}\,2\pi\left(\frac{1}{p}+\nu'\right)z\right\}\right.$$

$$\left.-\exp\left\{-\,\mathrm{j}\,2\pi\left(\frac{1}{p}-\nu'\right)z\right\}+\cdots\right]. \quad (6.31)$$

Die FOURIER-Transformierte des Objektes wird also dargestellt durch Glieder mit den Amplituden 1; $2\mathrm{j}/\pi$ und $-2\mathrm{j}/\pi$; $2\mathrm{j}/3\pi$ und $-2\mathrm{j}/3\pi$ usw. Das erste Glied gehört zu $\nu' = 0$, die folgenden zu $\nu' = 1/\mathrm{p}$ und $\nu' = -1/p$; $\nu' = 3/p$ und $\nu' = -3/p$ usw.

Wir wollen die FOURIER-Transformierte $\omega(\nu')$ graphisch veranschaulichen, indem wir die Amplituden auf der Ordinatenachse und die Produkte $\lambda\nu'$, die die Dimension eines Winkels besitzen, auf der Abszisse abtragen (Abb. 6.10). Der erste Term von $\omega(\nu')$ ist reell, die anderen sind alle imaginär. Daher können wir alle diese Ausdrücke nicht in derselben Ebene darstellen. In Abb. 6.10 sind nur die imaginären Terme dargestellt; der reelle Ausdruck 1, der zu $\nu' = 0$ gehört, fehlt. Um die FOURIER-Transformierte des Bildes $I(z')$ zu erhalten, muß man die Transformierte $\omega(\nu')$ mit der FOURIER-Transformierten $\Omega(\nu')$ des Bildes einer punktförmigen Lichtquelle multiplizieren.

Die FOURIER-Transformierte $\Omega(\nu')$ kann man in derselben Abbildung (Abb. 6.10) darstellen. Entsprechend Gleichung (6.26) und gemäß Abb. 6.8 findet man die

Grenzen von $\Omega(\nu')$ auf der Abszisse bei den Werten $\lambda\nu' = 2\alpha_m$ und $\lambda\nu' = -2\alpha_m$. Es ist daher notwendig, um $\Omega(\nu')$ in derselben graphischen Darstellung, die $\omega(\nu')$ enthält, einzeichnen zu können, daß man $2\alpha_m$ mit den veränderlichen Ausdrücken λ/p, $3\lambda/p$ usw. vergleichen kann. Im Fall von Abb. 6.10 liegt $2\alpha_m$ zwischen $3\lambda/p$ und

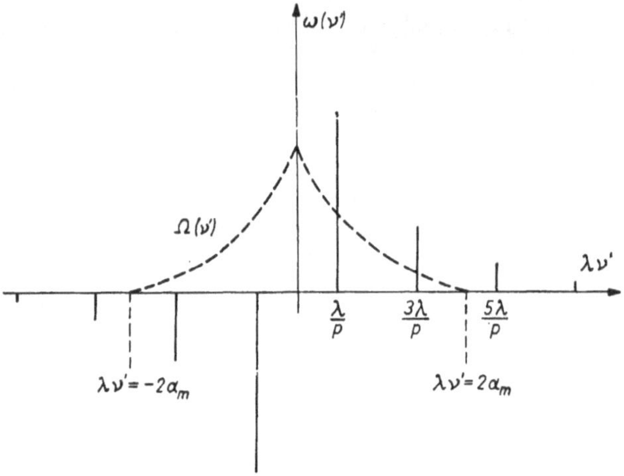

Abb. 6.10. Frequenzfilterung bei einem inkohärenten Objekt durch ein optisches Instrument

$5\lambda/p$. Daher wird die Fourier-Transformierte des Bildes $I(z')$, die sich bekanntlich als Produkt $\Omega(\nu') \cdot \omega(\nu')$ darstellen läßt, nur die beiden Terme mit λ/p und $3\lambda/p$ enthalten. Alle Glieder höherer Frequenz werden abgeschnitten. Jetzt können wir auch verstehen, wie ein optisches Instrument die Filterung der Objektfrequenzen bewirkt. Die Filterung ist vergleichbar mit der Wirkung eines Tiefpaßfilters und wird durch die Funktion $\Omega(\nu')$, d. h. die Fourier-Transformierte des Bildes einer leuchtenden Punktquelle, bestimmt. Das optische Instrument schneidet alle Frequenzen weg, die größer als $2\alpha_m/\lambda$ sind.

Wenn das Beugungsbild einer punktförmigen Quelle sehr scharf ist, nimmt der Durchmesser des Beugungsscheibchens $1{,}22\,\lambda/2\alpha_m$ einen kleinen Wert an, und somit wird $2\alpha_m/\lambda$ groß. In Abb. 6.10 wird also der Abszissengrenzwert $2\alpha_m$ von $\Omega(\nu')$ nach rechts verschoben, und eine größere Anzahl von Objektfrequenzen wird durchgelassen. Das Bild wird dem Objekt immer ähnlicher.

Das Produkt der Funktionen $\Omega(\nu')$ und $\omega(\nu')$, die durch die Gleichungen (6.25) und (6.31) gegeben sind, ermöglicht es, die Fourier-Transformierte des Bildes vollständig zu berechnen und folglich das Bild $I(z')$ selbst zu bestimmen.

Wir wollen nun die Struktur des Bildes $I(z')$ des Objektes $O(z)$ untersuchen, das durch die Gleichung (6.27) gegeben ist. Die Fourier-Transformierte $\omega(\nu')$ von $O(z)$ wird durch die Gleichung (6.31) beschrieben. Um die Fourier-Transformierte des Bildes $I(z')$ zu ermitteln, muß man $\omega(\nu')$ und $\Omega(\nu')$ miteinander multiplizieren. Wir wollen

$$\Omega_0 = \Omega(\nu' = 0), \quad \Omega_1 = \Omega\left(\nu' = \frac{1}{p}\right),$$

$$\Omega_3 = \Omega\left(\nu' = \frac{3}{p}\right), \cdots$$

setzen. Da die Funktion $\Omega(\nu')$ eine gerade Funktion ist, gilt $\Omega(\nu') = \Omega(-\nu')$, und wir erhalten

$$\omega(\nu')\Omega(\nu') = \Omega_0 - \frac{2\mathrm{j}}{\pi}\left[\Omega_1 \exp\left\{\mathrm{j}\,2\pi\left(\frac{1}{p} + \nu'\right)z\right\} - \Omega_1 \exp\left\{-\mathrm{j}\,2\pi\left(\frac{1}{p} - \nu'\right)z\right\} + \cdots\right]. \tag{6.32}$$

Wir untersuchen nun die Struktur des Bildes $I(z')$ in der Nähe des Auflösungsvermögens. Wenn die Grundfrequenz $\nu' = 1/p$ in der Nähe des Auflösungsvermögens liegt, dann sind alle Werte von Ω null, außer Ω_0 und Ω_1, und nur die ersten drei Ausdrücke der rechten Seite von

Gleichung (6.32) bleiben verschieden von Null. Es sind übrigens diejenigen, die wir in der Gleichung (6.32) explizit ausgeschrieben haben. Das Bild $I(z')$ wird dann durch die FOURIER-Transformierte des Produktes in Gleichung (6.32) beschrieben, wobei man nur die ersten drei Glieder der rechten Seite zu berücksichtigen braucht. Man erhält dann

$$I(z') = 1 - \frac{2\mathrm{j}}{\pi}\,\Omega_1 \left[\exp\left\{\mathrm{j}\,\frac{2\pi z'}{p}\right\} - \exp\left\{-\mathrm{j}\,\frac{2\pi z'}{p}\right\}\right]$$

und durch Umrechnung

$$I(z') = 1 + \frac{4\Omega_1}{\pi}\sin\frac{2\pi z'}{p}.$$

Die Änderungen der Bildintensität verlaufen also sinusförmig. Nach Gleichung (6.28) erhält man für den Kontrast im Bild $I(z')$

$$\gamma = \frac{8\Omega_1}{\pi + 4\Omega_1} \simeq \frac{8\Omega_1}{\pi}; \qquad (6.33)$$

denn Ω_1 darf als klein angenommen werden, da die Grundfrequenz $\nu' = 1/p$, die zu Ω_1 gehört, in der Nähe des Auflösungsvermögens liegt. Um Ω_1 berechnen zu können, genügt es, für ν' den Wert von $1/p$ in der Gleichung (6.26) zu verwenden:

$$\cos\theta = \lambda/2p\alpha_m \qquad (6.34)$$

und dann den mit Hilfe von Gleichung (6.34) erhaltenen Wert θ in die Gleichung (6.25) einzusetzen. Der Bildkontrast wird Null, wenn $\cos\theta = 1$, d. h. wenn $\lambda/p = 2\alpha_m$ ist (Abb. 6.11). Tatsächlich muß man aber den mit Hilfe des Auges noch wahrnehmbaren Mindestkontrast berücksichtigen, da das Bild visuell beobachtet wird. Man darf annehmen, daß sich das Auge wie ein

ideales optisches Instrument verhält, wenn dessen Blende einen Durchmesser von ungefähr 0,6 mm besitzt. Wir nehmen an, daß das dem Auge vorgeschaltete optische System einer Pupille mit einem Durchmesser von 0,6 mm entspricht. Unter diesen Bedingungen besitzt der durch

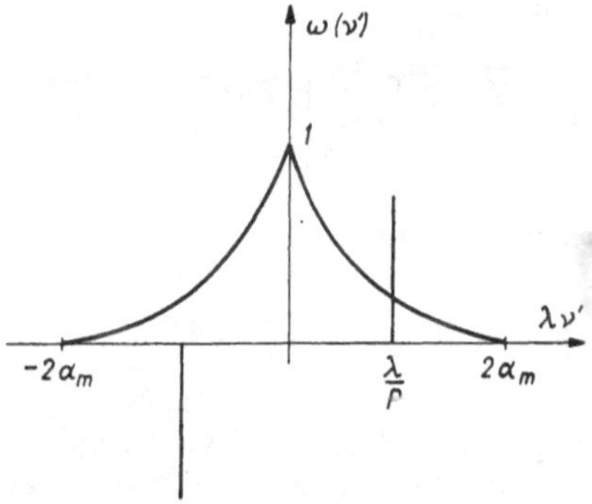

Abb. 6.11. Filterung der Grenzfrequenz

das Auge noch wahrnehmbare Mindestkontrast einen Wert von 0,02. Das Bild kann dann nicht mehr visuell beobachtet werden; denn man erhält

$$\gamma = \frac{16}{\pi^2}(\theta - \sin\theta\cos\theta) \leqq 0{,}02$$

mit

$$\cos\theta = \lambda/2\alpha_m p\,.$$

Die erste dieser Beziehung ergibt

$$\cos\theta = 0{,}965\,,$$

und durch Einsetzen dieses Wertes in die zweite Gleichung erhalten wir schließlich

$$p = 1{,}03\,\lambda/2\alpha_m\,. \tag{6.35}$$

Diese Gleichung gibt für ein periodisches Objekt die Periode (auch „step“ genannt) an, bei der das Auflösungsvermögen erreicht ist.

6.5. Filterung einer Photographie mit inkohärenter Beleuchtung

Wir haben den Verlauf der charakteristischen Filterfunktion eines aberrationsfreien Objektivs (Abb. 6.8) betrachtet. Der Verlauf dieser Filterkurve kann durch Einwirkung auf die Phasen- und Amplitudenverteilung der Wellenflächen verändert werden, d. h. durch Eingriffe in die Funktion $g(\beta', \gamma')$. KAZUO SAYANAGI hat eine Lösung gefunden, die eine Änderung in der Phasenverteilung der Wellenfläche bewirkt. Zu diesem Zweck wird eine planparallele Glasplatte mit einer Reihe von kleinen, beliebig verteilten durchsichtigen Elementen bedeckt, die man durch eine Aufdampfung im Vakuum herstellen kann, und vor eine Linse L gesetzt (Abb. 6.12). Jedes dieser Elemente erzeugt einen Gangunterschied vom

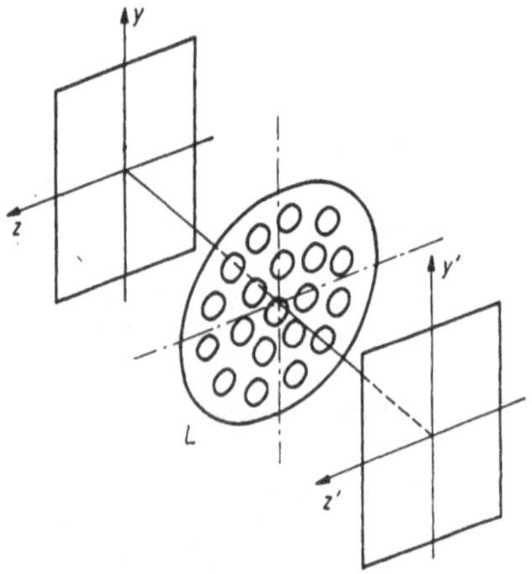

Abb. 6.12. Filterung bei inkohärenter Beleuchtung (K. SAYANAGI)

Wert $\lambda/2$. Die Berechnungen zeigen, daß unter diesen Bedingungen die Filterung durch die Kurve (*1*) in Abb. 6.13 gegeben ist. Kurve (*2*) stellt die klassische Filterkurve dar, wie wir sie bereits aus Abb. 6.8 kennen. Aus

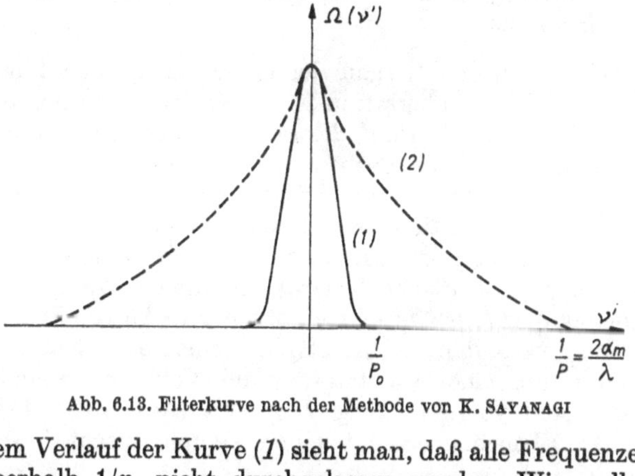

Abb. 6.13. Filterkurve nach der Methode von K. SAYANAGI

dem Verlauf der Kurve (*1*) sieht man, daß alle Frequenzen oberhalb $1/p_0$ nicht durchgelassen werden. Wir wollen nun das Bild betrachten, das in Abb. 6.14 zu sehen ist. Die Rasterfrequenz ist die größte von allen Frequenzen, die auf der Photographie zu beobachten sind. Um die inkohärente Beleuchtung zu realisieren, kann man ein Papierbild, das mit einer gewöhnlichen Lampe beleuchtet wird, benutzen. Ebenso kann eine Photoplatte, die man mit einer ausgedehnten Lichtquelle (Mattglas) beleuchtet, verwendet werden.

Die Photographie befindet sich in der y,z-Ebene (Abb. 6.12), und in der y',z'-Ebene wird mit Hilfe der Linse L ein Bild davon erzeugt. Wir wollen nun vor der Linse die Platte aufstellen, die mit den kleinen durchsichtigen Elementen bedeckt ist. Das Filter eliminiert die Raster, die auf der Photographie in der y',z'-Ebene nicht mehr reproduziert werden. Man erhält Abb. 6.15.

Ein anderes interessantes Ergebnis kann man erhalten, wenn von einem gerasterten Bild eine gerasterte Re-

Abb. 6.14. Bild vor der Filterung (K. SAYANAGI)

Abb. 6.15. Photographie von Abb. 6.14 nach der Filterung (K. SAYANAGI)

produktion gemacht wird (Abb. 6.16). Aus den gleichen Gründen wie vorher beseitigt das Filter die Raster, und man erhält Abb. 6.17.

Abb. 6.16. Moiré, das durch die gerasterte Reproduktion einer gerasterten Photographie erhalten wurde (K. SAYANAGI)

Abb. 6.17. Photographie von Abb. 6.16 nach der Filterung (K. SAYANAGI)

6.6. *Das Bild eines inkohärenten, nichtperiodischen Objektes*

Auch wenn die Helligkeitsverteilung im Objekt durch eine beliebige, nichtperiodische Funktion dargestellt wird, bleibt der Mechanismus der Ortsfrequenzfilterung gültig. Bekanntlich kann man eine beliebige Funktion als die Summe aus einer unendlichen Anzahl von sinusförmigen Gliedern darstellen. Die höheren Frequenzen (große Werte von $\lambda\nu'$ in Abb. 6.10) werden immer durch das optische Instrument abgeschnitten. Das bewirkt effektiv ein Verschwinden der Ungleichmäßigkeit in der Helligkeit des Objektes, d. h., die Unstetigkeiten in der Funktion $O(y,z)$ verschwinden. Durch die Beugung werden die Umrisse des Objektes verwaschen, und die Bildklarheit nimmt ab.

6.7. *Ortsfrequenzfilterung durch ein aberrationsbehaftetes optisches Instrument*

Wenn ein optisches Instrument keine aberrationsfreie Abbildung erzeugt, dann besitzt das elementare Beugungsbild nicht mehr die Struktur, wie sie durch Glei-

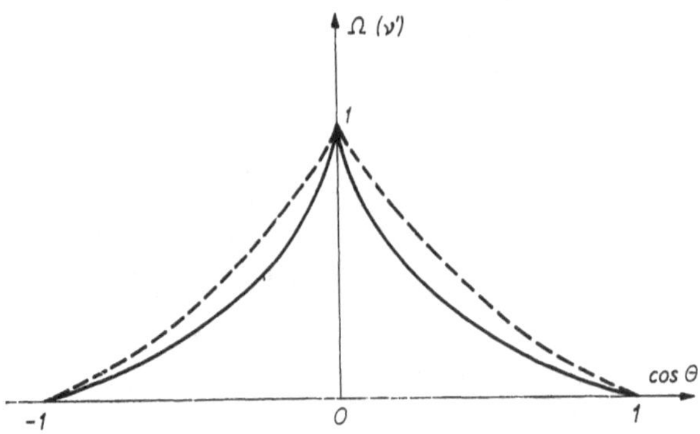

Abb. 6.18. Filterkurve für ein aberrationsbehaftetes optisches Instrument

chung (6.9) oder (6.10) beschrieben wird. Die FOURIER-Transformierte $\Omega(\mu',\nu')$ des Bildes einer punktförmigen Quelle ist dann ebenfalls verändert. Man hat gefunden, daß im allgemeinen die Filterkurve eines aberrationsbehafteten Instrumentes einen Verlauf hat, wie er in Abb. 6.18 (ausgezogene Linie) dargestellt ist. Diese Kurve nähert sich derjenigen eines idealen Instrumentes für die Werte $\cos\theta = 0$ und $\cos\theta = 1$ an (gestrichelte Linie). Die Aberrationen haben also einen wichtigen Einfluß auf den Kontrast, wenn man die mittleren Frequenzen betrachtet. Dieser Einfluß ist allerdings bei niedrigen Frequenzen und in der Nähe der Grenzfrequenz gering.

6.8. Ortsfrequenzfilterung in kohärenter Beleuchtung. Anwendung auf die Filterung einer Photographie in kohärentem Licht

Der Mechanismus der Ortsfrequenzfilterung ist bei Verwendung von kohärentem Licht einfacher. In Abb. 6.19 ist das Prinzip bei der kohärenten Beleuchtung dargestellt. Das Objekt liegt in der xy-Ebene und wird von einem parallelen Strahlenbündel beleuchtet. Hinter dem Objekt wird eine Linse L aufgestellt, die in der β',γ'-Ebene ein charakteristisches Beugungsbild von der Struktur des Objektes erzeugt. In der β',γ'-Ebene wird eine zweite Linse l aufgestellt, die ein Bild des Objektes in die x',y'-Ebene projiziert.

Wenn $M(y,z)$ die Verteilung der komplexen Amplitude in der Objektebene darstellt, so erhält man als FOURIER-Transformierte von $M(y,z)$ eine Funktion $G(\beta',\gamma')$, die die Amplitudenverteilung in der β',γ'-Ebene angibt. Die Funktion $G(\beta',\gamma')$ beschreibt also das Beugungsbild in der β',γ'-Ebene und ist charakteristisch für die Struktur des Objektes. Das Bild, das in der y',z'-Ebene liegt, ist durch die FOURIER-Transformierte von $g(\beta',\gamma')$ gegeben. Man erhält daher eine Funktion $M'(y',z')$, die die Amplitudenverteilung im Bild darstellt. Es kann festgestellt werden, daß die Bildentstehung in kohärenter Beleuchtung als

zweifache Beugung aufgefaßt werden kann: Die erste entspricht einem Übergang vom Objekt zu der Beugungserscheinung in der β', γ'-Ebene; die zweite korrespondiert mit dem Übergang von dieser Erscheinung zum Bild.

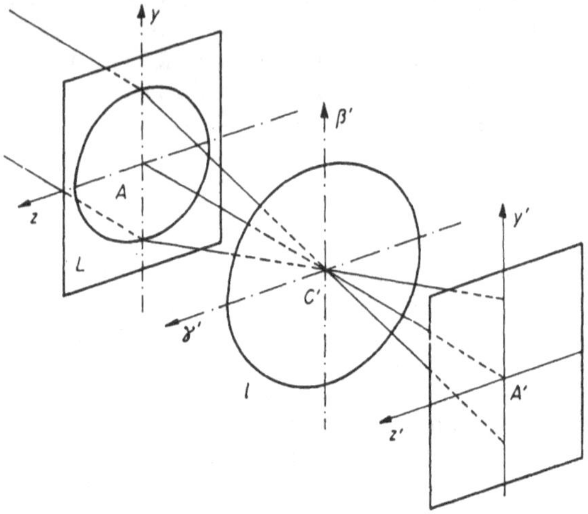

Abb. 6.19. Filterung in kohärentem Licht

Der Mechanismus der Ortsfrequenzfilterung kann dann wie folgt erklärt werden. Dazu wollen wir noch einmal zu dem periodischen Objekt zurückkehren, das wir vorher betrachtet haben. In diesem Fall beschreibt die Gleichung (6.27) nicht mehr die Helligkeitsänderungen, sondern die Änderungen der Absorption eines durchsichtigen Objektes. Jedes sinusförmige Glied ergibt in der β', γ'-Ebene zwei Bilder der Punktquelle. Wenn die Bezugslinien des Objektes parallel zu Ay sind, werden die beiden Bilder der Quelle längs $C'\gamma'$ liegen, symmetrisch in bezug auf C' angeordnet. In dem Fall, der in Abb. 6.19 dargestellt wird (einfallende Strahlen senkrecht zur Objektebene), wird die Filterung in folgender Weise bewirkt: Wenn die

beiden Bilder der Quelle auf die Objektivlinse treffen, wird der korrespondierende Sinusanteil durchgelassen, und man findet das entsprechende Bild in der y', z'-Ebene. Wir erkennen hier das Fundamentaltheorem wieder, das von ABBÉ in seiner Theorie des Auflösungsvermögens von Mikroskopen aufgestellt wurde. Um das Objekt, das hier betrachtet wird, wahrnehmen zu können, müssen die beiden Bilder, die durch die sinusförmigen Grundschwingungen erzeugt werden, durch die Linse l gehen. Wir müssen daher fordern, daß $\alpha_m < \lambda/p$ gilt. Alle niedrigeren Objektfrequenzen bis zur Grenzfrequenz α_m/λ werden durchgelassen. Durch Aufstellung eines geeigneten Rasters in C' kann die charakteristische Beugungsfigur des Objektes modifiziert werden, und das Bild zeigt dann eine von der des Objektes abweichende Struktur. A. MARÉCHAL benutzte dieses Prinzip der Ortsfrequenzfilterung bei kohärenter Beleuchtung, um die Klarheit von photographischen Bildern zu verbessern. Wir wollen annehmen, daß als Objekt in der y, z-Ebene eine Photographie verwendet wird, die etwas unscharf ist. In C' wollen wir ein absorbierendes Raster von einer solchen Beschaffenheit aufstellen, daß nur die Glieder von niedriger Frequenz gedämpft werden. Die Terme höherer Frequenz gehen ungestört hindurch. Die Unstetigkeiten aber, das sind die scharfen Kanten im Objekt, werden besser reproduziert; die mehr abgeflachten, die den Gliedern höherer Frequenz entsprechen, werden durchgelassen. Durch die Absorption der Glieder von geringer Frequenz treten die Terme von größerer Frequenz besser hervor. Dadurch wird die Klarheit der Photographie verbessert. Abb. 6.20 zeigt eine etwas unscharfe Photographie. Durch Filterung wurde die Photographie verbessert (Abb. 6.21). Umgekehrt kann man ein anderes Experiment durchführen, bei dem man die Terme von hoher Frequenz eliminiert und nur die niedrigen Frequenzen hindurchgehen läßt. Wir wollen dazu in der y, z-Ebene eine Photographie aufstellen, auf der ein Raster sichtbar ist. Dieses Raster möge aus einem zweidimensio-

Abb. 6.20. Etwas unscharfe Photographie vor der Filterung (A. Maréchal)

Abb. 6.21. Photographie von Abb. 6.20 nach der Filterung (A. Maréchal)

nalen Gitter bestehen, von dem in der β',γ'-Ebene eine Beugungsfigur entsteht, die aus einer Reihe von Bildern der Quelle besteht. Diese Bilder sind regelmäßig um C' angeordnet. Durch Aufstellung eines undurchsichtigen Schirmes in der β',γ'-Ebene, der mit einer Öffnung mit dem Mittelpunkt in C' versehen ist, kann man die Rasterfrequenz eliminieren. Wenn man das Bild in der y',z'-Ebene untersucht, findet man diese Frequenz nicht mehr. Durch die Öffnung gehen aber genügend Objektfrequenzen hindurch, so daß man in der y',z'-Ebene ein klares Bild erhält. Die Rasterfrequenz muß nur im Vergleich zu den gesamten Objektfrequenzen groß sein.

7. Interferenzspektroskopie durch Fourier-Transformation

Wenn man ein Zweistrahlinterferometer, z. B. vom MICHELSON-Typ, mit einer Lichtquelle beleuchtet, die Licht verschiedener Wellenlänge aussendet, ist der Strahlungsfluß, der das Interferometer verläßt, eine Funktion des Gangunterschiedes und der spektralen Zusammensetzung der Lichtquelle. Man kann die Kurve, die die Änderung des Strahlungsflusses, der aus dem Interferometer herauskommt, als Funktion des Gangunterschiedes darstellt, aufzeichnen und daraus die spektrale Zusammensetzung der Strahlungsquelle ableiten. Dies ist das Prinzip der Interferenzspektroskopie durch FOURIER-Transformation.

Wir wollen ein Zweistrahlinterferometer betrachten, das durch eine monochromatische Lichtquelle beleuchtet wird (Abb. 7.1). Es soll $\sigma = 1/\lambda$ (Wellenzahl) gesetzt werden. Δ sei der durch das Interferometer hervorgerufene Gangunterschied. Der Strahlungsfluß Φ, der die Apparatur verläßt, sei proportional zu $\cos^2 \pi\sigma\Delta$.

Wenn nun die Strahlungsquelle Wellen verschiedener Wellenlänge aussendet, kann man ihre spektrale Zusammensetzung durch eine Funktion $B(\sigma)$ charakterisieren, die die Änderung der Strahlungsdichte als Funktion der Wellenzahl σ angibt. Wir wollen daher $B(\sigma)$ „Strahlungsdichte pro Wellenzahl" nennen. Man kann also in einem kleinen spektralen Intervall $d\sigma$ die Strahlungsdichte der Quelle durch $B(\sigma)\, d\sigma$ charakterisieren.

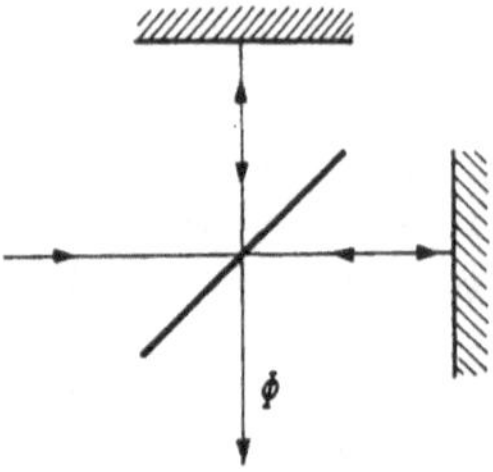

Abb. 7.1. Interferenzspektroskopie mit einem Zweistrahlinterferometer

Für den spektralen Bereich $d\sigma$ ergibt sich der Strahlungsfluß $d\,\Phi$, der das Interferometer verläßt, zu

$$d\,\Phi = B(\sigma)\, d\sigma \cos^2 \pi \sigma \Delta\,, \tag{7.1}$$

woraus durch Umformung, bis auf einen konstanten Faktor,

$$d\,\Phi = B(\sigma)\, d\sigma + B(\sigma)\, d\sigma \cos 2\pi\sigma\Delta \tag{7.2}$$

folgt. Für den gesamten durchgelassenen Fluß erhält man dann

$$\Phi = \int_0^\infty B(\sigma)\, d\sigma + \int_0^\infty B(\sigma) \cos 2\pi\sigma\Delta\, d\sigma\,. \tag{7.3}$$

Der erste Summand auf der rechten Seite von Gleichung (7.3) ist konstant, während sich der zweite Summand mit dem Gangunterschied ändert. Er gibt die Cosinus-

Komponente der FOURIER-Transformierten der spektralen Verteilung $B(\sigma)$ der Strahlungsquelle an.

Wir wollen

$$\Phi(\Delta) = \int_0^\infty B(\sigma) \cos 2\pi\sigma\Delta \, d\sigma \tag{7.4}$$

setzen. Dann können wir auch

$$B(\sigma) = \int_0^\infty \Phi(\Delta) \cos 2\pi\sigma\Delta \, d\Delta \tag{7.5}$$

schreiben.

Wir wollen es nun so einrichten, daß sich der Gangunterschied Δ allmählich ändert. Der so entstehende veränderliche Strahlungsfluß $\Phi(\Delta)$ kann mit Hilfe einer Photozelle aufgezeichnet werden. Die FOURIER-Transformierte der erhaltenen Kurve stellt $B(\sigma)$ dar.

Die Operationen können in zwei Schritten durchgeführt werden. Zuerst erhält man die Aufzeichnung von $\Phi(\Delta)$. Dann wird eine harmonische Analyse dieser Aufzeichnung vorgenommen, entweder nach der vollständigen Aufzeichnung mit Hilfe numerischer Methoden (H. A. GEBBIE-P. FELLEGETT) oder schon während der Untersuchung (J. STRONG—G. VANNASSE).

Die Methode der FOURIER-Transformation ist im Prinzip in allen Wellenlängenbereichen anwendbar. Es muß jedoch festgestellt werden, daß diese Methode im Infraroten von besonderem Interesse ist, da hier das Empfängerrauschen vorherrscht.

8. Moderne Gitter

Bemerkenswerte Fortschritte bei der Konstruktion von Gittern wurden durch die Arbeiten von STRONG und BABCOCK und später von HARRISON und STROKES vom Massachusetts Institute of Technology erzielt. HARRISON

und STROKES prüfen die Gitterfurchen mit Interferometern, die der Reihe nach Hilfsvorrichtungen zur automatischen Korrektur von Irregularitäten steuern. Auf diesem Wege gelang es HARRISON, beachtliche Gitter zu konstruieren, die 26 cm lang waren und eine nutzbare Oberfläche von 360 cm² besaßen. Kombiniert man diese Gitter mit geeigneten optischen Systemen, so erhält man Dispersionen, die denen der Prismenspektrographen stark überlegen sind. Ihre Auflösung ist genauso gut wie jene, die man mit Interferenzanordnungen erhält. Diese Gitter sind „Blaze-Gitter", in denen die beugenden Elemente in bezug auf die Gitterebene geneigt sind. Mit einer Diamantspitze, deren Form und Neigung unter einem Mikroskop untersucht wurde, werden die Furchen in eine dünne Aluminiumschicht, die auf einer optisch ebenen Glasoberfläche aufgebracht ist, eingeritzt. Den beiden Flächen einer Furche können spezielle Neigungen in bezug

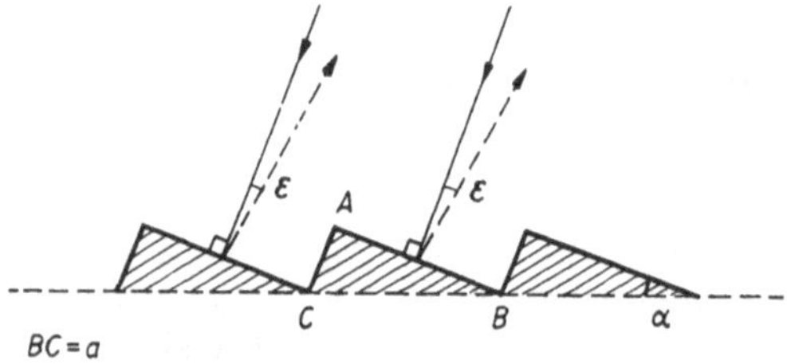

Abb. 8.1. Reflexionsgitter (Blaze-Gitter)

auf das Gitter gegeben werden. Unter diesen Bedingungen ist es möglich, einen großen Teil der einfallenden Lichtenergie in einem einzelnen Spektrum zu konzentrieren und auf diese Weise eine große Helligkeit zu erhalten.

Abbildung 8.1 zeigt das Profil eines Reflexionsgitters, in dem der Querschnitt jeder Furche ein rechtwinkliges Dreieck ist. Wenn die einfallenden Strahlen senkrecht zu der ebenen Fläche AB auftreffen, wird sich in dieser

Richtung ein Maximum der Ordnung k ausbilden. Für eine Wellenlänge λ ist dieses Maximum gegeben durch

$$2a \sin \alpha = K\lambda. \tag{8.1}$$

Andere Maxima, die zu Strahlen gehören, welche in von der Normalen abweichenden Richtungen abgebeugt werden, sind möglich. Man erhält ein Maximum der Ordnung $k + p$ in einer Richtung, die mit der Normalen einen Winkel ε bildet, wenn

$$a \sin \alpha + a \sin (\alpha + \varepsilon) = (K + p)\,\lambda \tag{8.2}$$

gilt. Wenn man Gleichung (8.2) von Gleichung (8.1) subtrahiert, erhält man

$$a \sin \alpha - a \sin (\alpha + \varepsilon) = -p\lambda.$$

Wir wollen $\sin (\alpha + \varepsilon)$ in eine Reihe entwickeln und den Ausdruck $1 - \cos \varepsilon$ vernachlässigen, da wir annehmen wollen, daß ε klein ist. Es ergibt sich dann

$$\varepsilon = p(\lambda/a \cos \alpha). \tag{8.3}$$

Der Ausdruck $a \cos \alpha$ stellt die Breite d jeder Fläche, z. B. AB, dar. Die Spektren der Ordnung $k + p$ liegen in den Richtungen, die durch ε gegeben sind:

$$\varepsilon = p(\lambda/d).$$

Diese Richtungen sind genau diejenigen der Lage des Minimums nullter Ordnung der Beugungsfigur jeder Fläche AB. Folglich verschwinden alle Spektren außer dem Spektrum k-ter Ordnung, in dem daher alle Energie konzentriert ist. Abb. 8.2 zeigt die klassische Autokollimationseinrichtung von LITTROW. Wenn man annimmt, daß das Lichtbündel durch das Gitter R der Länge L und nicht durch die Linse O begrenzt wird, dann

hat bekanntlich jedes Maximum genau die gleiche Struktur wie die Beugungserscheinung einer Pupille der Größe L. Um zu erreichen, daß die beiden Maxima, die zu den zwei benachbarten Wellenlängen λ und $\lambda + \Delta\lambda$ gehören, getrennt werden können, muß das Gitter ein Auflösungsvermögen

$$R = \lambda/\Delta\lambda = 2L \sin \alpha/\lambda$$

besitzen.

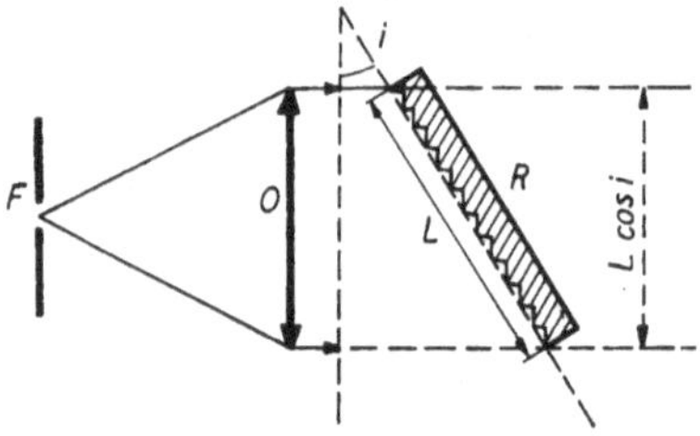

Abb. 8.2. Autokollimationsanordnung nach LITTROW

Im Fall der HARRISONschen Gitter hat L den Wert 260 mm. Man kann damit $\alpha \simeq 75°$ erreichen. Für eine Wellenlänge von $\lambda = 4000$ Å überschreitet das Auflösungsvermögen den Wert 1000000.

Infolge der großen Flächen der Gitter ist es möglich, große Helligkeitswerte zu erhalten. Bei gleichem Auflösungsvermögen sind die Gitter über einen ziemlich großen Spektralbereich genauso lichtstark wie das FABRY-PEROT-Interferometer. Wenn man nur ein schmales Band des Spektrums untersuchen will, z. B. bei strukturellen Untersuchungen einer einzelnen Linie, hat die FABRY-PEROT-Anordnung ihre Vorteile.

Abschließend wollen wir hinzufügen, daß die Reflexionsgitter sowohl im infraroten als auch im ultravioletten Spektralbereich benutzt werden können, was bei dem FABRY-PEROT-Interferometer wegen der Absorption durch die Platten nicht der Fall ist.

9. Phasenkontrast

Öfter begegnet man Objekten, die unsichtbar sind, nicht, weil sie zu klein sind, sondern nur, weil sie durchsichtig sind und praktisch keinen Kontrast gegenüber dem Untergrund, der sie umgibt, ergeben. Diese Objekte, die man durch Änderungen des Brechungsindex oder ihrer Dicke charakterisieren kann, werden „Phasenobjekte" genannt. Wir wollen als Beispiel ein Präparat betrachten, das eine durchsichtige Bakterie A enthält (Abb. 9.1). Seine Dicke sei e und sein Brechungsindex n.

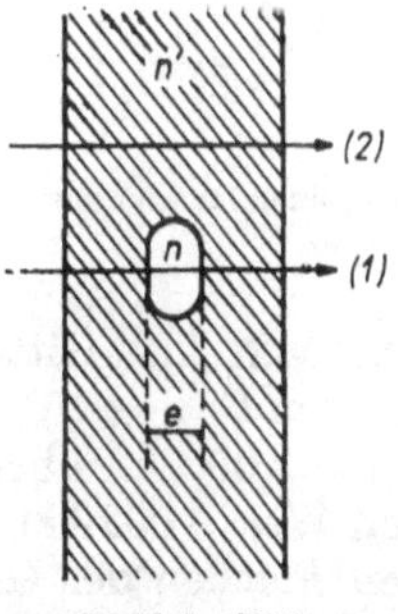

Abb. 9.1. Transparentes Phasenobjekt der Dicke e und der Brechzahl n in einem Medium mit der Brechzahl n'

Wenn n' die Brechzahl des Mediums ist, in das die Bakterie A eingebettet ist, dann ist die Differenz zwischen den optischen Wegen, den ein Strahl (*1*), der durch die Bakterie hindurchgeht, durchläuft und einem Strahl (*2*), der dicht daneben verläuft, gegeben durch $\Delta = (n' - n)e$. Die Phasendifferenz nimmt dann den Wert $\varphi = 2\pi\Delta/\lambda$ an.

Auch reflektierende Objekte können Phasenobjekte sein. Es möge A ein solches Objekt sein (Abb. 9.2). Die

Unregelmäßigkeiten der Dicke verändern die optischen Wege, die von den Strahlen (*1*) und (*2*) durchlaufen werden, wenn sie an der Oberfläche *A* reflektiert werden. In bezug auf eine ebene Vergleichsfläche Σ, die parallel zur mittleren Oberfläche von *A* verläuft, ist die optische Wegdifferenz gleich $2e$, wobei e die Differenz der Dicken in den Gebieten M_1 und M_2 bedeutet.

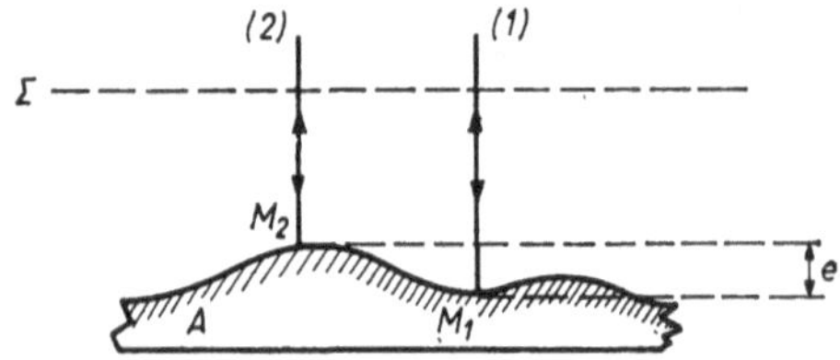

Abb. 9.2. Durch Reflexion an einem reflektierenden Objekt erzeugte Gangunterschiede

Objekte dieses Typs, die nur durch Phasenänderungen und nicht durch Amplitudenänderungen gekennzeichnet sind, können nicht mit Hilfe der gewöhnlichen Beobachtungsmethoden sichtbar gemacht werden.

Das Phasenkontrastverfahren, das von dem holländischen Physiker Zernike entwickelt wurde, ermöglicht es, die Phasenänderungen des Objektes in entsprechende Amplitudenänderungen im Bild umzuwandeln. Die Phasenobjekte werden so sichtbar gemacht. Wir wollen ein transparentes Objekt *P* (Abb. 9.3) betrachten, das durch ein paralleles Strahlenbündel beleuchtet wird. Das Licht geht durch das Objekt *P* und die Objektivlinse *L* hindurch und wird nach dem Durchgang durch das Objektiv *l* über die Bildebene *P'* verteilt. *P'* ist die Bildebene bezüglich der Abbildung des Objektes *P* durch die Linse *l*. Wir wollen diese Strahlenbündel das direkte Lichtbündel nennen. Ein Detail *A* des Phasenobjektes beugt das Licht ab, das dann durch die Linse *l* im Bild *A'*

von A konzentriert wird. Das mit Hilfe eines Okulars Oc beobachtete Bild A' entsteht durch Interferenz des direkten Lichtes — dieses stellt einen kohärenten Untergrund dar — mit dem abgebeugten Licht.

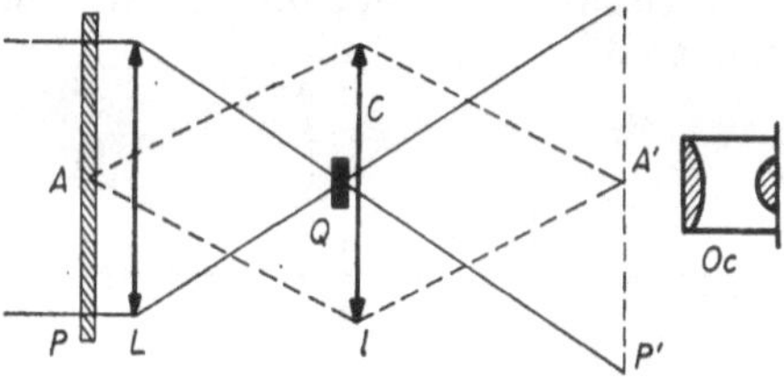

Abb. 9.3. Prinzip einer Phasenkontrastanordnung

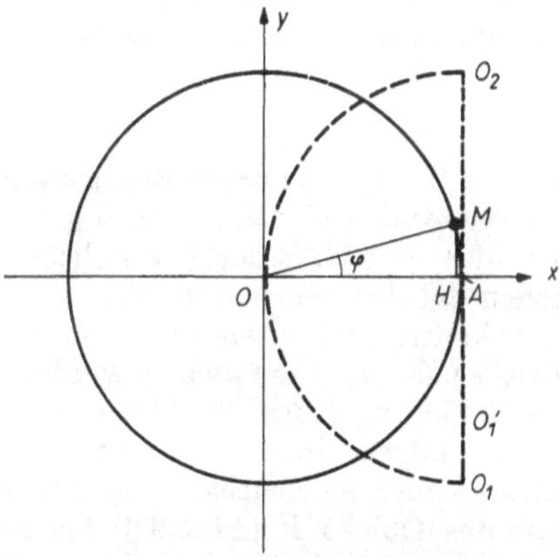

Abb. 9.4. FRESNEL-Diagramm

Wir wollen die Erscheinung im FRESNEL-Diagramm veranschaulichen (Abb. 9.4). Von einem Punkt O als Ursprung wollen wir einen Vektor OM zeichnen, dessen Länge proportional zur Amplitude im betrachteten Objektpunkt ist. Dieser Vektor bildet mit der x-Achse

einen Winkel φ, der die Phase in demselben Punkt veranschaulicht. Das Objekt sei transparent. Die Spitze M des Vektors findet man auf dem Einheitenkreis um den Punkt O. Nur die Phase φ ändert sich von einem Objektpunkt zum anderen. Wenn das gesamte abgebeugte Licht durch die Linse l hindurchgeht, kann man im Diagramm der Abb. 9.4 auch die Amplituden und Phasen im Bild darstellen. Wir wollen den Vektor OM in zwei Vektoren OH und HM zerlegen. Wenn wir annehmen können, daß φ klein ist, fällt der Punkt H praktisch mit dem Punkt A zusammen. Der Schwingungszustand in einem Bildpunkt ergibt sich dann aus der Überlagerung von zwei Schwingungen, die eine Phasenverschiebung von 90° besitzen: $OH \simeq OA$ und AM. Die Amplitude OA beschreibt die Objektbereiche, in denen keine Phasendetails auftreten ($\varphi = 0$). Sie entspricht der Amplitude, die wir erhalten würden, wenn kein Objekt vorhanden wäre, d. h. die Amplitude des direkten Lichtes. Die Amplitude $HM \simeq AM$ ist die Amplitude des an einem Detail φ des Phasenobjektes gebeugten Lichtes. Die Intensität I im Bild ist dann gegeben durch

$$I = \overline{OM}^2 = \overline{OH}^2 + \overline{HM}^2$$

Man sieht deutlich, daß die Situation im Bild des Details und im Rest des Untergrundes dieselbe ist. Das Objekt ist daher nicht sichtbar.

Wir wollen bei C (Abb. 9.3) eine kleine, schmale und durchsichtige Platte Q aufstellen. Das gesamte direkte Licht geht durch Q hindurch. Im Gegensatz dazu wird die gebeugte Lichtwelle über den ganzen Bereich verteilt. Es kann praktisch angenommen werden, daß die Platte Q nicht auf das gebeugte Licht einwirkt. Die Platte Q soll eine solche optische Dicke erhalten, daß die Wellen des direkten Lichtes, die durch Q hindurchgehen, um ein Viertel der Wellenlänge verzögert werden gegenüber den gebeugten Lichtwellen, die seitlich an Q vorbeigehen. Im Fresnel-Diagramm stellt sich die Situation so dar, als

ob der Ursprung nach O_2 verschoben wäre. Unter diesen Bedingungen wird die Amplitude im Bild des Phasendetails φ durch

$$O_2A - AM = 1 - \varphi$$

beschrieben. Bei Vernachlässigung von φ^2 erhalten wir für die Intensität $I_1 = 1 - 2\varphi$. Außerhalb des Bildes dieses Details ($\varphi = 0$) ist die Intensität $I_2 = 1$. Das Bild dieses Details erscheint mit einem Kontrast:

$$\gamma = 2\varphi. \tag{9.1}$$

Eilt die Phase φ voraus ($\varphi > 0$), d. h., ist die optische Weglänge geringer, dann ist die Intensität geringer. Der Phasenkontrast wird dann als negativ bezeichnet.

Wir wollen nun in C eine Platte Q anbringen, die statt der Verzögerung der direkten Lichtwellen gegenüber den gebeugten jetzt einen Vorlauf um ein Viertel der Wellenlänge bewirkt. Es reicht dazu aus, eine dickere Platte Q zu verwenden, die die Wellen des direkten Lichtes um $3\lambda/4$ verzögert, was mit einem Voreilen um $\lambda/4$ in bezug auf die gebeugten Wellen gleichbedeutend ist. In diesem Fall befindet sich der Ursprung im FRESNEL-Diagramm in O_1. Wir erhalten dann $I_1 = 1 + 2\varphi$. Der Kontrast beträgt hier auch 2φ, aber beim Voreilen der Phase φ ($\varphi > 0$) tritt eine Zunahme der Intensität auf. Der Phasenkontrast ist daher positiv. Die Platte Q, die eine Änderung der Phase der Wellen des direkten Lichtes gegenüber der der gebeugten Wellen bewirkt, wird Phasenplatte genannt.

Wenn wir annehmen, daß das Auge zwei Bildelemente, deren Kontrast unterhalb von 0,02 liegt, nicht unterscheiden kann, dann kann man zeigen, daß die Grenzphasendifferenz den Wert $2\varphi = 0{,}02$ besitzen muß, was einer Wegdifferenz von etwa 10 Å entspricht. Tatsächlich ist ein Kontrast von der Größenordnung 0,1 notwendig, um kleine Einzelheiten mit Leichtigkeit erkennen zu können, wodurch der minimale Gangunterschied prak-

tisch auf 50 Å für die Beobachtung begrenzt wird. Die Empfindlichkeit der Methode kann vergrößert werden, indem man eine absorbierende Phasenplatte verwendet. Wir wollen die Absorption der Phasenplatte durch eine Zahl N charakterisieren, die die Abnahme der Intensität des direkt einfallenden Lichtes beschreibt. Die optische Dichte d[1]) dieser Phasenplatte ist durch

$$d = \lg N$$

gegeben. Im FRESNEL-Diagramm ist dies mit einer Verlagerung des Ursprungs nach O_1' verbunden, so daß $(AO_1/AO_1')^2 = N$ gilt. Die Intensität im Bild des Phasendetails wird dann

$$I_1 = [(1/\sqrt{N}) + \varphi]^2 \simeq (1/N)(1 + 2\varphi\sqrt{N})$$

und im übrigen Feld $(\varphi = 0)$ $I_2 = 1/N$. Der Kontrast des Bildes ergibt sich zu

$$\gamma = 2\varphi\sqrt{N}. \tag{9.2}$$

Im Vergleich zu der durchsichtigen Phasenplatte wird der Bildkontrast mit dem Faktor $\sqrt{N}$ multipliziert. Liegen die Gangunterschiede in der Größenordnung von 1 Å, so kann man mit $N = 2500$ $(d = 3{,}4)$ prinzipiell einen Kontrast von 0,1 erreichen. Mit der Phasenkontrastmethode kann man unter der Bedingung, daß das optische System selbst eine genügende Qualität besitzt und daß im besonderen kein Nebenlicht vorhanden ist, hohe Empfindlichkeiten erreichen.

Abb. 9.5 zeigt eine Photographie einer gut polierten Linse, die mit Hilfe der Phasenkontrastmethode unter Verwendung einer Phasenplatte mit der optischen Dichte von etwa $d = 4$ hergestellt wurde. Die Ungleichmäßig-

---

[1]) Der Begriff „optische Dichte" d ist gegeben durch das Produkt aus dem Extinktionskoeffizienten und der geometrischen Schichtdicke (Anm. des Herausgebers).

keiten der Wellenflächen rühren hier von mittleren Schwankungen der optischen Wege in der Größenordnung von 20 Å her und haben den Anschein von winzigen Wellen, die den dunklen Untergrund aufhellen. Die kleinsten beobachtbaren Fehler repräsentieren einen Gangunterschied von weniger als 1 Å.

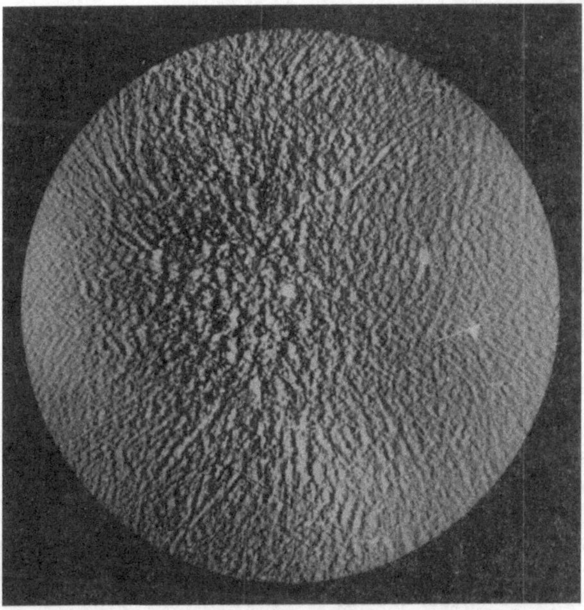

Abb. 9.5. Gut polierte Objektivlinse im Phasenkontrast beobachtet (LYOT-FRANÇON)

Der Phasenkontrast hat seine bedeutendsten Anwendungen in der Mikroskopie gefunden. Eine sehr große Anzahl von biologischen Präparaten ist transparent, und es ist daher notwendig, sie anzufärben, um sie beobachten

zu können. Im Fall von lebenden Objekten sind diese Methoden sehr schädlich. Durch Anwendung des Phasenkontrastes können lebende Gewebe beobachtet werden, ohne daß man sie einfärben muß. Man erhält damit einen Kontrast, der genau so gut wie bei eingefärbten leblosen Geweben ist.

Das Phasenkontrastmikroskop unterscheidet sich von einem Mikroskop nur in zwei Bauelementen: der Phasenplatte, die im allgemeinen in der Brennebene des Objektivs aufgestellt wird, und einer Blende, die sich in der Brennebene des Kondensors befindet. Im allgemeinen hat die Phasenplatte eine ringförmige Gestalt. Die Kondensorblende ist eine Ringblende, auf die die Lichtquelle abgebildet wird. Das Bild des Ringes, d. h. das Bild der Lichtquelle, muß auf die Phasenplatte projiziert werden und diese bedecken, ohne darüber hinauszugehen. Auf diese Weise geht das gesamte Licht, das von dem Ring kommt (direktes Licht), wirklich durch die Phasenplatte hindurch.

In Mikroskopen wird eine große Anzahl von Linsen verwendet. Das stets auftretende Streulicht macht die Verwendung von stark absorbierenden Phasenplatten unmöglich.

Literatur

1. R. Barer, Modern Methods of Microscopy, Butterworths, London 1956, p. 66.
2. A. H. Bennett, H. Jupnik, H. Osterberg and O. W. Richards, Phase Microscopy, Principles and Applications, J. Wiley, New York/Chapman & Hall, London 1951.
3. M. Born and E. Wolfe, Principles of Optics, Pergamon Press, London 1959.
4. P. Croce and A. Maréchal, Problems in Contemporary Optics, 1956, p. 76.
5. R. W. Ditchburn, Light, Blackie & Son, London 1954.

6. P. M. Duffieux, L'intégrale de Fourier et applications à l'optique, Editions de l'Université de Besançon, 1948.
7. P. Fellegett, Symposium Ohio State Univ., 1952; J. phys. radium, **19**, 187, 237 (1958).
8. G. R. Harrison and G. W. Strokes, J. Opt. Soc. Amer. **45**, 112 (1955).
9. H. H. Hopkins, Proc. Roy. Soc. London **A 231**, 91 (1955); Proc. Phys. Soc. London **B 69**, 562 (1956); **B 70**, 449, 1002, 1162 (1957).
10. P. Jacquinot, New developments in interference spectroscopy, Physical Society Progress in Physics, 1960.
11. E. H. Linfoot, Recent Advances in Optics, Clarendon Press, Oxford 1955.
12. A. Maréchal and M. Françon, Diffraction, Rev. opt. 00 (1960).
13. Miyamoto, J. Opt. Soc. Amer. **48**, 57 (1958).
14. K. Sayanagi, J. Appl. Phys. (Japan) **27**, No. 10, 623, 632 (1958).
15. W. H. Steel, Thèse, Rev. opt. (1953).
16. J. Tsujiuchi, Rev. opt. **37**, 1 (1958); Optica Acta (Paris) (1960).
17. F. Zernike, Achievements in Optics, Elsevier Publishers, Amsterdam, 1956.

III. POLARISATION

10. Anwendung von dünnen Schichten zur Herstellung von Polarisatoren

Wenn Licht auf eine Glasoberfläche mit dem Brechungsindex n unter dem BREWSTERschen Winkel einfällt, besteht das reflektierte Licht vollständig aus Wellen, deren Schwingungsebenen senkrecht zur Einfallsebene liegen. Wir erhalten bei diesem Einfallswinkel lineare Polarisation durch Reflexion. Mit Hilfe der Formel von FRESNEL errechnet man für das Reflexionsvermögen einen Wert von $[(n^2 - 1)/(n^2 + 1)]^2$. Er liegt in der Größenordnung von 0,20 bis etwa 0,26. Man erhält nur 10 bis 13% der einfallenden Energie. Natürliches Licht, das auf Glas unter dem BREWSTERschen Winkel auftritt, ist in Reflexion zwar polarisiert, jedoch intensitätsschwach. Es sind aber bestimmte Substanzen bekannt, wie z. B. Selen, die im Infraroten durchsichtig sind und in demselben Spektralbereich einen sehr hohen Brechungsindex besitzen. Diese Substanzen können für die BREWSTER-Reflexion verwendet werden. Sie ergeben Polarisatoren, die ein gutes Reflexionsvermögen im Infraroten besitzen. Die Helligkeit der Reflexionspolarisatoren kann im sichtbaren Spektralbereich sehr vergrößert werden durch Anwendung von Gläsern, die mit dünnen durchsichtigen Schichten überzogen sind, ähnlich wie jene, die von F. ABELÈS und H. SCHRODER entwickelt wurden. Es sei e die Dicke einer dünnen Schicht und n_1 ihr Brechungsindex (Abb. 10.1). Diese Schicht wird auf ein Glas mit der Brechzahl n_2 aufgebracht. Der Einfallswinkel sei i und der Brechungswinkel in der dünnen Schicht r. Für eine Welle, deren Schwingungsebene parallel zur Einfalls-

ebene ist, ist die Amplitude der Welle, die an der Grenzfläche Luft—Schicht reflektiert wird, gegeben durch

$$r_1 = -[\tan(i - r)/\tan(i + r)]. \tag{10.1}$$

Für die Amplitude der Welle, die an der Grenzfläche Schicht—Glas reflektiert wird, erhält man

$$r_2 = -[\tan(r - r')/\tan(r + r')]. \tag{10.2}$$

Wir setzen

$$\varphi = 4\pi n_1 e \cos r/\lambda \tag{10.3}$$

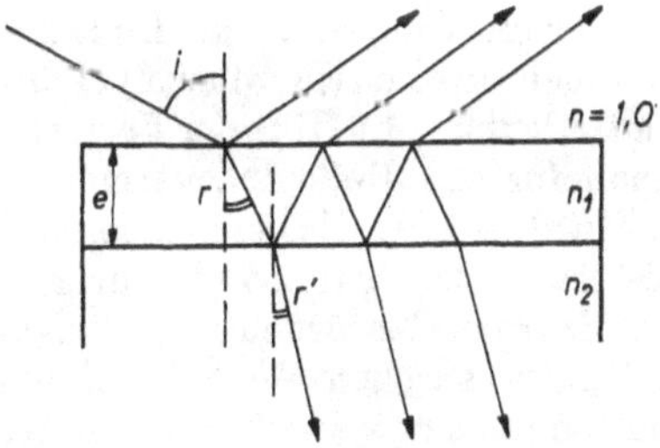

Abb. 10.1. Reflexionspolarisator auf einer Glasunterlage der Brechzahl n_2, die mit einer dünnen Schicht der Brechzahl n_1 überzogen ist

Die Amplitude A der Welle, die von der beschichteten Glasplatte reflektiert wird, ist durch die Gleichung (2.3) gegeben. Da die Werte von r_1 und r_2 nach den Gleichungen (10.1) und (10.2) bestimmt werden können, können wir die Amplitude des reflektierten Lichtes für die Komponente parallel zur Einfallsebene berechnen. Wenn wir das reflektierte Licht, das zu dieser Komponente gehört, zum Verschwinden bringen könnten, würde die reflektierte Welle nur noch aus einer Komponente senkrecht zur Einfallsebene bestehen. Wir würden dann wieder lineare Polarisation durch Reflexion erzeugen. Um dies zu erreichen, müssen wir A zum Verschwinden bringen. Das

wird durch die folgenden beiden Bedingungen gewährleistet:

$$\varphi = (2k + 1)\pi \quad \text{und} \quad r_1 = r_2 .$$

Durch die erste Bedingung wird die Dicke der dünnen Schicht bestimmt. Sie wird durch die Gleichung

$$e = (2k + 1)\, \lambda/4 n_1 \cos r \tag{10.4}$$

angegeben. Die zweite Bedingung kann man umschreiben, indem man die Werte von r_1 und r_2 explizit einsetzt und die beiden Ausdrücke nach den Gleichungen (10.1) und (10.2) gleichsetzt:

$$a \sin^4 i - b \sin^2 i + c = 0,$$

wobei a, b und c folgende Bedeutung haben:

$$a = n_1^8 - n_2^4,$$

$$b = n_1^2 n_2^2 (n_1^6 - 2 n_2^2),$$

$$c = n_1^4 n_2^2 (n_1^4 - n_2^2).$$

Wir haben somit BREWSTERschen Einfall bei dem Einfallswinkel i. Das Reflexionsvermögen der Komponente senkrecht zur Einfallsebene ist unter diesen Bedingungen gegeben durch

$$R_1 = \left(\frac{n_1^2 \cos^2 r - n_2 \cos i \cos r'}{n_1^2 \cos^2 r + n_2 \cos i \cos r'} \right)^2 \tag{10.5}$$

Um einen Polarisator mit besserer Lichtausbeute, verglichen mit einem Polarisator, der mit gewöhnlicher Reflexion an Glas arbeitet, zu erhalten, ist es notwendig, daß der Wert nach Gleichung (10.5) größer als der Wert $[(n^2 - 1)/(n^2 + 1)]^2$ wird. Das wird erreicht, wenn $n_1 > n_2$ ist. Das bedeutet, daß man eine dünne Schicht verwenden muß, deren Brechungsindex größer als der der Unterlage ist. Wenn man z. B. eine dünne Schicht aus

Titanoxid mit dem Brechungsindex $n_1 = 2{,}5$ verwendet, würde man einen Wert $R = 0{,}80$ erhalten, also einen Polarisator, der 40% des einfallenden Lichtflusses reflektiert und bei einem Einfallswinkel von $i = 74°$ verwendet werden muß. Wir wollen die Dicke e so bestimmen, daß φ für $\lambda = 0{,}550\ \mu m$ und $i = 74°25'$ den Wert π annimmt. Für diese Wellenlänge verschwindet das Reflexionsvermögen der Komponente parallel zur Einfallsebene. Für $\lambda = 0{,}4\ \mu m$ wird $R = 0{,}03$, und für $\lambda = 0{,}8\ \mu m$ erhält man $R = 0{,}02$. Man kann also feststellen, daß Polarisatoren von diesem Typ im gesamten sichtbaren Spektralbereich mit Nutzen angewendet werden können.

11. Dichroitische Polarisatoren — Polaroide

Eine Reihe von Anordnungen wenden die Erscheinung der Doppelbrechung an, um linear polarisiertes Licht zu erzeugen. Die bekanntesten unter ihnen sind das Nicolsche und das Glazebrooksche Prisma. Immer stärker kommen Polarisationsschichten, die auf einer anderen Erscheinung beruhen, dem Dichroismus, zur Anwendung. Ein doppelbrechender Kristall läßt zwei polarisierte Strahlen durch; wenn er dichroitisch ist, absorbiert er die beiden durchgehenden Strahlen ungleichmäßig. Eine Turmalinplatte mit parallelen Grenzflächen, die eine Dicke von etwa 1 mm besitzt und derart geschnitten ist, daß die otpische Achse parallel zu der Grenzfläche verläuft, auf welche das Licht einfällt, absorbiert den ordentlichen Strahl vollständig und läßt nur den außerordentlichen Strahl hindurchtreten. Eine solche Platte stellt einen Polarisator dar. Unglücklicherweise sind die Turmaline immer stark gefärbt, so daß die Intensität des durchgehenden Strahles merklich reduziert wird.

LAND und seine Mitarbeiter haben künstliche Polarisatoren hergestellt, die als „Polaroide“ bekannt sind. Die Polaroide bestehen aus organischen Polymeren, deren lange Kettenmoleküle stark dichroitisch sind. Diese Moleküle werden durch Strecken oder durch andere Methoden ausgerichtet. Wir wollen hier daran erinnern, daß ein idealer Polarisator eine Durchlässigkeit von 50% besitzen sollte. Die mittlere Durchlässigkeit der Polaroide im sichtbaren Spektralbereich liegt in der Größenordnung von 36 bis 38%. Polaroide können mit großen Oberflächen hergestellt werden. Sie besitzen daher in jeder Beziehung gegenüber Polarisatoren vom NICOLschen Typ, deren Abmessungen immer sehr klein sind, einen großen Vorteil.

12. Anwendung von polarisiertem Licht zur Beobachtung von durchsichtigen isotropen Objekten

Es ist möglich, Polarisationsinterferometer herzustellen, die mit weißem Licht arbeiten. Man kann mit ihnen bequem die Phasenschwankungen von durchsichtigen isotropen Objekten beobachten. Die Instrumente arbeiten nach folgendem Prinzip: Eine Welle, die durch Änderungen der Phase im Objekt deformiert wurde, durchläuft ein doppelbrechendes System und wird in zwei Wellen aufgespalten. Diese beiden Wellen können zur Interferenz gebracht werden und so die Einzelheiten eines durchsichtigen Phasenobjektes erkennbar machen.

Wir wollen ein durchsichtiges Objekt A (Abb. 12.1) mit dem Brechungsindex n betrachten, das in ein durchsichtiges Medium L mit der Brechzahl n' eingebettet ist, welches durch parallele Ebenen begrenzt wird. Dies kann z. B. eine Inhomogenität im Innern einer Glasplatte mit parallelen Grenzflächen sein. Ein einfallender Lichtstrahl (1), der durch das Objekt A hindurchtritt, durchläuft

nicht denselben optischen Weg wie der Strahl (*2*), der neben dem Objekt hindurchgeht. Wenn die Wellenfläche Σ der einfallenden Welle eben ist, wird sie nach dem Durchgang durch das Objekt durch die Änderungen in ihrem optischen Weg deformiert und entspreche Σ'.

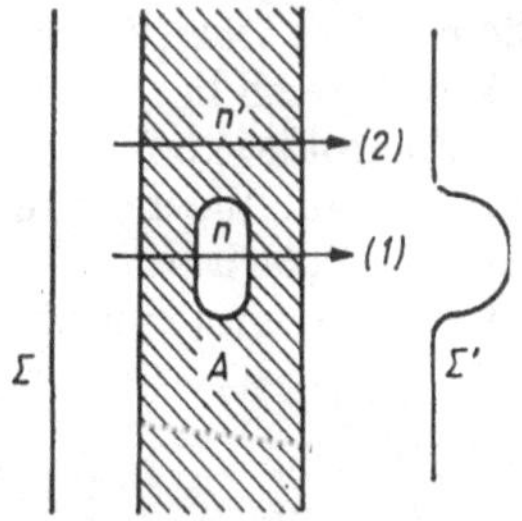

Abb. 12.1. Deformation einer Wellenfläche nach dem Durchgang durch ein transparentes Objekt

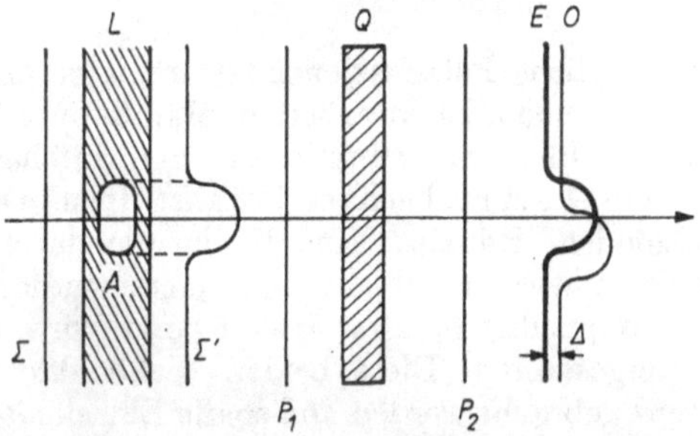

Abb. 12.2. Prinzip für die Beobachtung eines transparenten, isotropen Objektes mit Hilfe von Interferenz im polarisierten Licht

Wir wollen nun annehmen, daß wir hinter L irgendein doppelbrechendes System Q zwischen einem Polarisator P_1 und einem Analysator P_2 aufstellen (Abb. 12.2). Es sei A' das Bild des Objektes A, das durch ein optisches

System erzeugt wird, das in der Abbildung nicht eingezeichnet ist. Wegen der Anwesenheit des doppelbrechenden Systems Q wird die Welle Σ' in zwei Wellen O und E in der Ebene des Bildes A' zerlegt. Wir haben diese beiden Wellen in Abb. 12.3 dargestellt.

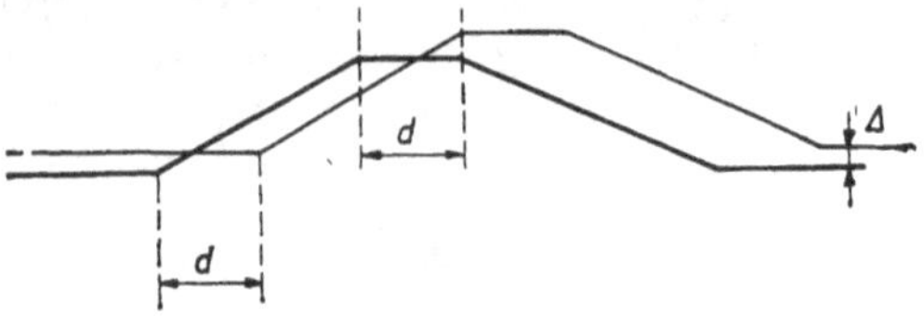

Abb. 12.3. Lage der Wellen (Differentialmethode)

Wir wollen annehmen, daß die Neigung α der beiden Wellenflächen gegeneinander nur sehr gering ist. Die seitliche Verschiebung d der Wellen O und E hängt von den charakteristischen Eigenschaften des doppelbrechenden Systems Q ab. Wir wollen weiterhin annehmen, daß die Verschiebung d klein im Vergleich zur Größe des Objektes sei, was bedeutet, daß sie klein im Vergleich mit

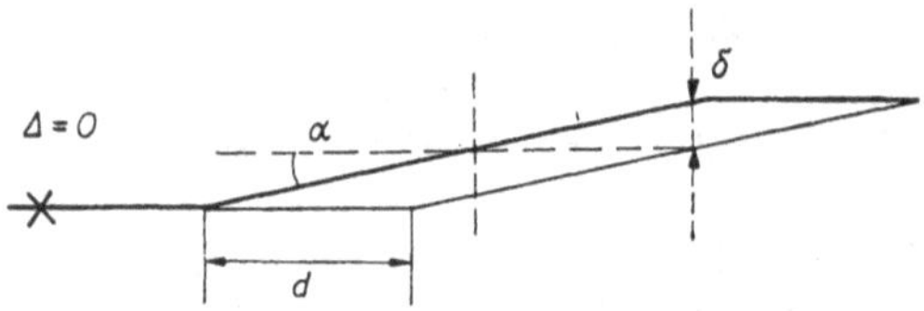

Abb. 12.4. Der durch eine Neigung α der Wellenfläche erzeugte Gangunterschied $\delta = \alpha d$

dem deformierten Bereich der Welle Σ sei. Wenn $d = 0$ ist und der Gangunterschied zwischen den beiden Wellen O und E ebenfalls verschwindet, fallen die beiden Wellen O und E überall zusammen. Wenn $\Delta = 0$ ist, aber die Verschiebung d nicht verschwindet (Abb. 12.4), kann

man leicht erkennen, daß im Bereich der Neigung α der Gangunterschied den Wert $\delta = \alpha d$ annimmt. Mit Hilfe des Polarisators P_1, der sich irgendwo vor Q befindet, und des Analysators P_2, der irgendwo hinter Q aufgestellt sei, können die beiden Wellen O und E zur Interferenz gebracht werden. Wenn der Gangunterschied in den ebenen Bereichen (kein Objekt) gleich Δ ist, wird im Bereich der Neigung α die Beziehung $\Delta = \pm \alpha \mathrm{d}$ gelten. Wie wir später noch sehen werden, hängt der Gangunterschied Δ nicht nur von den Charakteristika des doppelbrechenden Systems Q ab, sondern auch noch von der Art und Weise, in welcher es angewendet wird. Wir wollen annehmen, daß wir durch einen geeigneten Ausgleich im doppelbrechenden System $\Delta = \lambda$ erzeugen können. Wenn P_1 und P_2 gekreuzt eingestellt sind, können wir visuell in den Bereichen mit der Neigung Null die Farbe erster Ordnung, purpurrot (NEWTON-Skala), beobachten. In den Bereichen, die durch das Objekt deformiert sind, ist die Neigung verschieden von Null, und die visuell beobachtbaren Farben ändern sich. Dadurch ist eine visuelle Beobachtung des Objektes möglich. Diese Methode unterscheidet sich wesentlich von den gewöhnlichen Interferenzmethoden, die den optischen Weg direkt ergeben. Hier beobachten wir die Änderungen in den optischen Wegen und nicht den optischen Weg selbst. Das Objekt wird mit Hilfe der Neigungen der Wellenflächen sichtbar gemacht. Es liegt also eine Differentialmethode vor.

Bei einer Differentialmethode, von der wir gerade das Prinzip kennengelernt haben, muß d im Vergleich zur Größe des Objektes klein sein. Da besonders mikroskopische Präparate zahlreiche Einzelheiten verschiedener Größe enthalten, scheint es so, als ob diese Methode in der Praxis keine Anwendung finden könnte. Tatsächlich hat man gefunden, daß in fast allen durchsichtigen Präparaten, z. B. biologischen, Phasenobjekte enthalten sind, die zu großen Neigungen führen. Wir haben deshalb vorgeschlagen, stets eine feste Verschiebung d zu verwenden, deren Wert in der Größenordnung des Auf-

lösungsvermögens des Beobachtungssystems liegt. Eine Verschiebung vom Wert $d = 0{,}02$ mm in der Bildebene, die durch das Okular beobachtet wird, liefert in der Praxis gute Ergebnisse. Auf diese Weise können Instrumente hergestellt werden, die ausgezeichnete Bilder ergeben.

Wir wollen nun annehmen, daß die seitliche Verschiebung d größer als das Objekt ist (Abb. 12.5). Jedes Bild interferiert mit dem Untergrund des anderen. Diese

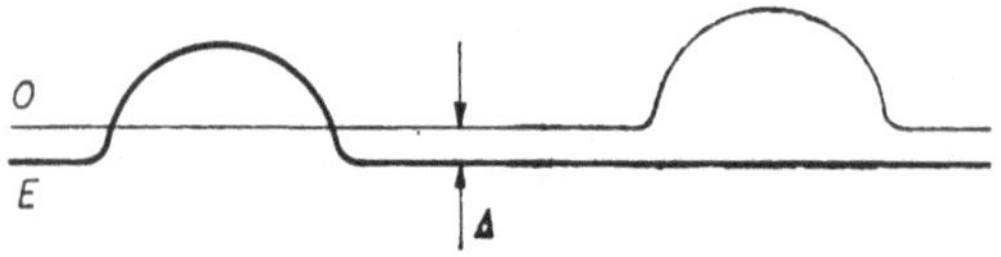

Abb. 12.5. Lage der Wellen (Methode der vollständigen Auflösung)

Methode liefert dann den optischen Weg selbst, genau wie bei den klassischen Interferenzmethoden. Der einzige Unterschied ist der, daß man zwei Bilder des Objektes im Beobachtungsfeld erhält. Wir wollen diese Methode „Methode der vollständigen Auflösung" nennen (völlige Verdopplung).

12.1. Interferenz-Polarisationsmikroskope zur Untersuchung von durchsichtigen isotropen Objekten

Abb. 12.6 stellt das Schema eines Interferenzmikroskops (Smith) dar, das auf der Verwendung eines Wollaston-Prismas beruht. Ein Wollaston-Prisma W_1 wird im Brennpunkt der Linse O_1 (Kondensor) aufgestellt. Ein zweites Wollaston-Prisma W_2 wird in den Brennpunkt der Linse O_2 (Objektiv des Mikroskops) gebracht. Das Präparat befindet sich in A. Das Okular, das sich auf der rechten Seite von Abb. 12.6 befinden würde, ist nicht eingezeichnet. Wir wollen der Einfachheit halber annehmen, daß die Linsen O_1 und O_2 identisch sind. Ein

einfallender Strahl wird durch W_1 in die beiden Strahlen O und E zerlegt. Nach dem Durchgang durch O_1 sind diese beiden Strahlen parallel. Das Objektiv O_2 wird so aufgestellt, daß die beiden Strahlen in W_2 zusammenlaufen. Das Prisma W_2, das identisch mit W_1 ist, wird so

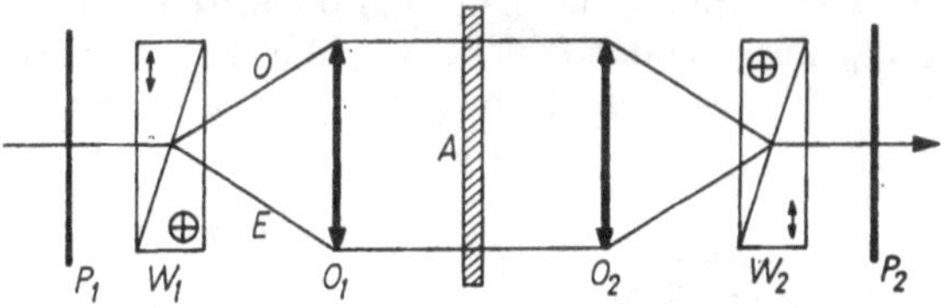

Abb. 12.6. Interferometer mit zwei WOLLASTON-Prismen (SMITH)

orientiert, daß die beiden Strahlen O und E in einen einzigen Strahl vereinigt werden. Das Prisma W_2 erzeugt die beiden Bilder O und E des Objektes A, die miteinander interferieren (Abb. 12.7). Die Bilder O und E werden durch das Okular Oc beobachtet. Wenn die seit-

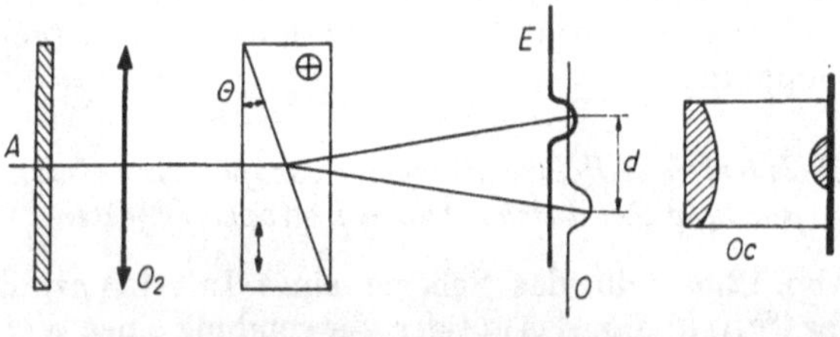

Abb. 12.7. Zerlegung in zwei Wellen, hervorgerufen durch das WOLLASTON-Prisma

liche Verschiebung d in der Größenordnung des Auflösungsvermögens der Kombination Okular Oc und Auge des Beobachters liegt, haben wir eine Differentialmethode. Wenn d dagegen größer wird, liegt die Methode der vollständigen Auflösung vor. Für einen vorgegebenen Abstand

von W_2 zur Bildebene wird die Verschiebung d durch den Winkel θ des WOLLASTON-Prismas W_2 bestimmt. Die Instrumente, die von SMITH entwickelt wurden, verwenden nur die Methode der vollständigen Auflösung. Das WOLLASTON-Prisma W_1 gestattet den Gebrauch einer ausgedehnten Lichtquelle, d. h., sein einziger Zweck besteht darin, die Blende des Kondensators effektiv zu vergrößern. Wir erhalten daher gleichzeitig mehr Licht und eine bessere Abbildungsgüte. Die vorliegende Situation kann in der folgenden Weise zusammengefaßt werden: Die Streifen, die auf dem WOLLASTON-Prisma W_1 lokalisiert sind, werden denjenigen, die sich auf dem WOLLASTON-Prisma W_2 befinden, paarweise zugeordnet. Wenn diese beiden Streifensysteme aufeinander projiziert werden und zusammenfallen, erhalten wir eine Grundfarbe in der Pupillenebene. Der Kontrast der Erscheinung wird ideal, sogar bei Verwendung einer ausgedehnten Lichtquelle. Es ist nicht notwendig, daß O_1 und O_2 identisch sind ebenso wie W_1 und W_2. Die Winkel der beiden WOLLASTON-Prismen W_1 und W_2 müssen derart beschaffen sein, daß sich die äquidistanten Abstände der beiden Streifensysteme wie bei beiden Brennweiten von O_1 und O_2 verhalten. Anstelle des WOLLASTON-Prismas W_1 kann man auch einen schmalen Spalt im Brennpunkt von O_1 verwenden. Ein großer Spalt würde Bilder von sehr geringem Kontrast ergeben. Diese Bilder würden schließlich ganz verschwinden, wenn die Apertur zu groß wird. Eine Änderung des Gangunterschiedes Δ kann durch die Verschiebung von W_2 parallel zu sich selbst und in seiner eigenen Ebene oder durch Zwischenschaltung eines Kompensators erzeugt werden.

Wenn man verlangt, die Anordnung von SMITH bei hohen Vergrößerungen anzuwenden, ist man gezwungen, Spezialobjektive zu konstruieren, da sonst die Brennebene innerhalb des Objektivs liegt und die Aufstellung des WOLLASTON-Prismas W_2 nicht möglich wird. NOMARSKI hat das Prisma W_2 derart verändert, so daß man die Zuordnung von W_1 und W_2 über O_1 und O_2 sogar für

starke Objektive O_2 erhält. In seiner Variante nimmt das Prisma W_2 eine Form an, wie sie in Abb. 12.8 dargestellt ist. Das zweite Element ist in bezug auf die Achse geneigt geschnitten, wodurch die Auffangebene der Streifen um einen gewissen Abstand zurückverschoben wird. Es ist dann möglich, diese neue Ebene mit der Brennebene eines

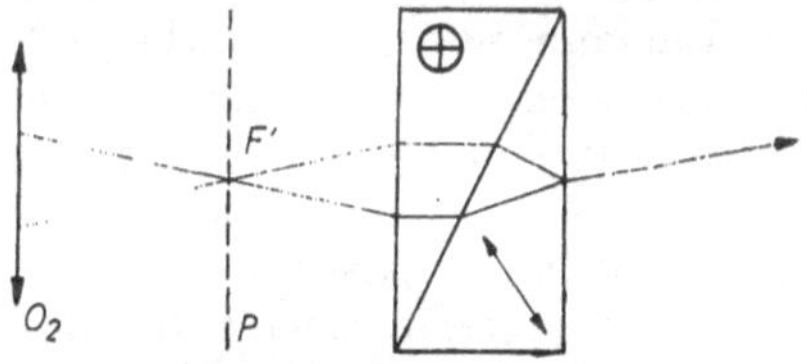

Abb. 12.8. Abgewandeltes WOLLASTON-Prisma (NOMARSKI)

starken Mikroskopobjektivs zur Übereinstimmung zu bringen. Die NOMARSKI-Mikroskope, die nach diesem Prinzip konstruiert wurden, arbeiten mit der Differentialmethode, die vom Autor vorgeschlagen wurde.

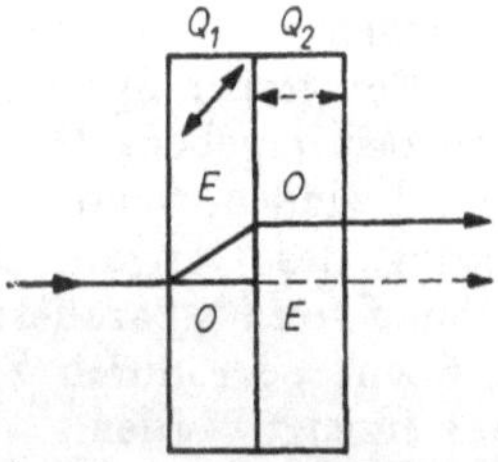

Abb. 12.9. SAVARTsches Polariskop

Anstelle der Erzeugung einer Strahlaufspaltung durch ein WOLLASTON-Prisma (Winkelverdopplung) kann man auch mit Hilfe eines SAVARTschen Polariskopes eine lineare Verdopplung erhalten.

Das SAVARTsche Polariskop besteht aus zwei Quarz- oder Spatplatten Q_1 und Q_2, die unter einem Winkel von 45° gegen die optische Achse geschnitten sind und gekreuzt sind (Abb. 12.9). Die Achse von Q_1 liegt in der Zeichenebene. Die Achse von Q_2 bildet mit der Zeichenebene einen Winkel von 45°, ihre Projektion in diese Ebene verläuft längs der gestrichelten Linie. Ein Strahl, der auf die erste Platte Q_1 fällt, spaltet in einen ordentlichen und einen außerordentlichen Strahl auf. Der ordentliche Strahl in Q_1 wird zum außerordentlichen in Q_2. Umgekehrt wird der außerordentliche Strahl in Q_1 zum ordentlichen in Q_2. Wenn die Strahlen senkrecht auf den Polarisationsapparat fallen, ist der Gangunterschied zwischen den beiden austretenden Strahlen und damit auch zwischen den beiden austretenden Wellen gleich Null. Wir würden in Abb. 12.3 den Wert $\Delta = 0$ erhalten. Durch eine kleine Neigung des Polariskops kann man Δ beliebig verändern.

Abb. 12.10 zeigt schematisch den Aufbau der Apparatur. Wir lassen die bildseitige Brennebene des Objektivs

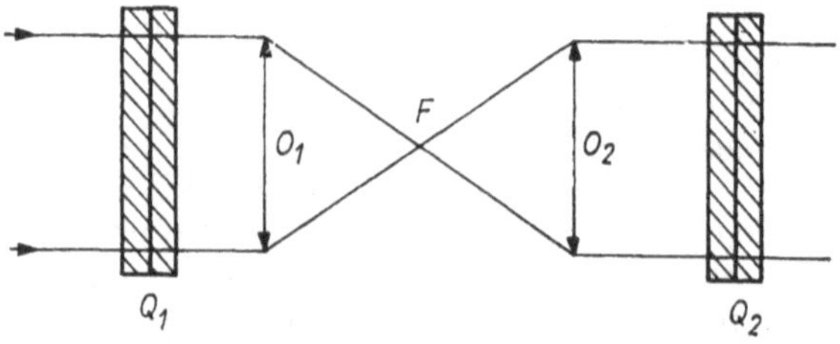

Abb. 12.10. Interferometer mit Objektivkompensation (FRANÇON und YAMAMOTO)

O_1 mit der objektseitigen Brennebene des Objektivs O_2 zusammenfallen. Die beiden Ebenen fallen in F zusammen. Wir stellen ein SAVARTsches Polariskop Q_1 irgendwo vor O_1 und ein zweites SAVARTsches Polariskop Q_2 irgend-

wo hinter O_2 auf. Die Apparatur wird durch zwei in Abb. 12.10 nicht dargestellte Polarisatoren vervollständigt, wobei sich einer vor Q_1, der andere hinter Q_2 befindet. Wir beleuchten das Ganze mit Hilfe einer ausgedehnten Lichtquelle so, daß die einfallenden Strahlen alle nur möglichen Neigungen besitzen. Unter diesen Bedingungen können wir in F Streifen im Unendlichen des Polariskops Q_1 beobachten. Diese Streifen sind im wesentlichen geradlinig, parallel und äquidistant. Dasselbe gilt für die Polarisationsanordnung Q_2, die im Unendlichen Streifen gleichen Typs hervorruft, die jedoch bezüglich F virtuell sind. Wir stellen die Orientierung der Polariskope Q_1 und Q_2 so ein, daß die zugehörigen Streifen im Unendlichen parallel verlaufen. Die gegenseitige Orientierung ist bis zu 180° möglich. Wir wählen eine solche aus, für die sich die Doppelbrechungen an Q_1 und Q_2 überdecken. Der Abstand der im Unendlichen liegenden Streifen der beiden Polariskope Q_1 und Q_2 hängt in F von den Durchmessern von Q_1 und Q_2 und von den Brennweiten der beiden Objektive O_1 und O_2 ab. Wir bestimmen die Werte dieser Bauelemente so, daß die im Unendlichen liegenden Streifen von Q_1 und Q_2 den gleichen Abstand haben. Die Ebene durch F ist dann gleichmäßig ausgeleuchtet.

Es ist natürlich keineswegs erforderlich, das Lichtbündel abzublenden, da die Strahlen, die alle nur möglichen Neigungswinkel besitzen, notwendig sind, um die im Unendlichen liegenden Streifen in F beobachten zu können. Wo müßten wir nun in der Anordnung, die in Abb. 12.10 dargestellt ist, das durchsichtige Objekt aufstellen? Das Objekt kann nicht genau in F angeordnet werden, da ja sein Bild ins Unendliche abgebildet wird. Das Polariskop Q_2 würde keine Aufspaltung hervorrufen, und das durchsichtige Objekt bliebe unsichtbar. Das Objekt wird daher nahe bei F entweder zwischen O_1 und F oder zwischen F und O_2 aufgestellt. Im ersten Fall erhalten wir ein reeles Bild, im zweiten ein virtuelles. Das reelle Bild kann mit Hilfe eines Okulars beobachtet oder

photographiert werden. Selbst wenn die reflektierenden Objekte nicht eben sind, können sie mit einem Gerät gleichen Typs beobachtet werden. Beide Anordnungen finden hauptsächlich in der Mikroskopie Verwendung (siehe Abb. 12.11).

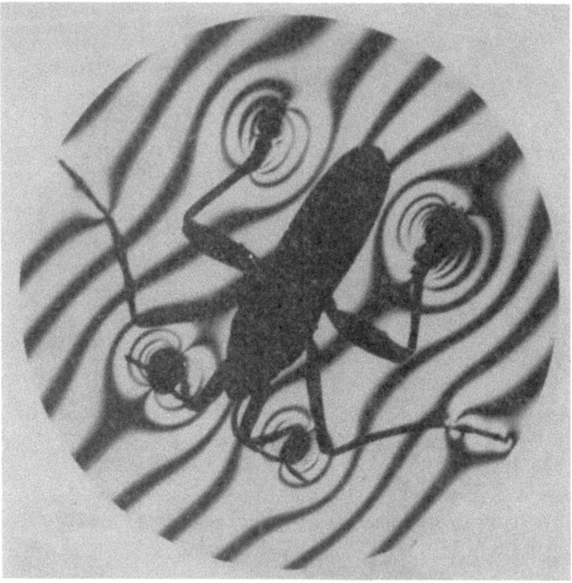

Abb. 12.11. Schwimmbewegung eines Wasserläufers (Velia). Die Streifen geben die Neigung der Flüssigkeitsoberfläche zur Horizontalen in jedem Punkt an (Françon)

12.2. Polarisationsinterferometer für makroskopische Untersuchungen

Polarisationsinterferometer können auch zur Untersuchung von durchsichtigen isotropen Objekten von großen Dimensionen angewendet werden. Die Apparatur, die in Abb. 12.12 dargestellt ist, verwendet man für

aerodynamische Untersuchungen in Windkanälen. Man kann den Aufbau mit der in Abb. 12.6 dargestellten Anordnung vergleichen. Die beiden gleichartigen WOLLASTON-Prismen W_1 und W_2 werden in den Brennpunkten von zwei identischen Konkavspiegeln M_1 und M_2 aufgestellt. Das Objekt befindet sich in A und das Beob-

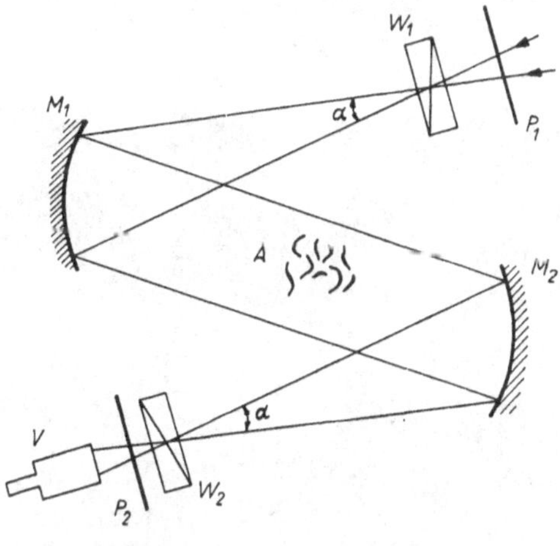

Abb. 12.12. Polarisationsinterferometer für makroskopische Untersuchungen

achtungssystem wird durch V dargestellt. Um ein ausgedehntes Objekt beobachten zu können, reicht es aus, die Spiegel M_1 und M_2 so zu dimensionieren, daß ihre Ausmaße mindestens jenen von A gleich sind.

Damit man noch mit gewöhnlichen WOLLASTON-Prismen arbeiten kann, darf die Strahlapertur nicht allzu groß werden (α kleiner als 6° oder 7°); andernfalls ist es notwendig, sie durch kompliziertere Anordnungen zu ersetzen.

Polarisationsinterferometer können im allgemeinen leicht konstruiert werden und sind sehr einfach zu be-

nutzen. Sie gestatten die Durchführung genauer Messungen. Man kann eine Genauigkeit von annähernd $\lambda/1000$ bei der Messung von Wegdifferenzen erhalten (vgl. Abschnitt 4).

Literatur

1. M. Françon, Progress in Microscopy, Pergamon Press, London 1961.
2. E. Land, J. Opt. Soc. Amer. **41,** 957 (1951).
3. G. Nomarski, J. phys. radium **16,** 9(S) (1955).
4. E. H. Smith, Modern Methods of Microscopy, Butterworths, London 1956, p. 76.

IV. KOHÄRENZ

13. Arten der Kohärenz

13.1. Räumliche Kohärenz

In den vorhergehenden Kapiteln haben wir im allgemeinen punktförmige monochromatische Lichtquellen betrachtet. In Wirklichkeit gibt es natürlich weder punktförmige noch monochromatische Lichtquellen. Diese Erkenntnis bedarf einer näheren Erläuterung.

Wir wollen ein von einer idealen punktförmigen und monochromatischen Lichtquelle S beleuchtetes MICHEL-

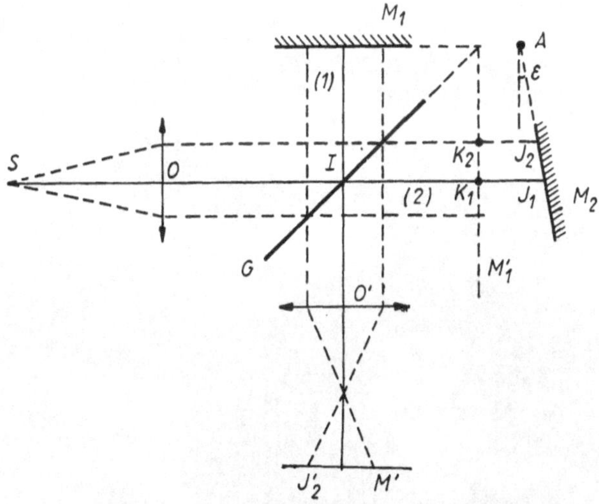

Abb. 13.1. Beobachtung der Streifen gleicher Dicke in einem MICHELSON-Interferometer

SON-Interferometer betrachten (Abb. 13.1). Der Spiegel M_2 möge um einen sehr kleinen Winkel ε gedreht werden, so daß er nicht mehr mit einer zur Symmetrieebene M_1' und M_1 parallelen Ebene zusammenfällt. Wir wollen annehmen, daß die Planspiegel M_1 und M_2 in Abb. 13.1 senkrecht zur Zeichenebene der Abbildung stehen. Der Spiegel M_2 kann um eine senkrecht zur Zeichenebene der Abbildung stehende Achse gedreht werden, deren Durchstoßpunkt mit A bezeichnet wird. Wir betrachten nun den Strahl SO, dessen Richtung längs der optischen Achse des Objektivs O verläuft. Er wird an dem Spiegel M_2 in J_1 reflektiert und schneidet M_1' in K_1. Da nun ε sehr klein ist, kann man annehmen, daß der in J_1 reflektierte Strahl praktisch zu seinem Ausgangspunkt zurückkehrt. Die Wegdifferenz zwischen dem Strahl, der in J_1 reflektiert wird, und dem entsprechenden Strahl, der längs des Weges (*1*) verläuft, beträgt also $\delta = 2\,\overline{K_1J_1}$. Für einen anderen Strahl, der in J_2 auf M_2 trifft, nimmt die Wegdifferenz zwischen diesem Strahl und dem entsprechenden Strahl, der den Weg (*1*) durchläuft, den Wert $\delta = 2\overline{K_2J_2}$ an. Wenn wir $\overline{K_2J_2} = e$ setzen, beträgt die Wegdifferenz $\delta = 2e$.

Wir erzeugen nun mit Hilfe eines Objektivs O' in M' ein Bild von M_2 (oder von M_1). Wir wollen annehmen, daß die beiden Spiegel dasselbe Reflexionsvermögen besitzen. Infolge der entstehenden Interferenzen werden wir im Punkt J_2', der zum Punkt J_2 konjugiert ist, eine bestimmte Intensität bis auf einen nahezu konstanten Faktor erhalten, die durch den Ausdruck

$$I = \cos^2 \frac{\pi\delta}{\lambda} = \cos^2 \frac{2\pi e}{\lambda} \tag{13.1}$$

gegeben ist. Die Intensität ändert sich längs M' in einer zur Zeichenebene der Abbildung parallelen Richtung wie $\cos^2 x$ (Abb. 13.2). Die Intensität ändert sich natürlich nicht in einer Richtung, die senkrecht zur Zeichenebene der Abb. 13.1 verläuft; denn $\overline{K_2J_2}$ bleibt längs dieser

Richtung konstant. Wir erhalten also sinusförmige Interferenzstreifen, die senkrecht zur Zeichenebene der Abb. 13.1 stehen. Die Intensität ändert sich in einer dazu senkrechten Richtung, wie dies durch Gleichung (13.1) beschrieben wird und in Abb. 13.2 dargestellt ist.

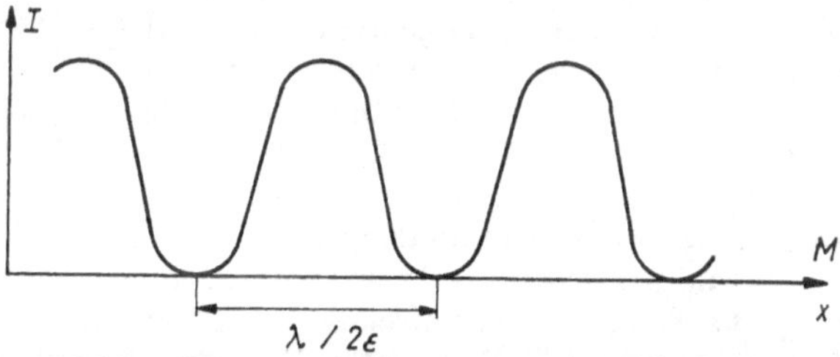

Abb. 13.2. Intensitätsverteilung in einer zu den Streifen senkrechten Richtung

Betrachten wir den Punkt A als Ausgangspunkt und setzen $\overline{J_2A} = x$, so ergibt sich für $e = \varepsilon x$. Aus Gleichung (13.1) kann man entnehmen, daß der Abstand zwischen zwei aufeinanderfolgenden Maxima (oder Minima) den Wert $\lambda/2\varepsilon$ annimmt. Es scheint so, als ob die Strahlen an M_1' und an M_2 reflektiert worden wären, d. h. an einem „Luftkeil" mit dem Winkel ε.

Wie verändern sich nun diese Streifen, wenn sich die punktförmige Lichtquelle nicht in S, sondern in S' befindet (Abb. 13.3)? Der von S' ausgehende Strahl, der nach J_2 gelangt, trifft unter einem Winkel i auf M_1'. Eine einfache Rechnung zeigt, daß die Wegdifferenz kleiner wird. Im Bild M' wird die Intensität I durch folgenden Ausdruck gegeben:

$$I = \cos^2 \frac{\pi\delta}{\lambda} = \cos^2 \left(\frac{2\pi e \cos i}{\lambda}\right). \qquad (13.2)$$

Auch die Lichtquelle S' erzeugt noch sinusförmige Streifen, die analog zu den durch S erzeugten gegeben

sind, jedoch verbreitert; denn aus Gleichung (13.2) sieht man, daß die Streifenbreite $\lambda/2\varepsilon \cos i > \lambda/2\varepsilon$ ist (Abb. 13.4).

Stellen wir uns nun vor, daß S und S' gleichzeitig strahlen, dann haben wir zwei unabhängige, sogenannte

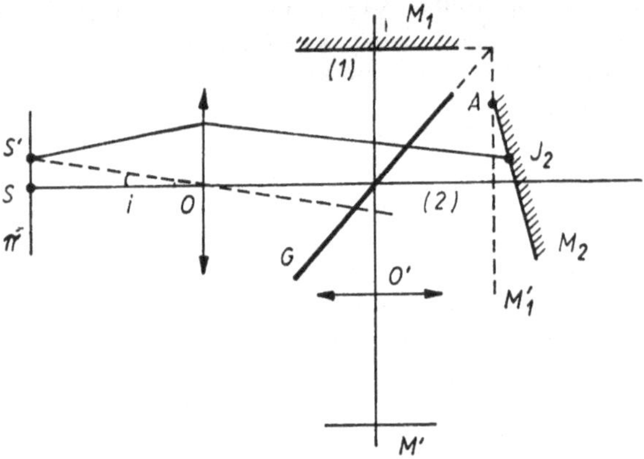

Abb. 13.3. Änderung des Gangunterschiedes bei Verschiebung der Lichtquelle von S nach S'

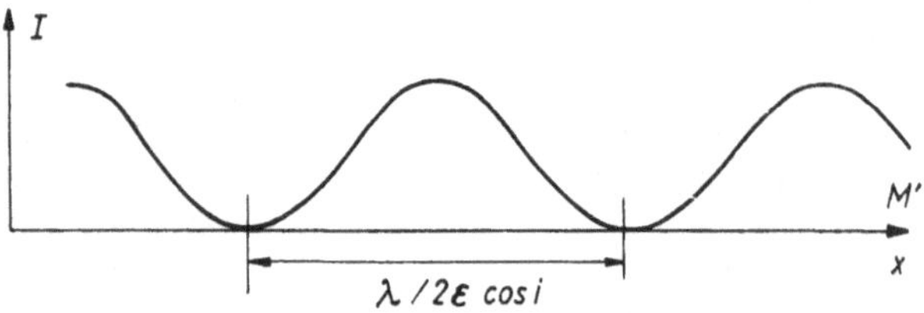

Abb. 13.4. Der Abstand der Streifen gleicher Dicke nimmt zu, wenn der Einfallswinkel i vergrößert wird

inkohärente, Lichtquellen. Bei der Erscheinung, die sie hervorrufen, addieren sich ihre Intensitäten. Im Bild M' muß man die durch die Kurven in Abb. 13.2 und Abb. 13.4 gegebenen Intensitäten summieren. Da die den

beiden Erscheinungen entsprechenden Streifen nicht dieselbe Breite haben, treten die Minima und Maxima nicht an den gleichen Stellen auf. Die von S und S' gemeinsam erzeugte Erscheinung wird weniger deutlich sein als die von S und S' getrennt hervorgerufenen Erscheinungen.

Wir betrachten nun eine ausgedehnte Lichtquelle, die aus einer sehr großen Anzahl derartiger in einer Ebene Π angeordneter Lichtquellen wie S und S' zusammengesetzt ist (Abb. 13.3). Diese punktförmigen Lichtquellen sind z. B. die Atome der Lichtquelle. Wenn die Lichtquelle nur eine sehr kleine Ausdehnung besitzt, kann der Fall eintreten, daß der Wert von $\cos i$ für alle Atome der Lichtquelle praktisch gleich 1 ist. Unter diesen Bedingungen weicht der in Gleichung (13.2) angegebene Wert nicht von dem nach Gleichung (13.1) ab. Alle Atome der Lichtquelle erzeugen dieselbe Erscheinung. Die Intensität der resultierenden Erscheinung ergibt sich dann als Summe der Intensitäten, die durch die einzelnen Atome hervorgerufen werden. Die Erscheinung ist dieselbe wie die durch ein Atom erzeugte, nur besitzt diese offensichtlich eine viel stärkere Intensität. Die Streifen erscheinen also in M' ganz deutlich. Man bezeichnet das Licht dann als *räumlich kohärent*.

Wenn wir den Durchmesser der Lichtquelle vergrößern, wird der Fall eintreten, daß man für $\cos i$ nicht mehr den Wert 1 einsetzen kann. Dann rufen nicht mehr alle Atome derselben Lichtquelle die völlig gleiche Erscheinung hervor. Die Streifen in M' werden verwaschen, und die Erscheinung ist nicht mehr so klar. Das Licht wird dann als *räumlich partiell kohärent* bezeichnet. Vergrößern wir den Durchmesser der Lichtquelle noch mehr, dann haben wir es schließlich mit einer sehr großen Anzahl sehr verschiedener Erscheinungen zu tun, die völlig ineinander verschwimmen. Die Streifen sind nicht mehr erkennbar. Das Bild in M' ist gleichmäßig ausgeleuchtet. Wir nennen das Licht dann *räumlich inkohärent*.

Wenn man eine monochromatische Lichtquelle verwendet, so ist die Kohärenz des Lichtes von den Ab-

messungen der Lichtquelle abhängig. Ist die Ausdehnung der Lichtquelle hinreichend klein, so daß die Interferenzstreifen scharf erscheinen, so ist das *Licht kohärent.*

Vergrößern wir die Ausdehnung der Lichtquelle, so verringert sich die Erkennbarkeit der Streifen, und das *Licht* wird *partiell kohärent.*

Wenn schließlich die Ausdehnung der Lichtquelle so groß wird, daß die Streifen völlig verschwinden, ist das *Licht inkohärent.*

13.2. Zeitliche Kohärenz

Die Atome einer Lichtquelle senden Wellen aus, die eine endliche Ausdehnung besitzen. Es werden „Wellenzüge" ausgestrahlt.

Wir betrachten wieder ein MICHELSON-Interferometer, das von einer hinreichend kleinen Lichtquelle beleuchtet wird, so daß man das ausgesandte Licht als *räumlich* kohärent ansehen kann. Die Lichtquelle S sende nichtmonochromatisches Licht aus. In Abb. 13.5 wurde ein Wellenzug dargestellt, der zwischen O und I einfällt. In I teilt sich dieser Wellenzug in zwei Wellenzüge auf. Der eine verläuft längs des Weges (*1*), der andere längs des Weges (*2*). Wenn sich der Spiegel M_2 an der in Abb. 13.5 angegebenen Stelle befindet, durchläuft der längs des Weges (*2*) verlaufende Wellenzug einen etwas längeren Weg als der Wellenzug, der längs des Weges (*1*) verläuft. Beide Wellenzüge sind am Ausgang des Interferometers eingezeichnet: Der längs des Weges (*1*) verlaufende Wellenzug ist als ausgezogene Linie dargestellt und der längs des Weges (*2*) verlaufende durch eine punktierte Linie. Die Abweichung dieser beiden Wellenzüge voneinander ist gleich dem vom Interferometer erzeugten Gangunterschied $\delta = 2e$. Ist δ viel kleiner als die Länge der beiden Wellenzüge, dann werden diese praktisch überlagert und können miteinander interferieren. Die Interferenzerscheinungen sind vollkommen klar. Man spricht dann von einer *zeitlichen Kohärenz.*

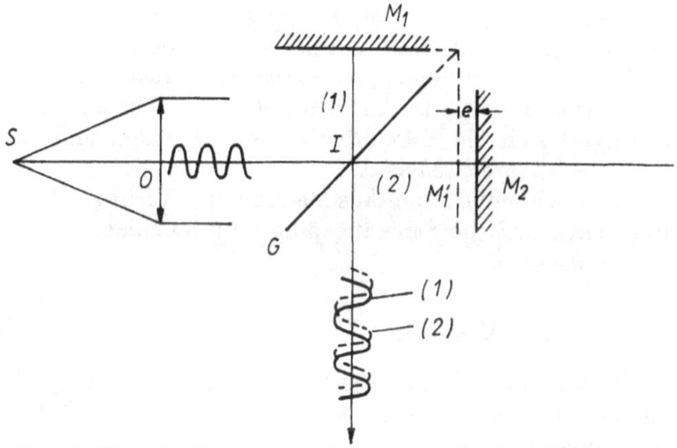

Abb. 13.5. Wenn der Gangunterschied hinreichend klein ist, überdecken sich die Wellenzüge, die sich längs der Wege (1) und (2) ausbreiten, und interferieren

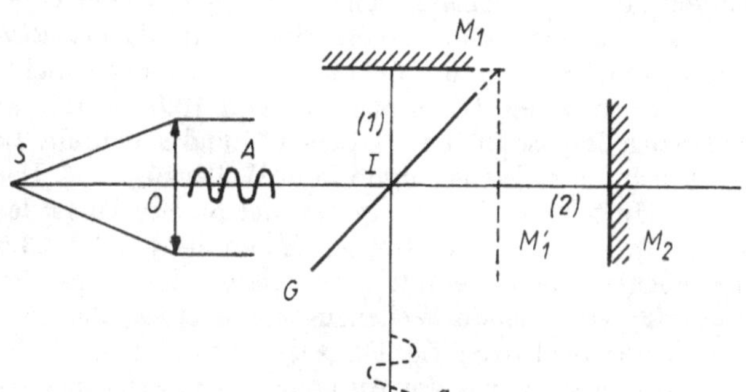

Abb. 13.6. Wenn der Gangunterschied größer als die Länge der Wellenzüge ist, überdecken sich die Wellenzüge nicht mehr, die sich längs der Wege (1) und (2) ausbreiten; es treten keine Interferenzen auf

Wir vergrößern nun den Gangunterschied, d. h., wir entfernen M_2 von M_1'. Am Ausgang des Interferometers überdecken sich die beiden Wellenzüge immer weniger, und dadurch werden die Interferenzerscheinungen immer unschärfer.

Wenn der Gangunterschied $\delta = 2e$ größer als die Länge der Wellenzüge wird, haben wir den in Abb. 13.6 dargestellten Fall. Am Ausgang des Interferometers überdecken sich die beiden Wellenzüge a_1 und a_2, die ursprünglich den gleichen Wellenzug A bildeten, nicht mehr. Sie können also nicht mehr miteinander interferieren. Es kann natürlich trotzdem Wellenzüge geben, die sich am Ausgang des Interferometers überdecken, doch können sie nicht von demselben ursprünglichen Wellenzug stammen. Dieser Fall ist in Abb. 13.7 dargestellt. Die beiden Wellenzüge A und B werden zu verschiedenen Zeiten ausgestrahlt. Ihr Abstand betrage δ_1. Wir wollen annehmen, daß der vom Interferometer erzeugte Gangunterschied $\delta = 2e$ so groß ist, daß sich die beiden Wellenzüge a_1 und a_2 (a_1 ist in der Abbildung nicht eingezeichnet), die am Eingang denselben Wellenzug A bildeten, nicht überdecken. Desgleichen sollen sich die beiden Wellenzüge b_1 und b_2 (b_2 ist ebenfalls nicht in der Abbildung dargestellt), die aus B entstanden sind, nicht überlappen. Es kann aber sehr gut möglich sein, daß der Wellenzug b_1, der im Interferometer den kürzeren Weg durchläuft (Weg (*1*)), den Wellenzug a_2, der einen längeren Weg (Weg (*2*)) zurücklegen muß, überdeckt. Der vom Interferometer erzeugte Gangunterschied $\delta = 2e$ kann die gegenseitige Verzögerung δ_1 der beiden Wellenzüge A und B ausgleichen. Die Abweichung Δ der beiden Wellenzüge a_2 und b_1 am Ausgang des Interferometers beträgt dann

$$\Delta_1 = \delta_1 - \delta = \delta_1 - 2e. \qquad (13.3)$$

Wenn es möglich wäre, die Erscheinungen am Interferometerausgang während der Durchlaufzeit dieser beiden Wellenzüge zu beobachten, würde man die Inter-

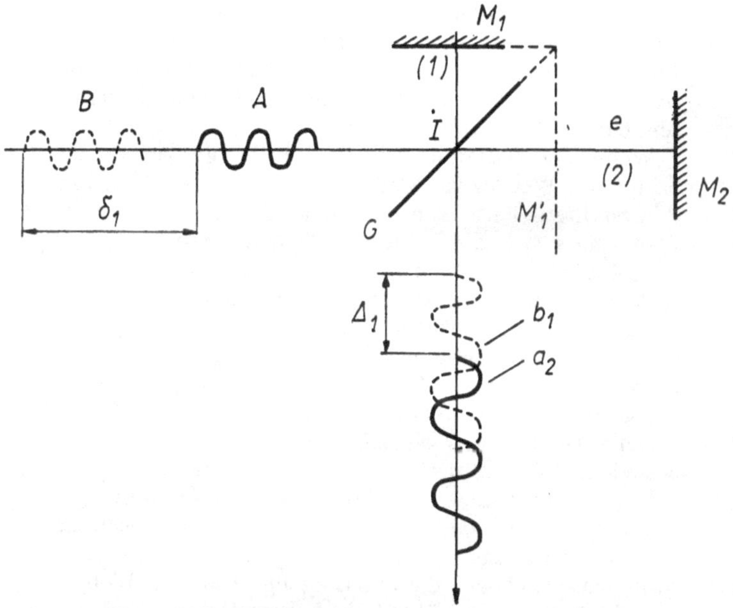

Abb. 13.7. Die beiden Wellenzüge a_2 und b_1, die sich überdecken, stammen nicht von demselben Wellenzug

ferenzen beobachten können, da sich die beiden Wellenzüge überdecken. Tatsächlich ist das bei den konventionellen Lichtquellen, bei denen die Länge der Wellenzüge sehr klein ist, nicht möglich; denn man empfängt während der Zeit, die für eine Beobachtung notwendig ist, eine sehr große Anzahl von Wellenzügen. Was geht unter diesen Bedingungen vor sich? Da die Ausstrahlung der Wellenzüge durch ein Atom nach statistischen Gesetzmäßigkeiten erfolgt, ändern sich die ursprünglichen Abweichungen δ_1, δ_2, δ_3 usw. zeitlich beliebig. Genau dasselbe gilt für die Abweichungen am Interferometerausgang. So nehmen auch die Größen Δ_1, Δ_2, Δ_3 usw. beliebige Werte an. Während der für eine Beobachtung

erforderlichen Zeit erhält man eine sehr große Anzahl von verschiedenen Erscheinungen, die ein verwaschenes Bild ergeben. Die Interferenzen sind nicht mehr zu beobachten. Man spricht daher von einer *zeitlichen Inkohärenz.* Die Länge der Wellenzüge wird *Kohärenzlänge* genannt. Wenn τ die Zeit angibt, die ein Wellenzug zum Durchlaufen eines festen Punktes benötigt, und c die Lichtgeschwindigkeit bedeutet, so beträgt die Kohärenzlänge $l = \tau c$. Diese Zeit wird *Kohärenzzeit* genannt.

Aus dem Vorhergehenden kann man die beiden folgenden wichtigen Schlüsse ziehen:

a) Damit man Interferenzerscheinungen bei Verwendung konventioneller Lichtquellen beobachten kann, muß der durch das Interferometer hervorgerufene Gangunterschied kleiner als die Kohärenzlänge sein.

b) Die Interferenzerscheinungen werden um so deutlicher, je kleiner der Gangunterschied im Verhältnis zur Kohärenzlänge ist.

13.3. Kohärenz bei Lasern

Die Laser sind wegen ihrer räumlichen und zeitlichen Kohärenz Lichtquellen von besonderer Bedeutung. Bezüglich der räumlichen Kohärenz kann man feststellen, daß das von einem Laser ausgesandte Lichtbündel sich wie ein Bündel verhält, das von einer intensiven und außerordentlich kleinen Lichtquelle S, die sich im Brennpunkt eines Objektivs mit großer Öffnung befindet, ausgestrahlt wird (Abb. 13.8).

Abb. 13.8. Vergleich eines Laserbündels mit dem Strahlengang, der von einer punktförmigen Lichtquelle S erzeugt wird, die sich im Brennpunkt eines Objektivs O mit großer Öffnung befindet

Es treffen hier gleichzeitig räumliche Kohärenz und große Intensität zusammen. Im übrigen ist die Länge der ausgestrahlten Wellenzüge erheblich größer als bei den konventionellen Lichtquellen. Der Laser besitzt also auch eine große zeitliche Kohärenz. Wenn wir jetzt das Experiment, das in Abb. 13.7 dargestellt wurde, mit einem Laser als Lichtquelle noch einmal durchführen, dann dürfte es nicht mehr unmöglich sein, Interferenzen zu beobachten, auch wenn der Gangunterschied größer als die Kohärenzlänge ist. Tatsächlich kann bei einem Laser die Kohärenzzeit groß genug sein, um die Erscheinung während der Durchlaufzeit eines Wellenzuges beobachten zu können. Da die beiden Wellenzüge A und B in Abb. 13,7 zu verschiedenen Zeitpunkten ausgestrahlt werden, ist es unwichtig, ob sie von ein und demselben Atom stammen oder von zwei verschiedenen Atomen. Das bedeutet, daß es möglich ist, Interferenzen bei Verwendung zweier Lichtquellen zu beobachten, vorausgesetzt, daß die beiden Lichtquellen Laser sind. Es wäre völlig unmöglich, den gleichen Versuch mit konventionellen Lichtquellen auszuführen.

14. Lichtschwingungen

14.1. Nichtmonochromatische Lichtschwingungen

Nach dem Fourier-Theorem kann man irgendeine beliebige Schwingung als die Summe einer unendlichen Mannigfaltigkeit von sinusförmigen Komponenten darstellen. Wenn die Amplitude jeder einzelnen Komponente mit $b(\nu)$ bezeichnet wird, die von der Frequenz ν abhängt, und $\Phi(\nu)$ die entsprechende Phase angibt, die ebenfalls

von der Frequenz ν abhängig ist, dann kann man eine beliebige Schwingung in folgender Weise darstellen:

$$V^{(r)}(t) = \int_0^\infty b(\nu) \cos[2\pi\nu t - \Phi(\nu)]\, \mathrm{d}\nu . \qquad (14.1)$$

Neben dieser Schwingung betrachtet man eine andere beliebige Schwingung $V^{(i)}(t)$, die bezüglich $V^{(r)}(t)$ um $\pi/2$ verschoben ist:

$$V^{(i)}(t) = \int_0^\infty b(\nu) \sin[2\pi\nu t - \Phi(\nu)]\, \mathrm{d}\nu . \qquad (14.2)$$

Man nennt dann die aus beiden gebildete komplexe Funktion ein *analytisches Signal*:

$$V(t) = V^{(r)}(t) + \mathrm{j}\, V^{(i)}(t) = \int_0^\infty b(\nu)\, \mathrm{e}^{\mathrm{j}[2\pi\nu t - \Phi(\nu)]}\, \mathrm{d}\nu . \qquad (14.3)$$

In den Rechnungen stellt man eine beliebige Schwingung durch ihr analytisches Signal $V(t)$ dar. Wenn die Operationen bezüglich $V(t)$ linear sind, führt man die Berechnungen mit $V(t)$ durch und benutzt dann den Realteil, der am Ende der Rechnungen die beliebige Schwingung beschreibt. Die FOURIER-Transformierte von $V^{(r)}(t)$ soll mit $v(\nu)$ bezeichnet werden. Es ergibt sich dann

$$V^{(r)}(t) = \int_{-\infty}^{\infty} v(\nu)\, \mathrm{e}^{\mathrm{j}2\pi\nu t}\, \mathrm{d}\nu \qquad (14.4)$$

oder

$$V^{(r)}(t) = \int_{-\infty}^{0} v(\nu)\, \mathrm{e}^{\mathrm{j}2\pi\nu t}\, \mathrm{d}\nu + \int_0^\infty v(\nu)\, \mathrm{e}^{\mathrm{j}2\pi\nu t}\, \mathrm{d}\nu . \qquad (14.5)$$

Wenn man bei dem ersten Integral ν durch $-\nu$ ersetzt, erhält man

$$-\int_{-\infty}^{0} v(-\nu)\, \mathrm{e}^{-\mathrm{j}2\pi\nu t}\, \mathrm{d}\nu = \int_0^\infty v(-\nu)\, \mathrm{e}^{-\mathrm{j}2\pi\nu t}\, \mathrm{d}\nu . \quad (14.6)$$

Man kann daher schreiben:

$$V^{(r)}(t) = \int_0^\infty v(-\nu)\, \mathrm{e}^{-\mathrm{j}2\pi\nu t}\, \mathrm{d}\nu + \int_0^\infty v(\nu)\, \mathrm{e}^{\mathrm{j}2\pi\nu t}\, \mathrm{d}\nu. \quad (14.7)$$

Wenn z eine komplexe Größe darstellt, erhalten wir

$$z + z^* = 2R(z) \quad (14.8)$$

R bedeutet dabei den Realteil des in der Klammer stehenden Ausdrucks. Da $V^{(r)}(t)$ reell ist, müssen die beiden Ausdrücke $v(-\nu)\,\mathrm{e}^{-\mathrm{j}2\pi\nu t}$ und $v(\nu)\,\mathrm{e}^{\mathrm{j}2\pi\nu t}$ so miteinander verknüpft werden, daß diese Bedingungen erfüllt sind. Daraus erhält man

$$v(-\nu) = v^*(\nu). \quad (14.9)$$

Somit kann man für Gleichung (14.7) schreiben:

$$V^{(r)}(t) = \int_0^\infty v^*(\nu)\, \mathrm{e}^{-\mathrm{j}2\pi\nu t}\, \mathrm{d}\nu + \int_0^\infty v(\nu)\, \mathrm{e}^{\mathrm{j}2\pi\nu t}\, \mathrm{d}\nu. \quad (14.10)$$

Unter Verwendung von Gleichung (14.8) ergibt sich dann

$$\mathrm{V}^{(r)}(t) = 2R\left[\int_0^\infty v(\nu)\, \mathrm{e}^{\mathrm{j}2\pi\nu t}\, \mathrm{d}\nu\right] = \int_0^\infty 2R[v(\nu)\, \mathrm{e}^{\mathrm{j}2\pi\nu t}]\, \mathrm{d}\nu. \quad (14.11)$$

Wir wollen nun den in Gleichung (14.1) angegebenen Ausdruck mit der folgenden Funktion $v_1(\nu)$ vergleichen:

$$v_1(\nu) = \frac{1}{2}\, b(\nu)\, \mathrm{e}^{-\mathrm{j}\Phi(\nu)} \quad (14.12)$$

mit

$$v_1(\nu) = \begin{cases} v(\nu) & \text{für} \quad \nu > 0, \\ 0 & \text{für} \quad \nu < 0. \end{cases} \quad (14.13)$$

Man kann dann für $V^{(r)}(t)$ schreiben:

$$V^{(r)}(t) = \int_0^\infty 2R[v_1(\nu)\, \mathrm{e}^{\mathrm{j}2\pi\nu t}]\, \mathrm{d}\nu \quad (14.14)$$

und entsprechend

$$V(t) = 2 \int_0^\infty v_1(\nu)\, e^{j2\pi\nu t} d\nu. \tag{14.15}$$

Dieser Ausdruck stellt eine nicht monochromatische Schwingung in komplexer Schreibweise dar. Er enthält nur Frequenzen, die größer als Null sind. Man muß hierbei beachten, daß $v_1(\nu)$ nicht die FOURIER-Transformierte des analytischen Signals angibt. Diese wird durch eine Funktion v_s beschrieben

$$v_s = \int_{-\infty}^{\infty} V(t)\, e^{-j2\pi\nu t}\, dt. \tag{14.16}$$

14.2. Quasimonochromatische Lichtschwingungen

Wir wollen nun noch einmal auf den in Gleichung (14.15) angegebenen Ausdruck zurückkommen. Wenn das Licht fast monochromatisch ist, so bedeutet das, daß alle Frequenzen ν in der Nähe einer mittleren Frequenz ν_0 liegen. Wir führen die Frequenz ν_0 in Gleichung (14.15) ein und erhalten

$$V(t) = 2 e^{j2\pi\nu_0 t} \int_0^\infty v_1(\nu)\, e^{j2\pi(\nu-\nu_0)t}\, d\nu. \tag{14.17}$$

Wenn wir zur Abkürzung

$$a(t) = 2 \int_0^\infty v_1(\nu)\, e^{j2\pi(\nu-\nu_0)t}\, d\nu \tag{14.18}$$

setzen, erhalten wir folgende Darstellung:

$$V(t) = a(t)\, e^{j2\pi\nu_0 t}; \tag{14.19}$$

$v_1(\nu)$ ist nur für die zu ν_0 benachbarten Werte ν verschieden von Null. Das Integral in Gleichung (14.18) stellt dann eine Überlagerung der harmonischen Kompo-

nenten der Frequenzen $\Delta\nu = \nu - \nu_0$, d. h. der niedrigen Frequenzen, dar. Wenn weiterhin das Frequenzintervall $\Delta\nu$, in dem $v_1(\nu)$ von Null verschieden ist, im Verhältnis zur mittleren Frequenz ν_0 klein ist, ändert sich das Glied $e^{j2\pi(\nu-\nu_0)t}$ im Vergleich zu $e^{j2\pi\nu_0 t}$ nur sehr langsam mit der Zeit. In dem Ausdruck (14.19) erfolgen die zeitlichen Änderungen von $a(t)$ im Verhältnis zu den Änderungen der Exponentialfunktion $e^{j2\pi\nu_0 t}$ nur langsam. *Man nennt daher das von der Lichtquelle ausgestrahlte Licht quasimonochromatisches Licht.*

Für die thermischen Lichtquellen verändert sich $a(t)$ natürlich noch außerordentlich schnell in bezug auf unsere Beobachtungsmöglichkeiten. Die Amplitude $a(t)$ kann man in der folgenden Weise darstellen:

$$a(t) = A(t)\, e^{j\varphi_0(t)}; \qquad (14.20)$$

$A(t)$ und $\varphi_0(t)$ sind hierbei reelle Funktionen, die sich zeitlich sehr langsam ändern, d. h., sie bleiben praktisch während einer sehr großen Anzahl von Perioden konstant. Die Schwingung, die durch Gleichung (14.19) beschrieben wird, kann man als eine monochromatische Schwingung der Frequenz ν_0 betrachten, deren Amplitude $a(t)$ sich nur langsam verändert.

14.3. Beziehung zwischen der Länge der Wellenzüge und der spektralen Breite der emittierten Wellenzüge

Die von den Atomen ausgesandten Wellen sind nicht unendlich ausgedehnt, es sind Wellenzüge. Ein sehr schwach gedämpfter Wellenzug kann durch eine sinusförmige Schwingung angenähert beschrieben werden und ist daher monochromatisch. Ein stark gedämpfter Wellenzug entspricht nicht einer einfachen harmonischen Schwingung und ist daher eine nichtmonochromatische Welle. Wir nehmen an, daß alle von der Lichtquelle ausgesandten Wellenzüge dieselbe Entstehungszeit τ besitzen, in der die reelle Schwingung $V^{(r)}(t)$ durch eine

sinusförmige Schwingung der Frequenz ν_0 beschrieben wird:

$$V^{(\tau)}(t) = \begin{cases} \cos 2\pi\nu_0 t & \text{für } |t| \leqq \tau/2, \\ 0 & \text{für } |t| > \tau/2. \end{cases} \tag{14.21}$$

Nach Gleichung (14.4) ist die FOURIER-Transformierte $v(\nu)$ d. h. das Spektrum von $V^{(\tau)}(t)$, gegeben durch

$$v(\nu) = \int_{-\infty}^{\infty} V^{(\tau)}(t)\, \mathrm{e}^{-\mathrm{j}2\pi\nu t}\, \mathrm{d}t = \frac{\tau}{2} \frac{\sin \pi(\nu_0 - \nu)\tau}{\pi(\nu_0 - \nu)\tau} + \frac{\tau}{2} \frac{\sin \pi(\nu_0 + \nu)\tau}{\pi(\nu_0 + \nu)\tau}. \tag{14.22}$$

Abbildung 14.1 stellt die Änderungen von $v(\nu)$ als Funktion von ν dar. Das Intervall $\Delta\nu$ der zwischen A und B liegenden Frequenzen ist gegeben durch

$$AB = \Delta\nu = \nu_0 - \nu = \frac{1}{\tau}. \tag{14.23}$$

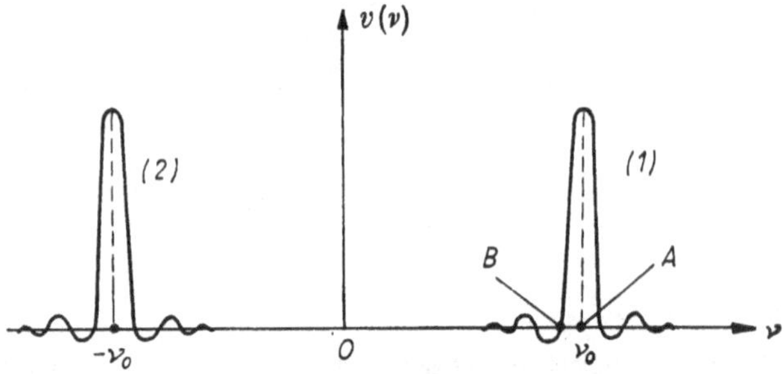

Abb. 14.1. Spektrum einer quasi-monochromatischen Welle der mittleren Frequenz ν_0

Wenn das Licht quasimonochromatisch ist, gilt $OA \gg BA$, d. h. $\Delta\nu \ll \nu_0$. Das Spektrum ist ziemlich schmal, so daß sich die beiden Kurven (*1*) und (*2*) prak-

tisch nicht beeinflussen. Die durch Gleichung (14.23) gegebene Zeit τ ist die *Kohärenzzeit.* Für monochromatische thermische Lichtquellen liegt die Kohärenzzeit in der Größenordnung 10^{-8} s, während sie für Laser 10^{-2} s betragen kann. Wir setzen nun

$$l = c\tau, \tag{14.24}$$

wobei c die Lichtgeschwindigkeit bedeutet. Es gilt weiterhin $\lambda = c/\nu$, und man erhält

$$\Delta\lambda = \frac{c\Delta\nu}{\nu^2} = \Delta\nu \frac{\lambda^2}{c} \tag{14.25}$$

und, wenn λ_0 die mittlere, ν_0 entsprechende, Wellenlänge bedeutet

$$l = \frac{c}{\Delta\nu} = \frac{\lambda_0^2}{\Delta\lambda}. \tag{14.26}$$

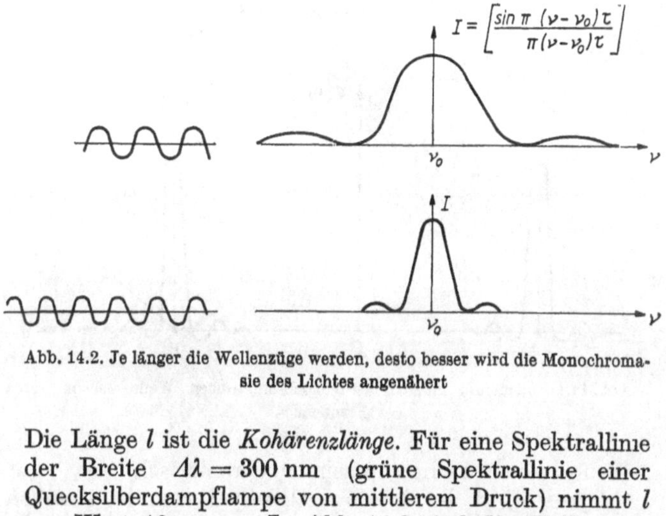

Abb. 14.2. Je länger die Wellenzüge werden, desto besser wird die Monochromasie des Lichtes angenähert

Die Länge l ist die *Kohärenzlänge.* Für eine Spektrallinie der Breite $\Delta\lambda = 300$ nm (grüne Spektrallinie einer Quecksilberdampflampe von mittlerem Druck) nimmt l pen Wert 10 μm an. In Abb. 14.2 sind die Wellenzüge

durch Sinusschwingungen dargestellt, deren Länge gleich der Kohärenzlänge ist. Die Kurven auf der rechten Seite von Abb. 14.2 zeigen die spektrale Zusammensetzung des emittierten Lichtes (erstes Glied der rechten Seite von Gleichung (14.22)). Je länger die Wellenzüge sind und je schmaler das Spektrum ist, desto mehr nähert sich das Licht einer monochromatischen Strahlung an. Als theoretische Grenze ergibt ein unendlich ausgedehnter Wellenzug eine monochromatische Strahlung.

14.4. Die Gesamtwirkung einer im Beobachtungszeitraum großen Zahl von Wellenzügen auf einen Empfänger. Quasimonochromatisches Licht

Wir wollen einen Empfänger betrachten, dessen Auflösungszeit im Vergleich zur Kohärenzzeit τ der Schwingungen groß ist. Dieser Fall liegt im allgemeinen bei den thermischen Lichtquellen vor, die Schwingungen aussenden, deren Kohärenzzeit τ immer klein ist. Auf den Empfänger wirken komplexe Schwingungen $V_1(t)$, $V_2(t)$ usw. zu statistisch verteilten Zeitpunkten ein. Er kann nur einen Mittelwert der von diesen Schwingungen hervorgerufenen Wirkungen aufnehmen. Nun sind im allgemeinen die Empfänger, wie z. B. das Auge, die photoelektrische Zelle, die photographische Platte usw., quadratische Empfänger, die nur auf die Energie ansprechen, d. h. auf *das Quadrat* von $V^{(r)}(t)$. Die *Lichtintensität* wird durch den zeitlichen Mittelwert $\overline{V^{(r)2}(t)}$ beschrieben. Entsprechend den Gleichungen (14.19) und (14.20) erhält man

$$\begin{aligned} V^{(r)}(t) &= A(t)\cos\left[2\pi\nu_0 t + \varphi_0(t)\right], \\ V^{(i)}(t) &= A(t)\sin\left[2\pi\nu_0 t + \varphi_0(t)\right]. \end{aligned} \tag{14.27}$$

Da sich $A(t)$ und $\varphi_0(t)$ während der für eine Beobachtung erforderlichen Zeit nur langsam verändern, findet man

$$\overline{V^{(r)2}(t)} = \overline{V^{(i)2}(t)} = \frac{1}{2}\,\overline{A^2(t)}, \tag{14.28}$$

wobei aber zu berücksichtigen ist, daß

$$A^2(t) = |V(t)|^2 = V(t)\, V^*(t) \tag{14.29}$$

ist; daher ergibt sich

$$\overline{V^{(r)2}(t)} = \frac{1}{2}\, \overline{V(t)\, V^*(t)}. \tag{14.30}$$

Diese *sehr wichtige* Beziehung zeigt, daß man die Intensität des Lichtes $\overline{V^{(r)2}(t)}$ mit Hilfe des ihm zugeordneten analytischen Signals berechnen kann. Die für den Fall des monochromatischen Lichtes aufgestellte Beziehung (14.30) ist allgemeingültig und kann auch für jede beliebige nichtmonochromatische Strahlung verwendet werden.

15. Youngsches Experiment und Kohärenz

15.1. Räumliche Kohärenz beim Youngschen Experiment mit quasimonochromatischem Licht

Wir setzen voraus, daß das Experiment im Vakuum durchgeführt wird, wo sich die Wellen verschiedener Frequenzen mit derselben Geschwindigkeit c fortpflanzen. Es werde eine ausgedehnte Lichtquelle S verwendet, die quasimonochromatisches Licht aussendet (Abb. 15.1). Zur Zeit t erzeuge die Lichtquelle S im Punkt T_1 eine Schwingung $a_1(t)\,e^{j2\pi\nu_0 t}$ und im Punkt T_2 eine Schwingung $a_2(t)\,e^{j2\pi\nu_0 t}$. Wir wollen nun die Schwingung in einem beliebigen Punkt P der Ebene Π bestimmen. Die von T_1 stammende Schwingung nimmt in P den Wert $k_1 a_1(t - \theta_1)\,e^{j2\pi\nu_0(t-\theta_1)}$ an, wobei θ_1 diejenige Zeit angibt, die das Licht benötigt, um von T_1 nach P zu gelangen, und k_1 einen Faktor bedeutet, der vom Durch-

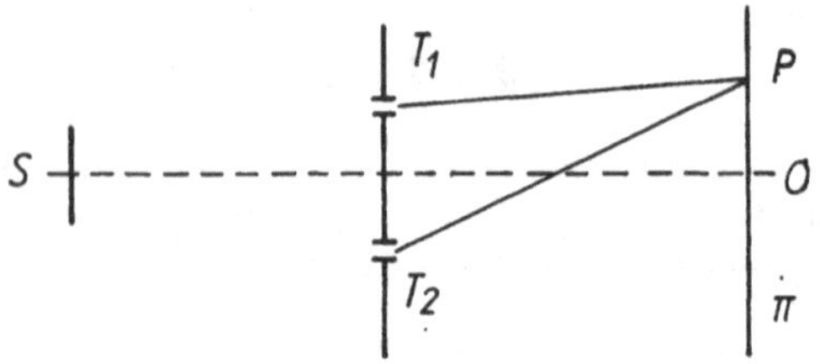

Abb. 15.1. YOUNGsches Experiment

messer der Öffnung T_1 abhängt und umgekehrt proportional zur Entfernung T_1P ist (da die Energie umgekehrt proportional zum Quadrat der Entfernung ist). Ebenso kann man die in P erzeugte, von T_2 ausgehende Schwingung durch den Ausdruck $k_2 a_2(t - \theta_2) e^{j2\pi\nu_0(t-\theta_2)}$ darstellen. Dabei bedeutet θ_2 die vom Licht benötigte Zeit, um von T_2 nach P zu gelangen. Nach dem HUYGENSschen Prinzip erleiden jedoch die von T_1 und T_2 ausgesandten Schwingungen gegenüber den von S aus nach T_1 und T_2 emittierten Schwingungen eine Phasenverschiebung von der Größe $\pi/2$. Die Faktoren k_1 und k_2 sind also rein imaginäre Zahlen.

Nehmen wir an, daß folgende Beziehung gilt:

$$\theta = \theta_2 - \theta_1, \tag{15.1}$$

dann kann man die Schwingungen in P darstellen in der Form

$$k_1 a_1(t) e^{j2\pi\nu_0 t}, \quad k_2 a_2(t + \theta) e^{j2\pi\nu_0(t+\theta)}. \tag{15.2}$$

Im folgenden wollen wir annehmen, daß die Wegdifferenz $T_2P - T_1P = c\theta$ viel kleiner als die Länge der Wellenzüge bleibt. Wir berücksichtigen, daß sich $a_1(t)$ und $a_2(t)$ nur langsam ändern. Wir erhalten dann

$$a_2(t + \theta) \simeq a_2(t). \tag{15.3}$$

Die komplexe Darstellung der Schwingung in P lautet damit

$$V(t) = k_1 a_1(t) e^{j2\pi\nu_0 t} + k_2 a_2 t(t) e^{j2\pi\nu_0(t+\theta)}. \tag{15.4}$$

Setzen wir

$$2\pi\nu_0\theta = \varphi, \tag{15.5}$$

so stellt φ die Phasendifferenz in P dar, und zwar zwischen den in diesem Punkt von T_1 und T_2 ausgesandten Schwingungen. Wir erhalten dann

$$V(t) = [k_1 a_1(t) + k_2 a_2(t) \mathrm{e}^{\mathrm{j}\varphi}] \mathrm{e}^{\mathrm{j}2\pi\nu_0 t}. \tag{15.6}$$

Entsprechend Gleichung (14.30) und wegen des annähernd konstanten Faktors ergibt sich die Intensität I in P zu

$$\begin{aligned} I &= \overline{V(t)\, V^*(t)} \\ &= \overline{[k_1 a_1(t) + k_2 a_2(t) \mathrm{e}^{\mathrm{j}\varphi}][k_1^* a_1^*(t) + k_2^* a_2^*(t) \mathrm{e}^{-\mathrm{j}\varphi}]}. \end{aligned} \tag{15.7}$$

Wendet man nun die Mittelwertbildung nur auf die von der Zeit abhängigen Funktionen an, so findet man

$$\begin{aligned} I = {} & |k_1|^2\, \overline{a_1(t) a_1^*(t)} + |k_2|^2 \overline{a_2(t) a_2^*(t)} \\ & + k_1^* k_2 \overline{a_1^*(t) a_2(t)}\, \mathrm{e}^{\mathrm{j}\varphi} + k_1 k_2^* \overline{a_1(t) a_2^*(t)} \mathrm{e}^{-\mathrm{j}\varphi}. \end{aligned} \tag{15.8}$$

Die Größen $|k_1|^1 \overline{a_1(t) a_1^*(t)}$ und $|k_2|^2 \overline{a_2(t) a_2^*(t)}$ stellen die in P von T_1 und T_2 jeweils einzeln erzeugten Intensitäten dar. Man kann annehmen, daß sie konstant sind, wenn sich P nur wenig um eine mittlere Lage O bewegt. Wir erhalten dann

$$I_1 = |k_1|^2 \overline{a_1(t) a_1^*(t)}, \quad I_2 = |k_2|^2 \overline{a^2(t) a_2^*(t)}. \tag{15.9}$$

Da aber k_1 und k_2 rein imaginäre Zahlen sind, erhält man $k_1 k_2^* = k_1^* k_2 = |k_1 k_2|$. Unter Verwendung der Gleichungen (15.8) und (15.9) kann man dann schreiben:

$$I = I_1 + I_2 + 2|k_1 k_2|\, R[\overline{a_1(t) a_2^*(t)} \mathrm{e}^{-\mathrm{j}\varphi}]. \tag{15.10}$$

Die Größe

$$\Gamma_{12}(\theta) = \overline{a_1(t)a_2^*(t)}\,\mathrm{e}^{-\mathrm{j}\varphi} \tag{15.11}$$

heißt *gegenseitige Kohärenz* der beiden jeweils von T_1 und T_2 ausgesandten Schwingungen. Durch eine Normierung erhalten wir

$$\gamma_{12}(\theta) = \frac{\overline{a_1(t)a_2^*(t)}\,\mathrm{e}^{-\mathrm{j}\varphi}}{\sqrt{\overline{a_1(t)a_1^*(t)}}\,\sqrt{\overline{a_2(t)a_2^*(t)}}} = \frac{\overline{a_1(t)a_2^*(t)}\,\mathrm{e}^{-\mathrm{j}\varphi}}{\sqrt{I_1}\,\sqrt{I_2}}. \tag{15.12}$$

Die Größe $\gamma_{12}(\theta)$ nennen wir den *komplexen Kohärenzgrad* der von T_1 und T_2 ausgestrahlten Schwingungen.

Die Gleichung (15.10) läßt sich dann folgendermaßen schreiben:

$$I = I_1 + I_2 + 2\sqrt{I_1}\,\sqrt{I_2}\,R[\gamma_{12}(\theta)]. \tag{15.13}$$

Diese wichtige Beziehung zeigt, daß man die von jeder Öffnung einzeln erzeugte Intensität und den komplexen Kohärenzgrad kennen muß, um die resultierende Lichtintensität in P bestimmen zu können.

Wenn wir

$$\gamma_{12}(0) = \frac{\overline{a_1(t)a_2^*(t)}}{\sqrt{I_1}\,\sqrt{I_2}} \tag{15.14}$$

setzen, erhalten wir

$$\gamma_{12}(\theta) = \gamma_{12}(0)\,\mathrm{e}^{-\mathrm{j}\varphi}. \tag{15.15}$$

Da die Amplituden $a_1(t)$ und $a_2(t)$ komplex sind (vgl. Gleichung (14.20)), können wir folgende Darstellung verwenden:

$$\gamma_{12}(0) = |\gamma_{12}(0)|\,\mathrm{e}^{\mathrm{j}\alpha_{12}}, \tag{15.16}$$

wobei α_{12} das Argument der komplexen Größe $\overline{a_1(t)a_2^*(t)}$ ist. Gleichung (15.13) läßt sich dann umformen zu

$$I = I_1 + I_2 + 2\sqrt{I_1}\,\sqrt{I_2}\,|\gamma_{12}(0)|\cos(\alpha_{12} - \varphi); \tag{15.17}$$

$|\gamma_{12}(0)|$ ist der *Kohärenzgrad* von T_1 und T_2.

Wir betrachten nun drei verschiedene Fälle

1. $|\gamma_{12}(0)| = 1$

Gleichung (15.17) nimmt dann die Form

$$I = I_1 + I_2 + 2\sqrt{I_1}\sqrt{I_2}\cos(\alpha_{12} - \varphi) \qquad (15.18)$$

an. Der Vergleich dieses Ausdruckes mit der klassischen Formel von FRESNEL zeigt, daß man für die Intensität in P den gleichen Wert erhält, der sich auch ergeben würde, wenn die beiden Öffnungen T_1 und T_2 monochromatisches Licht der Frequenz ν_0 aussenden würden, das wie die von T_1 und T_2 ausgehenden Schwingungen einen Phasenunterschied der Größe α_{12} besitzt. Man sagt dann, daß die beiden Quellen T_1 und T_2 *kohärent sind.*

2. $|\gamma_{12}(0)| = 0$.

Für Gleichung (15.17) erhält man dann

$$I = I_1 + I_2. \qquad (15.19)$$

Man erhält nun keine Interferenzen mehr in P. Man sagt hier, daß die beiden Quellen T_1 und T_2 *inkohärent* sind.

3. $0 < |(\gamma_{12}0)| < 1$.

Die von T_1 und T_2 erzeugten Schwingungen sind *partiell kohärent.* $|\gamma_{12}(0)|$ ist ein Maß ihres Kohärenzgrades.

Nach den gemachten Annahmen hängen $|\gamma_{12}(0)|$ und α_{12} nicht von θ ab. Die Größe $|\gamma_{12}(0)|$ charakterisiert den Kohärenzgrad der von der Lichtquelle S beleuchteten Punkte T_1 und T_2. Unter diesen Voraussetzungen kann man der Gleichung (15.17) entnehmen, daß die Intensitätsänderungen in der Ebene Π einzig und allein von

den Änderungen der Größe φ abhängen. Diese Änderungen sind die Ursache der Interferenzstreifen. Die hellen Streifen werden gegeben durch

$$\alpha_{12} + \varphi = 2k\pi \qquad (k = 0, 1, 2, \ldots), \tag{15.20}$$

die dunklen durch

$$\alpha_{12} + \varphi = (2k + 1)\pi. \tag{15.21}$$

Benutzen wir zur Definition des Streifenkontrastes den Ausdruck

$$\gamma = \frac{I_{\max} - I_{\min}}{I_{\max} + I_{\min}}, \tag{15.22}$$

so erhalten wir

$$\gamma = |\gamma_{12}(0)|. \tag{15.23}$$

Um den Streifenkontrast ermitteln zu können, müssen wir also den Kohärenzgrad $|\gamma_{12}(0)|$ kennen, der hier von den Dimensionen der Lichtquelle S abhängt.

15.2. Der Kohärenzgrad zweier von einer Lichtquelle S beleuchteten Punkte T_1 und T_2 eines Schirmes

Wir berechnen den Kohärenzgrad der von einer inkohärenten quasimonochromatischen ebenen Lichtquelle S beleuchteten beiden Punkte T_1 und T_2 (Abb. 15.2). Wir wollen außerdem voraussetzen, daß die beiden Punkte T_1 und T_2 in einer Ebene liegen, die parallel zur Ebene der Lichtquelle verläuft. Schließlich seien die Dimensionen der Lichtquelle S im Vergleich zum Abstand dieser beiden Ebenen klein. Die Koordinaten eines beliebigen Punktes M der Lichtquelle werden auf die η-Achse und die ξ-Achse bezogen. T_1 falle mit dem Koordinatenursprung der beiden Koordinatenachsen y und z zusammen, die in der Ebene, in der sich T_1 und T_2 befinden, liegen. Die vom Punkt M (mit $r_1 = MT_1$) in T_1 erzeugte Schwingung sei wie oben durch den Ausdruck $\dfrac{a(t)}{r_1}\, e^{j2\pi\nu_0 t}$

gegeben. Die vom gleichen Punkt M in T_2 erzeugte Schwingung wird dann beschrieben durch

$$a(t)\,\frac{\mathrm{e}^{\mathrm{j}2\pi\nu_0(t-\theta)}}{r_2} \tag{15.24}$$

mit $r_2 = MT_2$ und

$$\theta = \frac{\overline{MT_2} - \overline{MT_1}}{c}. \tag{15.25}$$

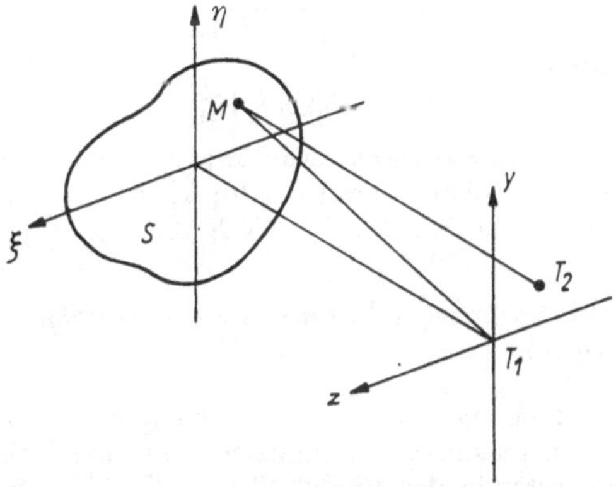

Abb. 15.2. Kohärenz der von einer ausgedehnten, inkohärenten und quasimonochromatischen Lichtquelle S beleuchtete Punkt T_1 und T_2

Daraus erhält man die von der Gesamtheit aller Punkte der Lichtquelle erzeugten resultierenden Schwingungen in T_1 und T_2 in der Form

$$\left.\begin{aligned} &\text{in } T_1\colon \quad a_1(t) = \sum_i a_i(t)\,\frac{\mathrm{e}^{\mathrm{j}2\pi\nu_0 t}}{r_1},\\ &\text{in } \mathrm{T}_2\colon \quad a_2(t) = \sum_k a_k(t)\,\frac{\mathrm{e}^{\mathrm{j}2\pi\nu_0(t-\theta)}}{r_2}. \end{aligned}\right\} \tag{15.26}$$

Es ergibt sich somit

$$a_1(t)a_2^*(t) = \sum_i a_i(t) \sum_k a_k^*(t) \frac{e^{j2\pi\nu_0\theta}}{r_1 r_2}. \qquad (15.27)$$

Nun entsprechen die Produkte, für die $i \neq k$ gilt, den verschiedenen Punkten der Lichtquelle S, die untereinander inkohärent sind. Somit bleiben nur noch

$$a_1(t)a_2^*(t) = \sum_i a_i(t) a_i^*(t) \frac{e^{j2\pi\nu_0\theta}}{r_1 r_2}. \qquad (15.28)$$

Für den Mittelwert ergibt sich dann

$$\overline{a_1(t)a_2^*(t)} = \sum_i \overline{a_i(t) a_i^*(t)} \frac{e^{j2\pi\nu_0\theta}}{r_1 r_2}. \qquad (15.29)$$

Der Ausdruck $a_i(t)a_i^*(t)$ stellt die zu einem beliebigen Punkt M gehörige Energie dar. Da die Anzahl der unabhängig voneinander leuchtenden Zentren, wie z. B. M, in der Lichtquelle sehr groß ist, kann man die in den vorstehenden Gleichungen auftretende Summe durch ein Integral ersetzen. Wenn $J(\eta, \xi)\,\mathrm{d}\eta\,\mathrm{d}\xi$ die zu einem Flächenelement $\mathrm{d}\eta\,\mathrm{d}\xi$ der Lichtquelle gehörende Energie bedeutet, erhält man unter der Voraussetzung $r_1 = r_2 = R$

$$\overline{a_1(t)a_2^*(t)} = \frac{1}{R^2} \iint_S J(\eta,\xi)\, e^{j2\pi\nu_0\theta}\, \mathrm{d}\eta\, \mathrm{d}\xi. \qquad (15.30)$$

Wenn y und z die Koordinaten von T_2 sind, führen wir als neue Variable

$$\frac{y}{CT_1} = u, \qquad \frac{z}{CT_1} = v \qquad (15.31)$$

ein. Nach den klassischen Berechnungen, die bei der Untersuchung der Beugungserscheinungen durchgeführt wurden (Berechnung der Phasendifferenzen), ergibt sich

$$\varphi = 2\pi\nu_0\theta = \Psi_{12} + k_0(u\eta + v\xi), \qquad (15.32)$$

wobei

$$\Psi_{12} = - k_0 \left(\frac{y^2 + z^2}{2\,CT_1}\right) \tag{15.33}$$

und

$$k_0 = \frac{2\pi}{\lambda_0} \tag{15.34}$$

gilt. Wenn der Punkt M im Koordinatenursprung $\eta = \xi = 0$ liegt, erhalten wir

$$\varphi = 2\pi\nu_0\theta = \Psi_{12}. \tag{15.35}$$

Das bedeutet, daß Ψ_{12} die Phasendifferenz darstellt:

$$\Psi_{12} = k_0(CT_2 - CT_1). \tag{15.36}$$

Wenn nun $CT_2 - CT_1 \ll \lambda_0$ ist, kann man Ψ_{12} unberücksichtigt lassen, was im folgenden angenommen werden soll.

Wir wollen nun den Ausdruck in Gleichung (15.30) normieren und erhalten dann

$$\gamma_{12}(0) = \frac{\iint\limits_S J(\eta,\xi)\,\mathrm{e}^{\mathrm{j}\nu_0(u\eta+v\xi)}\,\mathrm{d}\eta\,\mathrm{d}\xi}{\iint\limits_S J(\eta,\xi)\,\mathrm{d}\eta\,\mathrm{d}\xi}. \tag{15.37}$$

Der komplexe Kohärenzgrad $\gamma_{12}(0)$ ist also durch die normierte Fourier-Transformierte der Energieverteilung $J(\eta, \xi)$ der Lichtquelle S gegeben.

15.3. Der Streifenkontrast beim Youngschen Experiment

Die Berechnung des Streifenkontrastes kann man unter Verwendung der Gleichungen (15.23) und (15.37) unmittelbar durchführen. Dazu betrachten wir eine gleich-

mäßig leuchtende kreisförmige Lichtquelle S. Wir erhalten dann

$$\gamma_{12}(0) = \frac{2J_1(z)}{z} \tag{15.38}$$

mit

$$z = \frac{2\pi}{\lambda_0}\,\alpha\,\overline{T_1T_2}, \tag{15.39}$$

wobei $J_1(z)$ die Bessel-Funktion erster Ordnung bedeutet und α den Winkel bezeichnet, unter dem man den von der Lichtquelle kommenden Strahl vom Punkt T_2 aus sieht (Abb. 14.2). Der Streifenkontrast ist dann gegeben durch

$$|\gamma_{12}(0)| = \left|\frac{2\,J_1(z)}{z}\right|. \tag{15.40}$$

Wie man sieht, verschwindet der Streifenkontrast, wenn $J_1(z) = 0$ wird. Das ist für $z = 3{,}83$ erfüllt. Wir erhalten dann also

$$\overline{T_1T_2} = \frac{1{,}22\,\lambda_0}{2\alpha}. \tag{15.41}$$

Diese Berechnungen kann man ohne weitere Abänderungen für die Größe des scheinbaren Durchmessers der Sterne und für viele andere analoge Probleme bei der Anwendung der Michelsonschen Methode verwenden. Im Fall der Michelsonschen Methode kann man mit der Apparatur $\overline{T_1T_2}$ messen, woraus man 2α als den scheinbaren Durchmesser des Sterns bestimmen kann.

16. Korrelationen vierter Ordnung

Wir wollen mit $V_1(t)$ die komplexe Schwingung (analytisches Signal) in einem Punkt T_1 und mit $V_2(t)$ die komplexe Schwingung in einem Punkt T_2 bezeichnen.

Wenn man die Schwingung in T_2 um eine Zeit θ gegenüber der Schwingung in T_1 verschoben betrachtet, kann man die gegenseitige Kohärenz (15.11) wie folgt ausdrücken:

$$\Gamma_{12}(\theta) = \overline{a_1(t+\theta)a_2^*(t)}\,\mathrm{e}^{-j\varphi} = \overline{V_1(t+\theta)\,V_2^*(t)}. \tag{16.1}$$

Die Funktion $T_{12}(\theta)$ stellt eine Korrelation zweiter Ordnung dar. Man kann nun auch an Stelle der Korrelation zwischen den Schwingungen eine Korrelation der Intensitäten betrachten. Wenn $I_1(t+\theta)$ die Intensität zur Zeit $t+\theta$ im Punkt T_1 und $I_2(t)$ die Intensität zur Zeit t im Punkt T_2 angibt, definiert man die Korrelation zwischen den Intensitäten durch den folgenden Ausdruck:

$$\overline{I_1(t+\theta)I_2(t)} = \overline{V_1(t+\theta)\,V_1^*(t+\theta)\,V_2(t)\,V_2^*(t)}, \tag{16.2}$$

der eine Korrelation vierten Grades darstellt. Wenn nun die Lichtquelle beliebige Wellenzüge nach einer GAUSSschen Verteilung aussendet, wie es hier der Fall ist, sieht man, daß die Korrelation vierter Ordnung $\overline{I_1(t+\theta)I_2(t)}$ nicht mehr Informationen enthält als die Korrelation zweiter Ordnung $\overline{V_1(t+\theta)\,V_2^*(t)}$. Die Untersuchung von $\overline{I_1(t+\theta)I_2(t)}$ erlaubt es uns aber, das Kohärenzproblem von einer anderen Seite zu betrachten und zu einfacheren experimentellen Möglichkeiten zu gelangen, um den Kohärenzgrad zu messen.

Ein interessantes Beispiel hierzu bietet das Intensitätsinterferometer von HANBURY-BROWN und TWISS (Abb. 16.1). Die beiden Photomultiplier PM_1 und PM_2 empfangen das Licht, das von einem Stern ausgesandt wird, dessen scheinbaren Durchmesser man bestimmen will. Die von PM_1 und PM_2 erzeugten Ströme sind der empfangenen Lichtintensität proportional. Da das Licht des Sterns aus Wellenzügen besteht, schwanken die

Anodenströme. Sie werden durch die Verstärker A_1 und A_2 verstärkt. Ihr Produkt erhält man mit Hilfe eines linearen Multiplikators B. Man bringt nun in einen der beiden Interferometerarme ein Gerät D ein, mit dessen Hilfe man eine veränderliche zeitliche Verschiebung θ erzeugen kann. Die Berechnungen liefern dann

$$\overline{I_1(t+\theta)I_2(t)} = \overline{I_1(t)I_2(t)} + |\Gamma_{12}(\theta)|^2, \qquad (16.3)$$

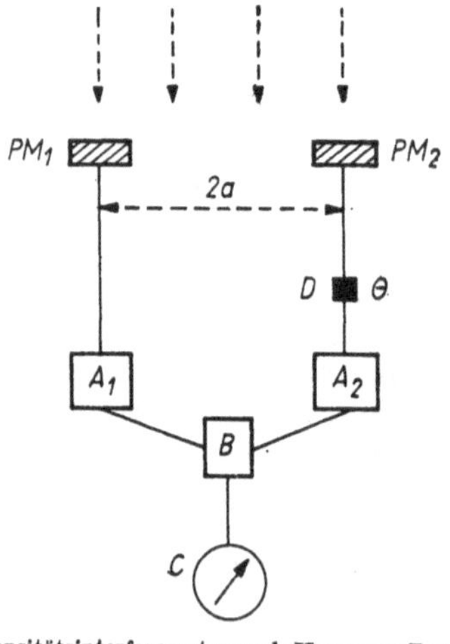

Abb. 16.1. Intensitätsinterferometer nach HANBURY-BROWN und TWISS

wobei $\Gamma_{12}(\theta)$ die gegenseitige Kohärenz (Korrelation zweiter Ordnung) bedeutet und wie oben definiert ist. In Wirklichkeit mißt das Gerät die Schwankungen $\Delta I_1(t)$ und $\Delta I_2(t)$ um die Mittelwerte $\overline{I_1(t)}$ und $\overline{I_2(t)}$, wobei

$$\Delta I_1(t) = I_1(t) - \overline{I_1(t)}, \qquad \Delta I_2(t) = I_2(t) - \overline{I_2(t)} \qquad (16.4)$$

mit $\overline{\Delta I_1(t)} = 0$ und $\overline{\Delta I_2(t)} = 0$ gilt. $I_1(t)$ und $I_2(t)$ bedeuten hier die Momentanwerte der Intensität. Wenn wir eine Normierung durchführen, erhalten wir

$$\overline{\Delta I_1(t+\theta)\Delta I_2(t)} = \overline{I_1(t)} \cdot \overline{I_2(t)}\, |\gamma_{12}(\theta)|^2. \tag{16.5}$$

Tatsächlich ergeben die Photomultiplier PM_1 und PM_2 keine den Momentanwerten $I_1(t)$ und $I_2(t)$ proportionalen Ströme. Die Ströme sind vielmehr den Mittelwerten von $I_1(t)$ und $I_2(t)$ proportional. Diese Mittelwerte werden über eine Zeit T gebildet, die gleich der Auflösungszeit der Photomultiplier ist. Jeder Photomultiplier erzeugt also ein Signal von der Form

$$S(t) = \frac{m}{T} \int_t^{t+T} I(t)\, dt, \tag{16.6}$$

wobei m einen Faktor angibt, der die Empfindlichkeit der Photokathode beschreibt. Man stellt vor jeden Photomultiplier ein Filter auf, das nur das quasimonochromatische Licht durchläßt. Der Koeffizient m ist also praktisch konstant. Hier muß man die Korrelation $\overline{S_1(t+\theta)\, S_2(t)}$ verwenden. Mit $\theta = 0$ findet man

$$\overline{S_1(t) \cdot S_2(t)} = \overline{\Delta S_1(t) \cdot \Delta S_2(t)} + \overline{S_1(t) \cdot S_2(t)} \tag{16.7}$$

und schließlich

$$\overline{\Delta S_1(t) \cdot \Delta S_2(t)} = \overline{S_1(t)} \cdot \overline{S_2(t)}\, \frac{\tau}{T}\, |\gamma_{12}(0)|^2; \tag{16.8}$$

τ bedeutet dabei die Kohärenzzeit des von den Photomultipliern empfangenen Lichtes. Das Gerät mißt die Größe $\overline{\Delta S_1(t) \cdot \Delta S_2(t)}$. Daraus kann man dann den Kohärenzgrad $|\gamma_{12}(0)|$ und weiter den scheinbaren Durchmesser des Sternes bestimmen. Gleichung (16.8) zeigt, daß die Korrelation zum Quadrat des Kohärenz-

grades proportional ist. Außerdem weiß man, daß der Kohärenzgrad mit der Energieverteilung der Lichtquelle zusammenhängt. Die Korrelation $\overline{\Delta S_1(t) \cdot \Delta S_2(t)}$ ist proportional zum Quadrat der Energie. Diese Methode ist nur auf leuchtende Sterne anwendbar. Das Gerät ist übrigens viel einfacher als das von MICHELSON für dieses spezielle Problem benutzte Interferometer. Der Einfluß des atmosphärischen Flimmers ist hierbei schwächer.

Literatur

1. M. J. BERAN and G. B. PARRENT, Theory of partial coherence, Prentice-Hall Intern. Series in Elec. Engrg., Prentice-Hall, London 1964.
2. M. BORN et E. WOLF, Principles of Optics, Pergamon Press New York 1964.
3. R. HANBURY-BROWN and R. Q. TWISS, Interferometry of the intensity fluctuations in light. I. Basic Theory: The correlation between photons in coherent beams of radiation, Proc. Roy. Soc. London **A 242**, 300 (1957); II. An experimental test of the theory for partially coherent light, ibid. **A 243**, 291 (1957); III. Applications to astronomy, ibid. **248**, 199 (1958).
4. H. H. HOPKINS, The concept of partial coherence in optics, Proc. Roy. Soc. London **A 208**, 263 (1951).
5. L. MANDEL, Fluctuations of light beams, Progress in Optics **2**, 183 (1963).
6. E. L. O'NEILL, Introduction to statistical optics, Addison-Wesley, Reading, Mass., 1963.

V. HOLOGRAPHIE

17. Historischer Überblick

D. Gabor hat im Jahre 1948 eine neue Methode, die „Holographie", beschrieben, bei der man das Bild eines Gegenstandes mit Hilfe der von dem Gegenstand erzeugten Beugungsfigur erhalten kann. Dieser Vorgang vollzieht sich in zwei Schritten:

a) Man photographiert ein von dem Objekt erzeugtes Fresnelsches Beugungsbild auf einem kohärenten Untergrund. Man erhält auf diese Weise das Hologramm. Das so erzeugte Hologramm hat keinerlei Ähnlichkeit mit dem Objekt. Es enthält jedoch alle notwendigen Informationen, Amplitude und Phase, um das Objekt zu rekonstruieren.

b) Das Hologramm wird mit einem parallelen monochromatischen Lichtbündel beleuchtet. Die Schwärzungsunterschiede auf der Photoplatte, auf der das Hologramm aufgenommen wurde, erzeugen wiederum eine Beugungserscheinung, und man erhält Bilder des Objektes.

Bei dem von D. Gabor angegebenen Verfahren überlagerten sich die mit dem Hologramm erhaltenen Bilder. Übrigens war 1948 die Erzeugung des kohärenten Untergrundes sehr schwierig, da die damals bekannten Lichtquellen nicht genügend monochromatisch waren. In der Holographie wird die Lichtquelle sowohl zur Beleuchtung des Objektes als auch zur Erzeugung des kohärenten Untergrundes benutzt. Wenn das Objekt ziemlich groß ist, muß auch die Kohärenzlänge des verwendeten Lichtes hinreichend groß sein. Als D. Gabor seine ersten Ver-

suche durchführte, erfüllten die Lichtquellen diese Anforderungen noch nicht. Erst im Jahre 1962 haben die Physiker der Universität Michigan, besonders F. N. Leith und J. Upatnieks, Gabors Methode entscheidend weiterentwickelt. Die vorhandenen Probleme konnten auf Grund folgender Tatsachen gelöst werden:

a) Das auf die Photoplatte auftreffende Lichtbündel, das den kohärenten Untergrund erzeugt, bildet mit dem am Objekt gebeugten Bündel einen ziemlich großen Winkel. Dadurch ist es möglich, Bilder zu erhalten, die sich während der Beobachtung nicht mehr überlagern.

b) Die Intensität und die Kohärenzlänge des Laserlichtes ermöglichen eine leichte Realisierung des Verfahrens.

Es sollen zunächst einige grundlegende Begriffe über Gitter und photographische Emulsionen ins Gedächtnis zurückgerufen werden. Diese Kenntnisse sind unentbehrlich, wenn man den physikalischen Mechanismus der Holographie verstehen will.

18. Beugung am Gitter

18.1. Beugung an einem Gitter in Abhängigkeit von seinem Profil

Wir betrachten ein Amplitudengitter, das aus einer großen Anzahl von schmalen, gleichartigen, parallelen und äquidistanten Spalten besteht. Alle diese Spalte sollen sich in der gleichen Ebene befinden. Den Abstand zwischen zwei entsprechenden Punkten zweier aufeinanderfolgender Spalte nennt man Gitterperiode oder Gitterkonstante. In der Gitterebene kann man in einer senkrecht zu den Spalten verlaufenden Richtung die durchgelassene Amplitude durch die Kurve in Abb. 18.1 darstellen.

Wir beleuchten das Gitter R mit einem zur Gitterebene senkrecht verlaufenden Bündel paralleler Strahlen (Abb. 18.2). Die im Unendlichen liegende, punktförmige Lichtquelle, die in Abb. 18.2 nicht dargestellt ist, möge monochromatisches Licht der Wellenlänge λ aussenden. Wie in Abb. 18.2 dargestellt, wird am Gitter R eine große Anzahl von Bündeln abgebeugt. Jedes der gebeugten Bündel ist wie das einfallende Bündel, ein Bündel paralleler Strahlen. Die gebeugten Bündel können mit Hilfe eines Objektivs O in die Brennebene dieses Objektivs abgebildet werden (Abb. 18.3). Die verschiedenen Bündel ergeben Bilder der punktförmigen Lichtquelle. In S_0 befindet sich das direkte Bild. In S_1 und S_1' liegen die beiden Spektren erster Ordnung, in S_2 und S_2' die beiden Spektren zweiter Ordnung usw. Die Intensität der einzelnen Spektren nimmt mit wachsender Ordnung der Spektren ab.

Wir können analoge Erscheinungen beobachten, wenn wir das Amplitudengitter durch ein Phasengitter ersetzen. Ein solches Phasengitter kann man sich schematisch als eine planparallele Glasplatte vorstellen, auf die man eine Reihe von kleinen rechteckigen durchsichtigen Plättchen, deren Länge sehr groß im Verhältnis zu ihrer Breite ist, aufgebracht hat. Ihre Dicke sei e und ihr Brechungsindex n. Die Plättchen liegen parallel zueinander und sind durch Luftzwischenräume voneinander getrennt (Abb. 18.4). Wir wollen nun das Gitter in Abb. 18.3 durch das Phasengitter ersetzen. Man beobachtet dann wieder ein direktes Bild S_0 und die Spektren höherer Ordnung S_1, S_1', S_2, S_2' usw. Das Verhältnis der Intensität der einzelnen Spektren zur Intensität des direkten Bildes S_0 hängt von der optischen Dicke der aufgebrachten durchsichtigen Plättchen ab.

Wir betrachten nun ein Gitter, dessen *Amplitudendurchlässigkeit* durch eine Gesetzmäßigkeit von der Form $\cos^2 x$ gegeben ist (Abb. 18.5). Ein solches Gitter wird als Sinusgitter bezeichnet. Die Erfahrung zeigt, daß hierbei neben dem direkten Bild S_0 nur noch die beiden Spektren

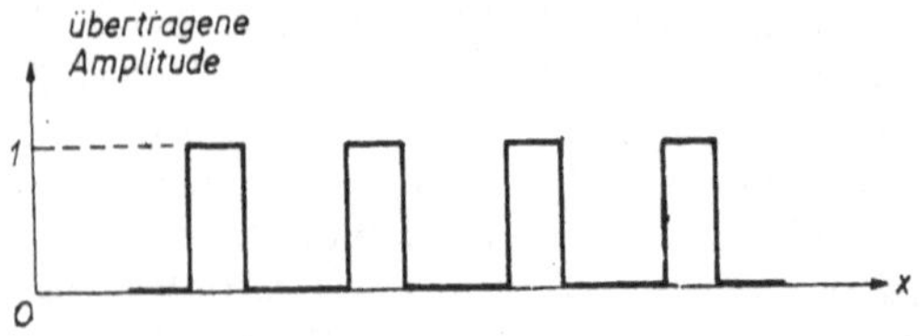

Abb. 18.1. Profil eines Amplitudengitters

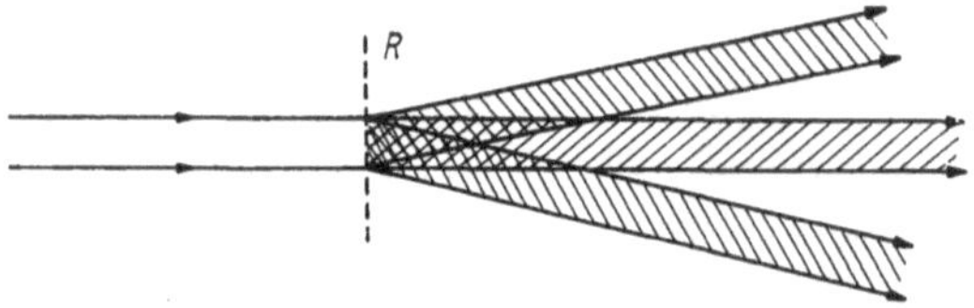

Abb. 18.2. Die an einem Gitter abgebeugten Bündel

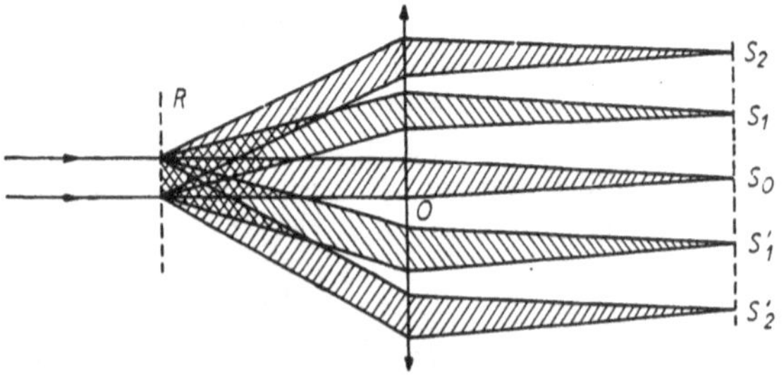

Abb. 18.3. Beobachtung der Spektren im Brennpunkt eines Objektivs O

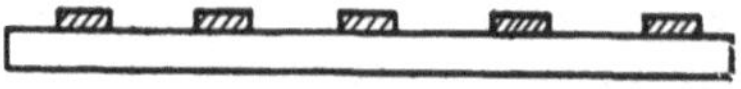

Abb. 18.4. Phasengitter

erster Ordnung S_1 und S_1' auftreten. Dieses Ergebnis findet man leicht, indem man die FOURIER-Transformierte der Funktion $\cos^2 x$, die die Amplitudenverteilung darstellt, berechnet. Man erhält so die Beugungserscheinung des Sinusgitters im Unendlichen. Es muß hier besonders darauf hingewiesen werden, daß man andere Spektren erhält, wenn die Amplitudendurchlässigkeit nicht mehr nach dem Gesetz $\cos^2 x$ verläuft. Die Inten-

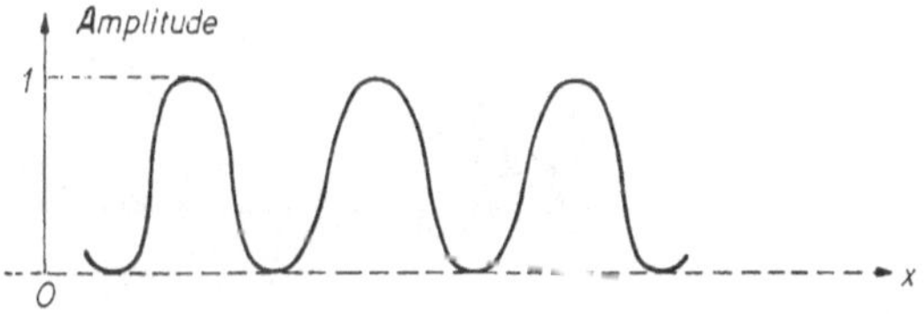

Abb. 18.5. Sinusförmiges Amplitudengitter

sität dieser Spektren kann man untersuchen, indem man eine harmonische Analyse des Gitterprofils vornimmt.

Es ist möglich, die nach der Gesetzmäßigkeit $\cos^2 x$ verlaufende Amplitudenänderung durch eine Phasenänderung zu ersetzen, die ebenfalls durch die Funktion $\cos^2 x$ beschrieben wird. Man erhält genau wie beim sinusförmigen Amplitudengitter das direkte Bild und zwei Spektren, deren Intensität von den Phasenänderungen abhängt.

18.2. *Photographische Aufzeichnung eines sinusförmigen Amplitudengitters*

Die von einem Gitter erzeugten Spektren spielen in der Holographie eine wichtige Rolle. Es ist dabei zweckmäßig, wie wir später sehen werden, ihre Anzahl soweit wie möglich zu verringern. Wir werden daher immer versuchen, solche Gitter zu verwenden, bei denen sich nur zwei Spektren ergeben.

Wir betrachten nun wieder das Amplitudengitter, das in Abb. 18.5 dargestellt ist. Ein solches Gitter wollen wir photographisch aufzeichnen, um mit der so erhaltenen photographischen Aufnahme das in Abb. 18.3 beschriebene Experiment durchzuführen. Um nur das direkte Bild und zwei Spektren zu erhalten, muß das Amplitudenprofil auf dem Negativ entsprechend der Funktion $\cos^2 x$ verlaufen.

Es sei an dieser Stelle noch kurz an einige Definitionen zur Beschreibung der Eigenschaften einer photographischen Emulsion erinnert. Wir wollen mit E die auf die Photoplatte auffallende Belichtungsintensität bezeichnen. Nach der Entwicklung beleuchten wir das erhaltene Negativ. I_0 sei die einfallende und I die vom Negativ durchgelassene Intensität. Man nennt dann die folgende Beziehung die Transparenz des Negativs:

$$T = \frac{I}{I_0}. \tag{18.1}$$

Sie nimmt immer einen Wert an, der kleiner als eins ist, Den Logarithmus $1/T$ nennt man die Schwärzung D des Negativs:

$$D = \log \frac{1}{T}. \tag{18.2}$$

Bezeichnet man mit t die Amplitudentransparenz, so gilt

$$T = t^2, \qquad D = \log \frac{1}{t^2}. \tag{18.3}$$

Wenn E die Belichtungsintensität der Platte angibt und τ die Belichtungszeit bedeutet, erhält man für die von der Photoplatte aufgenommene Energiedichte $W = E\tau$.

Diejenige Kurve, die die Schwärzungsänderungen D (auf dem Negativ) als Funktion des Logarithmus der von der Platte aufgenommenen Energiedichte W angibt, wollen wir Schwärzungskurve oder charakteristische

Kurve der Emulsion nennen (Abb. 18.6). Diese Kurve besitzt einen geradlinigen Teil BC, der dem Bereich der normalen Belichtung entspricht. Die beiden anderen Teilstücke der Schwärzungskurve entsprechen der Unter-

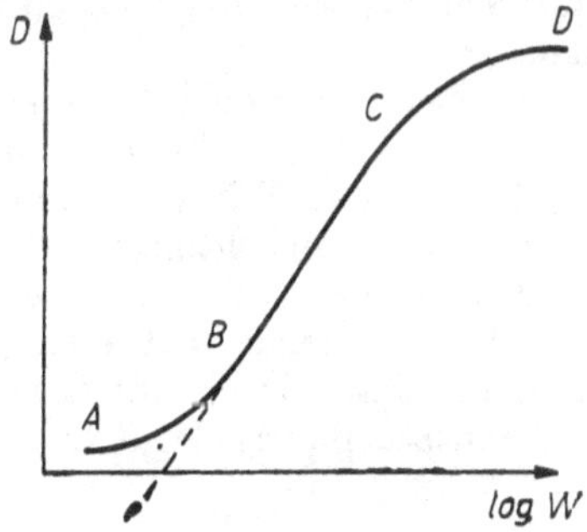

Abb. 18.6. Schwärzungskurve einer photographischen Emulsion

belichtung (AB) bzw. der Überbelichtung (CD). Wenn γ die Neigung des geradlinigen Teils der Schwärzungskurve angibt, kann man für diesen Bereich

$$D = \gamma \log \frac{W}{W_0} \tag{18.4}$$

schreiben, wobei W_0 eine Konstante ist. Entsprechend den in Abschnitt 18.1 behandelten Problemen ist der Zusammenhang zwischen der (vom Negativ) durchgelassenen *Amplitude* t und der von der Photoplatte aufgenommenen Energiedichte W für uns besonders interessant. In Abb. 18.7 ist die Funktion $t = f(W)$ graphisch dargestellt. Auch sie besitzt einen geradlinigen Teil BC, der eine sehr wichtige Rolle spielt. Es kann hier festgestellt werden, daß der geradlinige Teil BC der Kurve $t = f(W)$ dem Bereich der Unterbelichtung AB der

Schwärzungskurve in Abb. 18.6 entspricht. Wenn man nur eine einzige Aufnahme herstellen will, ist es nicht notwendig, die Belichtungszeit zu berücksichtigen; denn die von der Photoplatte aufgenommene Energiedichte ist der einfallenden Belichtungsintensität E direkt proportional. Man kann also die Erscheinungen auch mit Hilfe

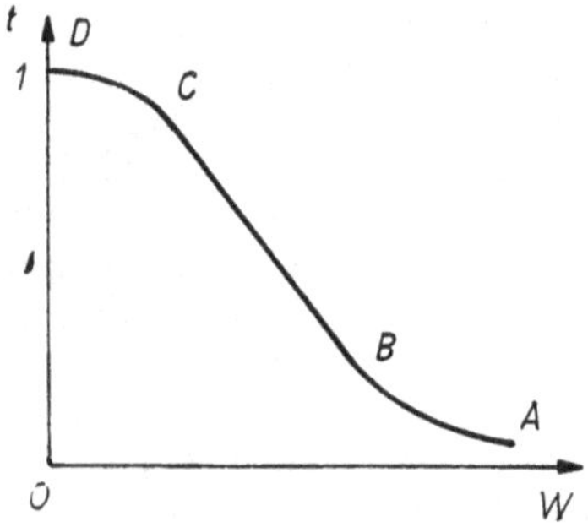

Abb. 18.7. Vom Negativ durchgelassene Amplitude als Funktion der von der Photoplatte aufgenommenen Energiedichte

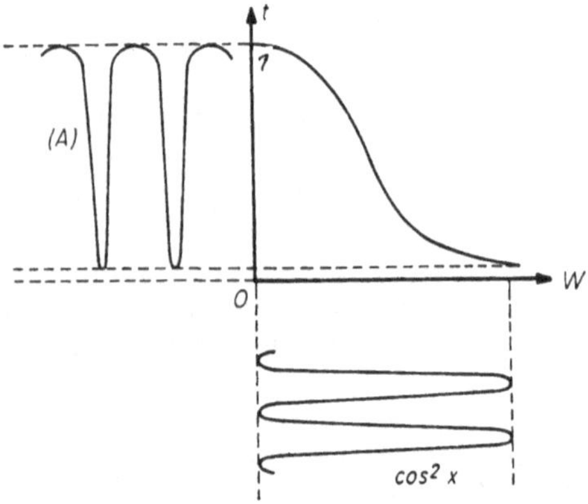

Abb. 18.8. Verzerrung des von einer Photoplatte aufgenommenen Signals

der Kurve $t = f(E)$ untersuchen, die den Zusammenhang zwischen t und E beschreibt. Wir belichten die Photoplatte durch Kontakt mit einem Sinusgitter der Form $\cos^2 x$. Die auf die Photoplatte auftreffende Belichtungsintensität wird durch dieselbe Funktion beschrieben. Die von der entwickelten Photoplatte (Negativ) durchgelassene Amplitude t wird in Abb. 18.8 dargestellt. Die einfallende Belichtungsintensität, die nach der Gesetzmäßigkeit $\cos^2 x$ verläuft, ist schematisch durch die unter der Abszissenachse OW liegende Kurve dargestellt. Die Kurve (A) beschreibt die vom Negativ durchgelassene Amplitude t. Man sieht deutlich, daß die Reproduktion der Amplitude nicht getreu ist. Die photographische Aufnahme liefert also nicht dieselben Ergebnisse wie das Originalgitter selbst. Man wird daher nicht nur das direkte Bild und zwei Spektren erhalten, da, wie wir bereits früher sahen, jede Abweichung des Profils von $\cos^2 x$ zusätzliche Spektren erzeugt. Man kann aber trotzdem zu dem gewünschten Ergebnis gelangen, d. h. nur das direkte Bild und zwei Spektren erhalten, wenn man das Verfahren ein wenig abändert. Wir verwenden dazu ein Gitter, dessen Transparenz vom Typ $a + b \cos^2 x$ sein soll, wobei a und b zwei Konstanten sind. Die auf die Photoplatte auffallende *Belichtungsintensität* zeigt ebenfalls einen Verlauf der Form $a + b \cos^2 x$. Man möchte nun erreichen, daß die vom Negativ *durchgelassene Amplitude* die gleiche Form hat. Dazu ist es notwendig, daß die maximale Amplitude $a + b$ und die minimale Amplitude a in den geradlinigen Teil CB der Kurve $t = f(W)$ (Abb. 18.7) fallen. Unter diesen Bedingungen kann die vom Negativ durchgelassene Amplitude durch die Funktion $a' - b' \cos^2 x$ beschrieben werden, wobei a' und b' zwei andere Konstanten sind (Abb. 18.9). Diesmal liegt eine getreue Reproduktion der Amplitude vor. Im Vergleich zu der in Abb. 18.5 dargestellten Kurve ist das Gitter hier nur kontrastärmer, da keine Minima mit dem Wert Null auftreten. Beleuchtet man das so erhaltene Gitter mit einem Bündel paralleler Strahlen, so

erhält man nur ein direktes Bild und zwei Spektren. Im Verhältnis zum direkten Bild sind die beiden Spektren weniger intensiv als bei Verwendung des in Abb. 18.5 dargestellten Gitters. Dieses Ergebnis findet man leicht, wenn man die FOURIER-Transformierte der Amplitudenverteilung $a' - b' \cos^2 x$ ausrechnet.

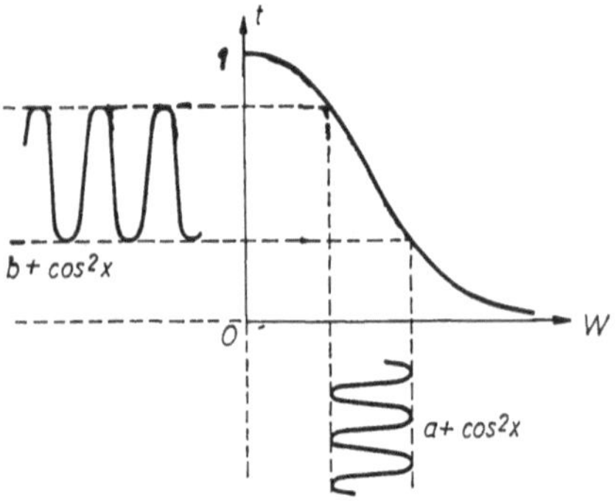

Abb. 18.9. Ausnutzung des geradlinigen Teils der Kurve $t = f(W)$

18.3. „Gebleichte" photographische Aufnahmen

Wir tauchen das Negativ, auf dem sich das Bild eines Sinusgitters befindet, in eine geeignete Lösung, so daß das metallische Silber aufgelöst wird. Die Dicke der Emulsion verringert sich an den Stellen, an denen sich metallisches Silber befindet. Sie nimmt um so mehr ab, je stärker das metallische Silber ist, d. h., je stärker das Negativ belichtet ist. Auf diese Weise haben wir ein richtiges Phasengitter erzeugt. Die Vertiefungen in der Emulsion erzeugen durch ihre Lage und ihre Tiefe ein Profil von der Form $a + b \cos^2 x$. Eine solche photographische Aufnahme nennt man „gebleicht". Beleuchtet man diese mit einem Bündel paralleler Strahlen, so erhält man ein direktes Bild und zwei Spektren.

18.4. Beugung an einem kreisförmigen Gitter. Photographische Aufzeichnung eines kreisförmigen Gitters

Wir wollen nun ein kreisförmiges Gitter betrachten, das wir auf folgende Weise herstellen. Auf einem weißen Blatt Papier zeichnen wir eine Anzahl von Kreislinien, deren Radien sich wie die Quadratwurzeln aus der Folge der ganzen Zahlen verhalten. Man färbt jeden zweiten Zwischenraum zwischen zwei Kreislinien schwarz und photographiert die so entstandene Figur (Zonengitter).

Das Intensitätsprofil dieses Gitters ist in Abb. 18.10 dargestellt. Beleuchten wir nun ein solches kreisförmiges

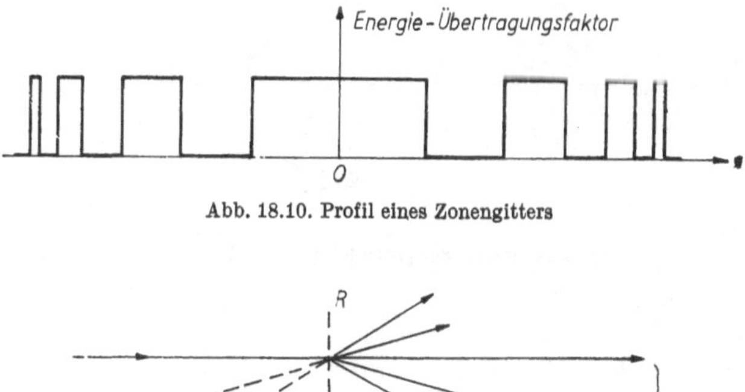

Abb. 18.10. Profil eines Zonengitters

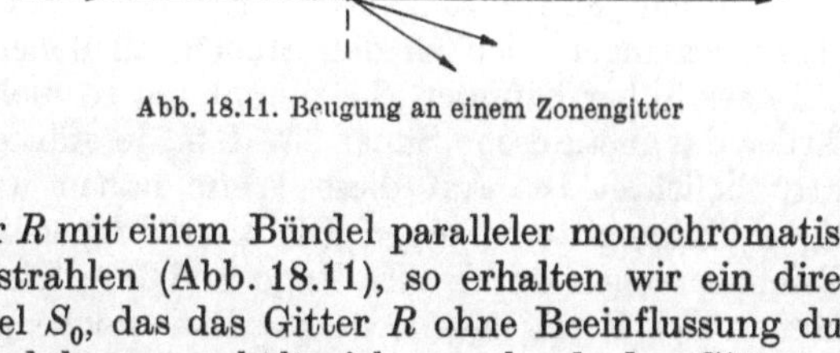

Abb. 18.11. Beugung an einem Zonengitter

Gitter R mit einem Bündel paralleler monochromatischer Lichtstrahlen (Abb. 18.11), so erhalten wir ein direktes Bündel S_0, das das Gitter R ohne Beeinflussung durchläuft, d. h., es verhält sich so, als ob das Gitter nicht vorhanden wäre. Daneben findet man eine Reihe virtueller Bilder S_1, S_2, S_3 usw., die zu einer im Unendlichen

liegenden punktförmigen Lichtquelle S als Objekt gehören. Ebenso ergibt sich eine Anzahl von reellen Bildern S_1', S_2' usw. Alle diese Bilder liegen wie die Lichtquelle S selbst auf der Achse des Gitters. Das Gitter wirkt also wie eine richtige Linse mit zahlreichen Brennpunkten. Die Bilder S_1 und S_1', S_2 und S_2' usw. übernehmen hier die Rolle der Spektren, wie sie in Abb. 18.3 dargestellt sind. Diese Bilder oder Spektren sind für die Holographie von besonderer Wichtigkeit. Wie wir später sehen werden, ist es zweckmäßig, ihre Anzahl auf ein Minimum, d. h. auf zwei, zu beschränken.

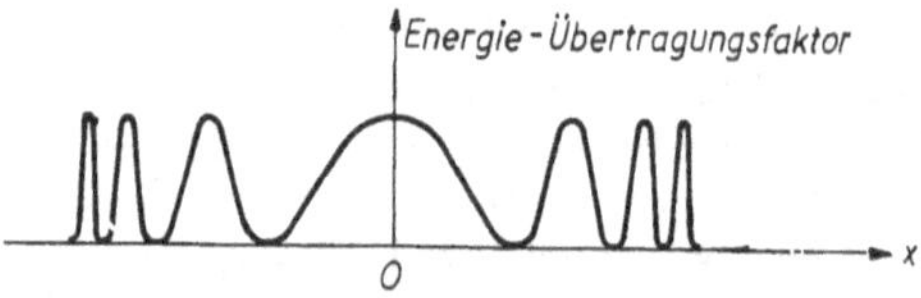

Abb. 18.12. Profil eines sinusförmigen Zonengitters

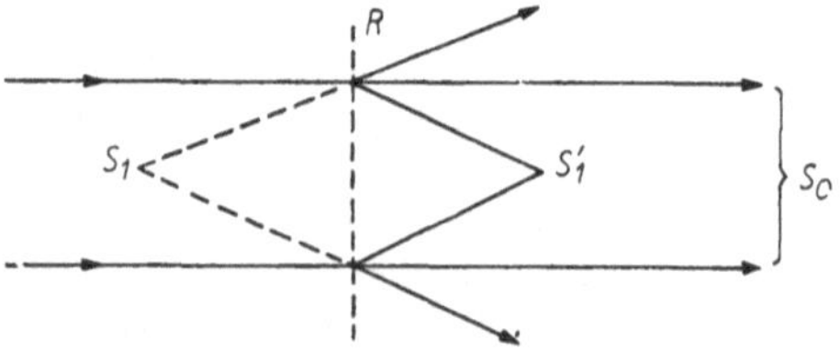

Abb. 18.13. Beugung an einem sinusförmigen Zonengitter

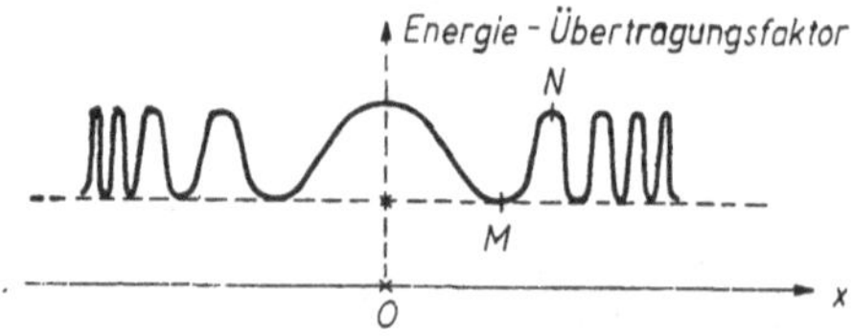

Abb. 18.14. Profil eines sinusförmigen Zonengitters mit reduziertem Kontrast

Wir wollen nun ein Gitter betrachten, bei dem der Übergang von einem Maximum zum nächsten Minimum mit dem Wert Null nicht mehr sprunghaft, sondern stetig erfolgt (Abb. 18.12). Die Änderungen der Transparenz lassen sich durch die Formel $\cos^2 x^2$ darstellen. Das in Abb. 18.12 dargestellte Gitter (sinusförmiges Zonengitter) spielt im Verhältnis zu dem in Abb. 18.10 angegebenen Gitter eine analoge Rolle wie das in Abb. 18.5 dargestellte Gitter im Verhältnis zu dem in Abb. 18.1 abgebildeten. Wir wollen uns nun vorstellen, daß man das in Abb. 18.12 dargestellte Gitter durch eine photographische Aufnahme derart reproduzieren kann, daß die von dem Negativ durchgelassene Amplitude wieder durch eine Funktion $\cos^2 x^2$ beschrieben werden kann. Wir beleuchten nun diese photographische Aufnahme mit einem Bündel paralleler Strahlen. Man beobachtet in diesem Fall nicht mehr eine ganze Reihe von Bildern auf der Achse, sondern nur noch zwei Bilder, ein virtuelles S_1 und ein reelles S_1', sowie das direkte Bündel S_0 (Abb. 18.13). Nach den oben stehenden Ausführungen kann das Negativ der Form $\cos^2 x^2$ tatsächlich außer den beiden auf der Achse liegenden Bildern keine weiteren durchlassen. Intensität und Lage dieser beiden Bilder hängen vom Profil des photographisch erzeugten Gitters ab.

Um nun die beiden Bilder S_1 und S_1', wie in Abb. 18.13 eingezeichnet, zu erhalten, kann man wie bereits oben beschrieben (Abschnitt 18.3) vorgehen. Wir stellen uns ein Gitter her, das das gleiche Profil wie das in Abb. 18.12 dargestellte besitzt, aber weniger kontrastreich ist (Abb. 18.14). Die Minima M und die Maxima N liegen hierbei im geradlinigen Teil der Kurve $t = f(W)$ der photographischen Emulsion. Auf diese Weise liefert die Reproduktion eine getreue Wiedergabe. Das photographisch reproduzierte Gitter erzeugt bei Beleuchtung mit einem Bündel paralleler Strahlen ein direktes Bündel S_0 und die beiden Bilder S_1 und S_1'. Wie bei dem in Abschnitt 18.2 behandelten Fall ist der größere Teil der

Lichtenergie im direkten Bündel S_0 enthalten, und die Intensität von S_1 und S_1' verringert sich.

Man kann die photographische Aufnahme eines solchen Gitters „bleichen" und somit das ursprüngliche Amplitudengitter in ein Phasengitter umzuwandeln.

19. Aufzeichnung von Hologrammen und Rekonstruktion

19.1. Rekonstruktion des Bildes eines leuchtenden Punktes

Das Problem, das wir nun stellen wollen, kann wie folgt beschrieben werden: Mit einer punktförmigen Lichtquelle belichten wir eine Photoplatte. Nach der Entwicklung der Platte wollen wir das Negativ dazu benutzen, um ein Bild der Lichtquelle zu erhalten. Wir betrachten hierzu zunächst das folgende einfache Experiment (Abb. 19.1): Auf eine Photoplatte P fallen zwei parallele Bündel aus monochromatischem Licht. Das

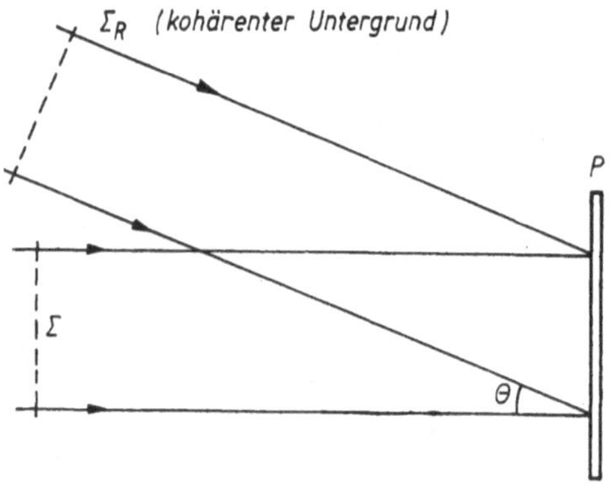

Abb. 19.1. Interferenz zweier kohärenter ebener Wellen

eine entspricht einer ebenen Welle Σ, das zweite einer anderen ebenen Welle Σ_R. Die beiden Wellen Σ und Σ_R sind untereinander *kohärent*. Wir wollen Σ_R als Referenzwelle bezeichnen. In der Ebene der Photoplatte P interferieren die beiden Wellen Σ und Σ_R miteinander. Wir erhalten eine Reihe von geradlinigen, parallelen und äquidistanten Interferenzstreifen, die senkrecht zur Ebene der beiden Wellen Σ und Σ_R, die einen Winkel θ miteinander einschließen, verlaufen. Auf diese Weise erhalten wir auf der Platte ein sinusförmiges Amplitudengitter. Diese Erscheinung kann man photographieren und dann die Platte entwickeln. Auf dem Negativ erhält man die in Abschnitt 18.2 angegebenen Ergebnisse. Beleuchtet man das Negativ mit einem Bündel paralleler monochromatischer Strahlen, das senkrecht auf die Platte auftrifft, so kann man eine gewisse Zahl von Spektren beobachten; denn die Amplitudendurchlässigkeit des Negativs kann nicht durch die Funktion $\cos^2 x$ beschrieben werden. Wenn wir nun zwei gebeugte Bündel erzeugen wollen, so müssen wir die in Abschnitt 18.2 angegebene Methode verwenden. Wir wollen es nun so einrichten, daß die Referenzwelle Σ_R eine größere Amplitude als die Welle Σ besitzt. Aus der gewöhnlichen Theorie der Interferenzen ergibt sich, daß sich bezüglich der Lage der Interferenzstreifen auf P dabei nichts ändert. Lediglich der *Streifenkontrast* nimmt ab. Es liegt hier der Fall vor, der in Abb. 18.9 dargestellt ist. Die Amplitudendurchlässigkeit des Negativs wird durch die Funktion $a + b \cos^2 x$ beschrieben. Durch das Negativ werden außer dem direkten Bündel nur noch zwei Spektren erzeugt. Wir wollen nun dasselbe Verfahren durchführen, verwenden aber als Welle Σ jetzt eine Kugelwelle (Abb. 19.2). Die Welle Σ wird von einer punktförmigen monochromatischen Lichtquelle ausgesendet, die sich in einem endlichen Abstand vor der Platte P befindet. Die ebene Referenzwelle Σ_R, die den kohärenten Untergrund erzeugt, wird an einer halbdurchlässigen Platte G reflektiert. Die Wellen Σ und Σ_R interferieren in

den Bereichen, in denen sie sich überlagern, d. h. insbesondere in der Ebene der Platte P. Wie wird die Interferenzerscheinung in diesem Fall aussehen? Wenn die Gerade SO senkrecht zu P verläuft, erhalten wir eine

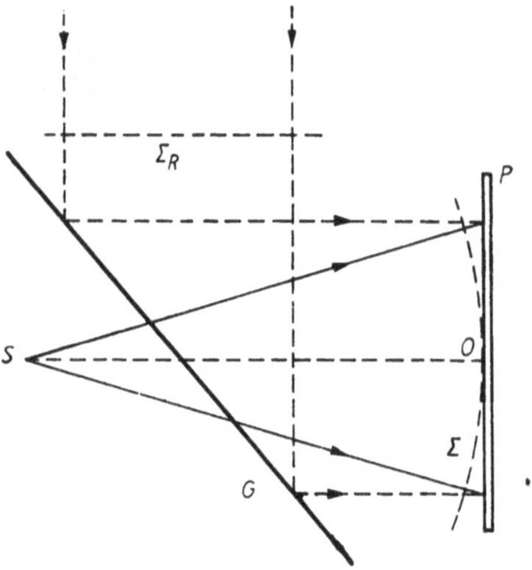

Abb. 19.2. Interferenz einer ebenen Welle Σ_R mit einer Kugelwelle Σ

bezüglich SO rotationssymmetrische Interferenzerscheinung. Die Streifenstruktur entspricht der in Abb. 18.12 dargestellten, wobei man voraussetzen muß, daß die Amplituden der beiden Wellen in P gleich sind. Wenn man nach dem Entwickeln der Photoplatte das Negativ mit einem Bündel paralleler monochromatischer Strahlen beleuchtet, kann man eine Reihe von Bildern beobachten; denn das Negativ ergibt eine Amplitudenverteilung, die nicht durch die Funktion $\cos^2 x$ beschrieben werden kann. Die Anzahl und die Intensität dieser Bilder sind von der Form der Amplitudenverteilung des Negativs abhängig. Um einen solchen Verlauf zu erhalten, wie

er in Abb. 18.14 dargestellt ist, muß, wie oben, die Amplitude der Referenzwelle Σ_R (kohärenter Untergrund) größer als die der Welle Σ sein. Wir wollen nun eine diesen Bedingungen genügende photographische Aufnahme verwenden, die entwickelt wird. Das so erhaltene Negativ beleuchten wir mit einem senkrecht zur Platte verlaufenden Bündel paralleler Strahlen, wobei das verwendete Licht immer dieselbe Wellenlänge besitzen möge. Wir erhalten dann dasselbe Bild, das in Abb. 18.13 dargestellt ist, d. h. neben einem reellen und einem virtuellen Spektrum das direkt durchgehende Bündel (Abb. 19.3). Wenn sich das Auge hinter dem Negativ P befindet, wird es das virtuelle Bild S_1 der Lichtquelle S, die ursprünglich die Photoplatte belichtet hat, sehen, wobei das Bild dem Objekt vollkommen entspricht. Auf diese Weise wurde *die Kugelwelle* Σ und damit auch die *punktförmige Lichtquelle selbst rekonstruiert.*

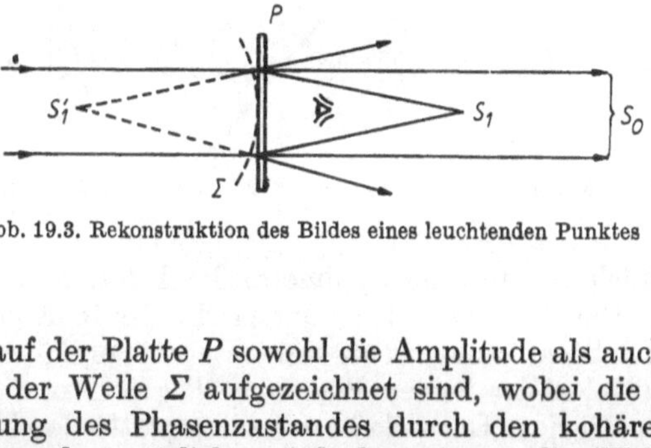

Abb. 19.3. Rekonstruktion des Bildes eines leuchtenden Punktes

Da auf der Platte P sowohl die Amplitude als auch die Phase der Welle Σ aufgezeichnet sind, wobei die Aufzeichnung des Phasenzustandes durch den kohärenten Untergrund ermöglicht wird, kann man die Welle Σ rekonstruieren. Wenn diese Welle eine Kugelwelle ist, kann das Objekt, von dem sie erzeugt wird, rekonstruiert werden. In diesem Fall wird also ein punktförmiges Objekt rekonstruiert. Das unter den oben beschriebenen Bedingungen erhaltene Negativ nennen wir ein Fresnelsches „*Hologramm*“.

Man muß hierzu bemerken, daß sich die zu S_1, S_1' und S gehörenden Bündel gegenseitig überdecken, wodurch die Beobachtung des Bildes S_1 gestört werden kann. Um diese Störung zu beseitigen, kann man den bei einem Sinusgitter (Abb. 18.2) auftretenden Effekt der Winkel-

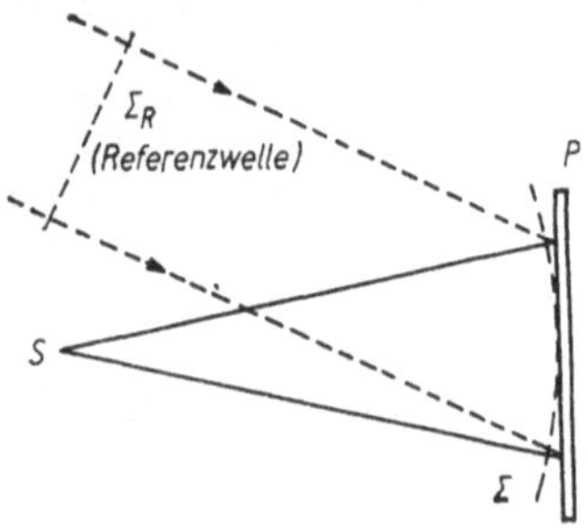

Abb. 19.4. Interferenz einer Kugelwelle mit einer geneigten ebenen Welle

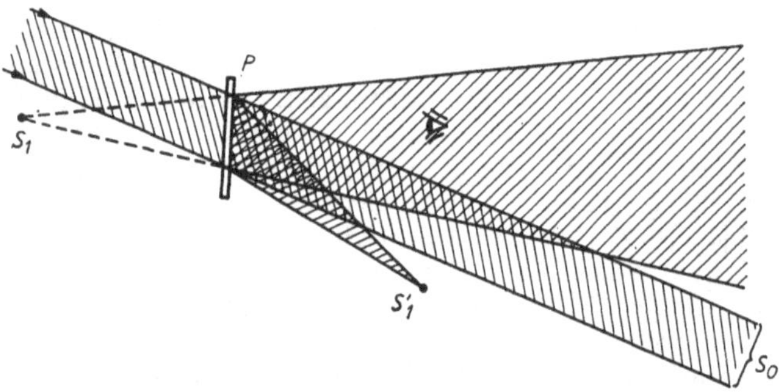

Abb. 19.5. Trennung der Bündel bei der Rekonstruktion

trennung mit der in Abb. 19.2 beschriebenen Anordnung kombinieren. Man muß dazu nur das kohärente Referenzbündel schräg einfallen lassen (Abb. 19.4). Man verwendet dabei wie früher zur Erzeugung des kohärenten Unter-

grundes auf der Photoplatte P eine Welle mit einer Amplitude, die größer ist als die der Welle Σ. Beleuchten wir die entwickelte Platte mit einem Bündel paralleler Strahlen, das *die gleiche Neigung* wie das bei der Aufzeichnung verwendete Bündel besitzt, so ergeben sich die in Abb. 19.5 dargestellten Verhältnisse. Bei der in Abb. 19.3 dargestellten Anordnung könnte man die beiden abgebeugten Bündel durch einen Gittereffekt, der dem in Abb. 18.2 beschriebenen analog ist, ablenken. Wir erhalten dann ein virtuelles Bild S_1 und ein reelles Bild S_1'. Das virtuelle Bild S_1 verhält sich bezüglich des Hologramms P wie die Lichtquelle S bezüglich der unbelichteten Photoplatte. Infolge der Trennung der Bündelrichtungen kann das Auge das virtuelle Bild S_1 ohne Schwierigkeiten beobachten, d. h. ohne Störungen durch die anderen Bündel.

19.2. Rekonstruktion eines dreidimensionalen Bildes eines beliebigen Objektes. Fresnelsches Hologramm

Wir wollen nun ein beliebiges streuendes Objekt A betrachten (Abb. 19.6). Es werde von einer punktförmigen Lichtquelle L beleuchtet, deren zeitliche Kohärenz groß genug ist, so daß die an allen Punkten des Objektes A gebeugten und gestreuten Wellen kohärent sind. Die Quelle L (Laser) befinde sich im Brennpunkt eines Objektivs O. Die eine Hälfte des austretenden Bündels wird zur Beleuchtung des Objektes verwendet, während die andere Hälfte dazu dient, nach ihrer Reflexion an einem ebenen Zusatzspiegel M als ebene kohärente Welle Σ_R (Referenzwelle) auf der Photoplatte P den kohärenten Untergrund zu erzeugen. Ein beliebiger Punkt s_1 des von L beleuchteten Objektes A streut das Licht auf die Photoplatte P, die also von einer vom Punkt s_1 ausgehenden Kugelwelle Σ getroffen wird. Sie interferiert mit der kohärenten Welle Σ_R unter den gleichen Bedingungen, die bereits früher beschrieben wurden. Die beiden Wellen Σ und Σ_R sind vollständig kohärent; denn

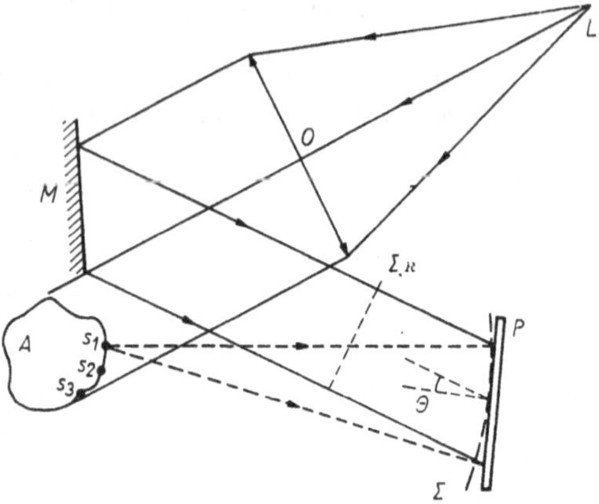

Abb. 19.6. Aufzeichnung des Hologramms eines streuenden Objektes A

sie werden von derselben Lichtquelle ausgesendet. Auf die gleiche Art kann man alle anderen Punkte s_2, s_3 usw. des Objektes A behandeln, von denen Licht auf die Platte P gelangt.

Wir beleuchten nun das so erzeugte Hologramm mit einem Bündel paralleler Strahlen, das die gleiche Neigung wie das bei der Aufzeichnung verwendete Bündel besitzt

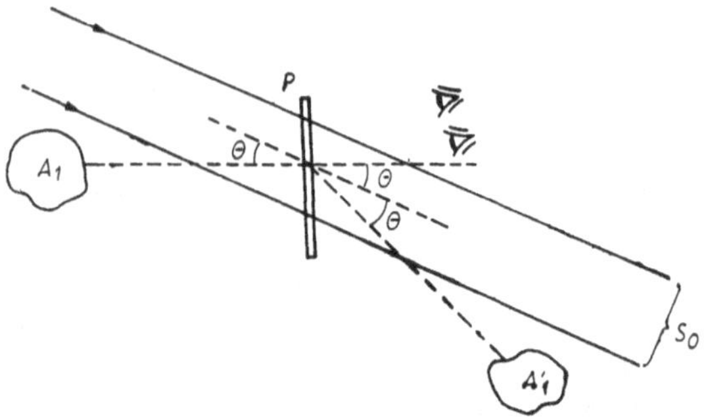

Abb. 19.7. Rekonstruktion und Beobachtung des virtuellen Bildes

(Abb. 19.7). Wir können die im Abschnitt 19.1 erhaltenen Ergebnisse übernehmen.

Da wir hier Linearität vorausgesetzt hatten (Reproduktion im geradlinigen Teil der Kurve $t = f(W)$), rekonstruieren die virtuellen Bilder S_1, S_2 usw. die Punkte s_1, s_2 usw. in ihrer *gegenseitigen Lage zueinander*. Das gleiche gilt für das Bild A_1, das mit dem Objekt identisch ist und auch an der gleichen Stelle liegt. Auf diese Weise kann man ein dreidimensionales Bild rekonstruieren. Das virtuelle Bild A_1 wird von einem reellen Bild A_1' begleitet, das man direkt photographieren kann. Wir wollen den mittleren Neigungswinkel zwischen dem kohärenten Bündel und dem von A ausgehenden Licht im Augenblick der photographischen Aufnahme mit θ bezeichnen, wobei θ als klein vorausgesetzt wird (Abb. 19.6). Bei der Rekonstruktion sind dann die mittleren Richtungen von den beiden Bildern A_1 und A_1' (Abb.

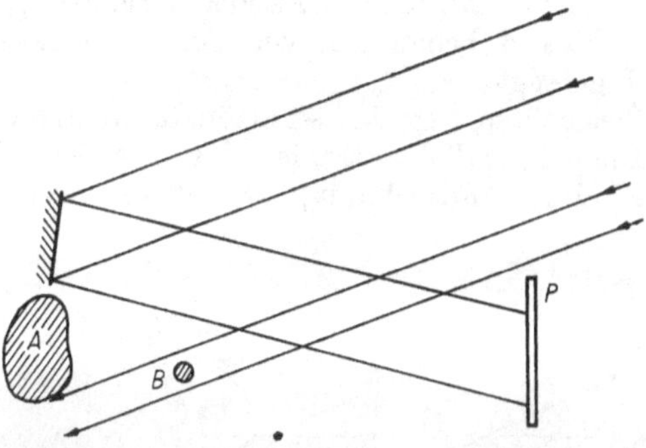

Abb. 19.8. Aufzeichnung des Hologramms von zwei Objekten A und B

19.7) zur Platte um den Winkel θ gegen die Richtung des Beleuchtungsbündels geneigt. Wenn man das Bild A_1 mit beiden Augen beobachtet, hat man das Gefühl, das Objekt selbst zu sehen. Man empfängt also den vollkommenen Eindruck eines dreidimensionalen Gebildes.

Wir wollen uns nun vorstellen, daß wir ein Hologramm von zwei streuenden Objekten A und B aufnehmen, wobei sich das Objekt B zwischen der Photoplatte und dem Objekt A befinden möge (Abb. 19.8). Wenn man bei der Rekonstruktion auf B_1 einstellt (Abb. 19.9), ist das Bild A_1 nicht vollständig zu sehen und umgekehrt. Ändert man

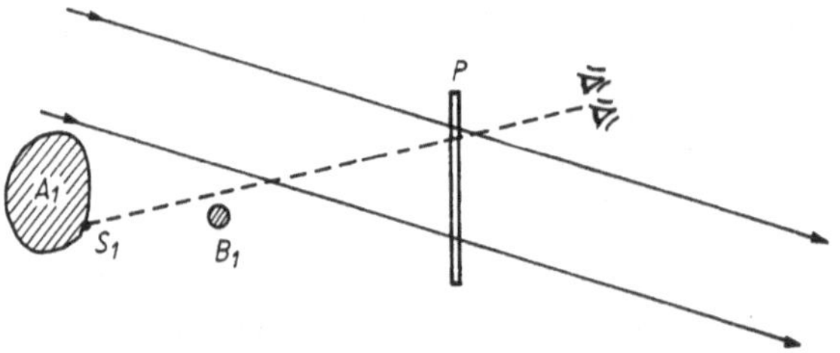

Abb. 19.9. Beobachtung eines durch B_1 verdeckten Teiles von A_1 bei der Rekonstruktion

die Blickrichtung, so kann man einen Punkt S_1 von A_1 sehen, der bei einer anderen Stellung der Augen von B_1 verdeckt sein kann. Offensichtlich können alle diese Operationen bei einer gewöhnlichen Photographie nicht durchgeführt werden. Zusammenfassend kann man feststellen, daß man folgendermaßen vorgehen muß, um ein Bild eines beliebigen streuenden Objektes zu rekonstruieren:

a) Man stellt eine mit monochromatischem Licht belichtete photographische Aufnahme her, wobei die Photoplatte gleichzeitig von dem von einem streuenden Objekt ausgesandten Licht und von einem kohärenten Untergrund (Referenzwelle) mit einer geeigneten Amplitude belichtet wird.

b) Man entwickelt die Photoplatte, die gemäß unserer Begriffsbestimmung ein *Hologramm* ist.

c) Man beleuchtet das Hologramm unter den gleichen Bedingungen, die bei der Aufzeichnung herrschten. Mit

Hilfe des Hologramms werden zwei Bilder des Objektes rekonstruiert, wobei das eine virtuell und das andere reell ist. Durch das Hologramm hindurch kann das Auge das virtuelle Bild bequem beobachten.

Es ist nun verständlich geworden, warum wir besonders solche Gitter untersucht haben, die möglichst wenig Spektren erzeugen. Jedes Spektrum erzeugt ein Bild des Objektes. Es ist klar, daß die Wahrscheinlichkeit, daß sich die einzelnen Bilder überlagern, um so geringer ist, je weniger Bilder auftreten.

Aus diesem Grund müssen die Voraussetzungen, die in Abb. 18.9 dargestellt sind, exakt eingehalten werden. Andernfalls werden von dem Hologramm nicht genau die Interferenzstreifen rekonstruiert, die durch die Interferenz der an den verschiedenen Punkten des Objektes gebeugten Wellen mit dem kohärenten Untergrund entstehen. Man erhält dann andere Bilder des Objektes, die die Beobachtung stören. Der kohärente Untergrund muß auf P eine Amplitude besitzen, die stets größer als die des vom Objekt gestreuten Lichtes.

19.3. Der Einfluß des Auflösungsvermögens der photographischen Emulsion auf die Aufzeichnung eines Hologramms

Um die Bilder, die bei der in Abb. 19.7 dargestellten Anordnung entstehen, scharf voneinander trennen zu können, muß ein ausreichend geneigter kohärenter Untergrund vorhanden sein. Betrachten wir dazu die in Abb. 19.1 angegebene einfache Anordnung. In einem beliebigen Punkt M (Abb. 19.10) nimmt der Gangunterschied zwischen Σ und Σ_R in der Ebene der Photoplatte P folgenden Wert an:

$$\delta = \theta \overline{AM}. \tag{19.1}$$

Wir wollen mit a_0 die Amplitude des kohärenten Untergrundes und mit a die Amplitude der Welle Σ bezeichnen.

Nach der klassischen Formel von FRESNEL erhält man für die Intensität in M

$$I = a_0^2 + a^2 + 2a_0 a \cos \frac{2\pi\delta}{\lambda}. \qquad (19.2)$$

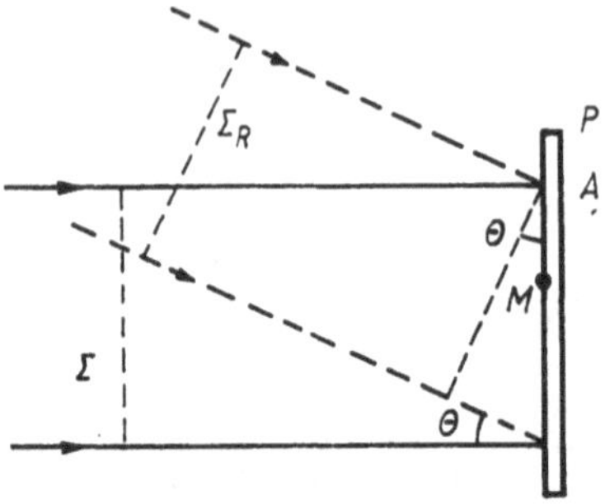

Abb. 19.10. Interferenz zweier ebener Wellen Σ und Σ_R', die gegeneinander geneigt sind

Für $\delta = k\lambda$ erhält man die hellen Streifen, wobei k eine ganze Zahl ist. Der Abstand zwischen zwei hellen Streifen auf der Platte P beträgt dann λ/θ. Für einen Wert $\theta = 20°$ ergibt sich $\lambda/\theta \approx 2\mu m$, d. h. 500 Streifen pro Millimeter. Wenn man erreichen will, daß die Emulsion so dicht aneinander liegender Streifen getrennt aufzeichnet, muß das Auflösungsvermögen der Emulsion hinreichend groß sein. Die zur Zeit verwendeten Emulsionen besitzen ein Auflösungsvermögen von 2000 bis 3000 Linien pro Millimeter.

19.4. Kohärenzlänge der von der verwendeten Lichtquelle ausgesandten Wellen

Die Referenzwelle, die direkt auf die Photoplatte auftrifft, muß immer mit dem Licht kohärent sein, das von allen Punkten des Objektes gestreut wird und die Photo-

platte belichtet. Wenn man ein großes Objekt verwendet, muß die Lichtquelle Wellen mit einer hinreichend großen Kohärenzlänge aussenden, damit diese Bedingung erfüllt werden kann. Wir betrachten dazu das in Abb. 19.11 dargestellte einfache Beispiel. Wenn H_1, H_2 und H_3 in einer Ebene liegen, die senkrecht zum einfallenden Bündel

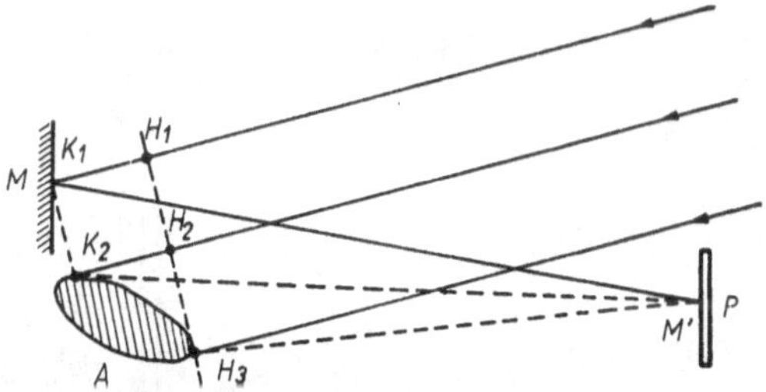

Abb. 19.11. Abmessungen des Objektes und Kohärenzlänge der von einer Lichtquelle ausgesandten Wellen

steht, sind die optischen Wege von der im Unendlichen liegenden Lichtquelle bis zu den Punkten H_1, H_2 und H_3 alle gleich. Ein Strahl des Referenzbündels legt den Weg $H_1K_1 + K_1M'$ — vom Punkt H_1 gerechnet — zurück, während der vom Punkt H_3 aus berechnete Weg nur H_3M' beträgt. Wenn man nun erreichen will, daß die beiden Strahlen K_1M' und H_3M' miteinander interferieren, muß die Kohärenzlänge größer als die Differenz $H_1K_1 + K_1M' - H_3M'$ dieser beiden Wege sein. Allgemein muß man die Forderung stellen, daß bei der verwendeten Apparatur der Maximalwert der Wegdifferenz zwischen der Referenzwelle und einer an einem beliebigen Objektpunkt gebeugten Welle kleiner ist als die Kohärenzlänge der von der Lichtquelle ausgesandten Wellen.

19.5. Der von einer Kugelwelle erzeugte kohärente Untergrund

In den vorhergehenden Abschnitten haben wir immer einen kohärenten Untergrund angenommen, der von

einem Bündel paralleler Strahlen (ebene Welle) erzeugt wurde. Diese Einschränkung ist keineswegs notwendig. Wenn man eine punktförmige Lichtquelle S_R zur Erzeugung der Referenzwelle in endlicher Entfernung vor der Photoplatte P aufstellt (Abb. 19.12), gehen von dieser

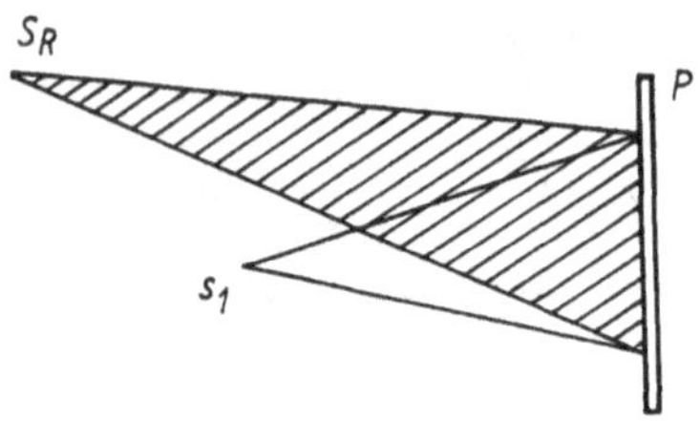

Abb. 19.12. Aufzeichnung mit Hilfe einer punktförmigen Referenzquelle

Kugelwellen aus, die in der Ebene der Photoplatte P mit den von einem beliebigen Punkt s_1 des Objektes ausgesandten Wellen interferieren. Das so entstehende Hologramm kann noch so lange als FRESNELsches Hologramm bezeichnet werden, solange nicht die Krümmung der Referenzwelle gleich der Krümmung der vom Objektpunkt s_1 ausgehenden Welle ist, d. h., wenn S_R und s_1 nicht gleich weit von P entfernt sind. Andernfalls erhalten wir ein Hologramm, das man als FOURIERsches Hologramm bezeichnet und dessen besondere Eigenschaften in Abschnitt 21.1 untersucht werden sollen. Geht man von einem dreidimensionalen Objekt aus, so erhält man ein FOURIERsches Hologramm, wenn die Krümmung der Referenzwelle gleich dem Mittelwert der Krümmungen der von den verschiedenen Objektpunkten ausgehenden Wellen ist.

Wir betrachten nun den in Abb. 19.12 dargestellten Fall, wobei ein punktförmiges Objekt s_1 angenommen wurde. Es ergibt sich dann auf P ein Netz von Interferenzstreifen, das genau wie bei Verwendung einer ebenen Referenzwelle (Abb. 19.13) dazu geeignet ist, den

Punkt s_1 in seiner richtigen Lage aufzuzeichnen. Der Unterschied besteht in der Beleuchtung des Negativs. Wenn die Aufzeichnung mit einer punktförmigen Referenzquelle S_R, die sich in endlicher Entfernung vor der Platte befindet, vorgenommen wurde, muß man das

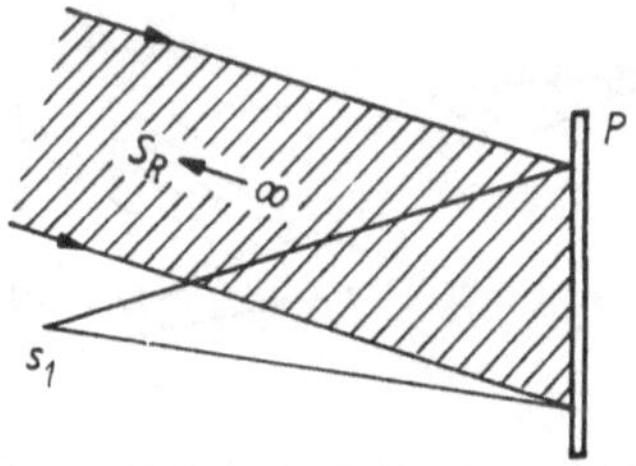

Abb. 19.13. Aufzeichnung mit einer ebenen Referenzwelle

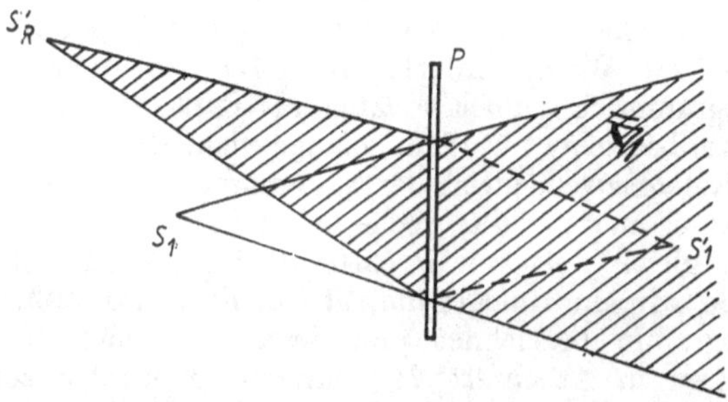

Abb. 19.14. Beobachtung des virtuellen Bildes

Hologramm mit einer Lichtquelle S_R' beleuchten, die genau an derselben Stelle wie die Quelle bei der Aufzeichnung aufgestellt wird (Abb. 19.14). Wir können daher in S_1 ein virtuelles Bild beobachten, das den Punkt s_1 in seiner Lage rekonstruiert. Um das reelle Bild S_1' beobachten zu können (Abb. 19.15), beleuchtet man das Hologramm mit einem Bündel, das im Punkt S_R'', der

symmetrisch zu S_R in bezug auf P liegt, zusammenläuft. Unter diesen Bedingungen erhält man ein reelles Bild S_1' des Punktes, das symmetrisch zu S_1 in bezug auf P liegt.

Wir werden später sehen, daß es nicht unbedingt notwendig ist, zur Rekonstruktion und zur Aufzeichnung dieselbe Referenzwelle zu verwenden.

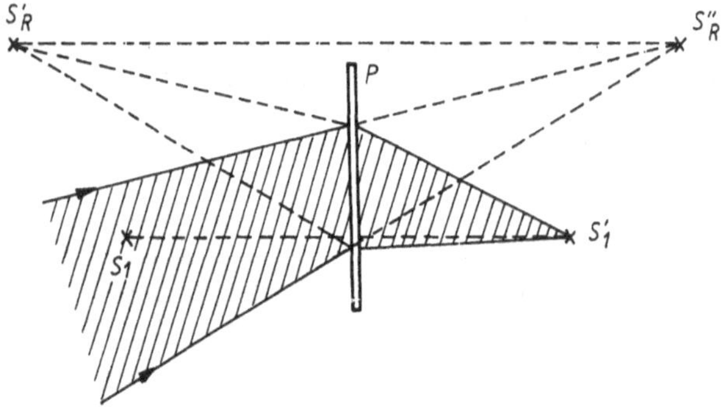

Abb. 19.15. Beobachtung des reellen Bildes

19.6. Korrespondenz zwischen den Punkten eines Objektes und dem Hologramm

Auf einer gewöhnlichen photographischen Aufnahme entspricht ein Punkt der Photoplatte einem Objektpunkt. In der Holographie ist das nicht mehr so, wenn das Objekt diffus ist. Jeder Objektpunkt streut das Licht so, das es das Hologramm bedeckt. Daraus ergibt sich eine Korrespondenz zwischen Objektpunkt und der gesamten Oberfläche des Hologramms. Daher kann man, falls man das Hologramm zerbricht, mit einem beliebigen Teil das diffus reflektierende dreidimensionale Objekt rekonstruieren. Dies läßt sich etwa mit folgendem vergleichen: Zerbricht man ein Objektiv, dann kann man ein beliebiges Bruchstück zur Abbildung des Objektes benutzen. Es handelt sich hierbei allerdings um ein Verfahren, das nicht zu empfehlen ist.

20. Holographische Abbildung

20.1. Geometrische Optik der Hologramme

Wir wollen uns hier folgende Aufgabe stellen: Gegeben seien ein Objektpunkt und die Lage der Referenzquelle bei der Aufzeichnung und bei der Rekonstruktion. Die Lage der beiden rekonstruierten Bilder des Objektpunktes soll bestimmt werden. Eine erste Überlegung zeigt, daß man dieses Problem lösen kann, indem man die Abbildungsgleichungen für Linsen etwas abändert. In Abb. 20.1 stellt *OP* die Spur des Hologramms dar. Wir

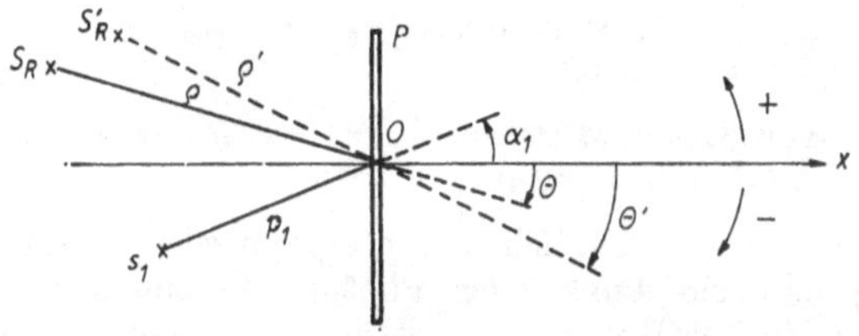

Abb. 20.1. Erklärung der Bezeichnungen bei der Aufstellung der Abbildungsformeln

wollen die Erscheinungen in einer zur Ebene des Hologramms senkrecht stehenden Ebene untersuchen. Der Punkt s_1 sei ein Objektpunkt, S_R bezeichnet die Referenzquelle bei der Aufzeichnung und S_R' die für die Rekonstruktion verwendete Quelle. Die Entfernungen eines beliebigen Punktes O vom Bezugspunkt werden links von OP negativ angesetzt $(x < 0)$, rechts von OP positiv

$(x > 0)$. Die Winkel, durch die die Richtungen festgelegt werden, sind im Uhrzeigersinn positiv. Nimmt man an, daß S_R im Unendlichen liegt ($\varrho = \infty$), so befinden sich die beiden Bilder S_1' und S_2' von s_1 in einem Abstand p_1' und p_2' von O, den man aus den folgenden Beziehungen bestimmen kann:

$$\frac{1}{p_1'} = \frac{1}{p_1} + \frac{1}{\varrho} \qquad \frac{1}{p_2'} = -\frac{1}{p_1} + \frac{1}{\varrho'}. \tag{20.1}$$

Die beiden Bilder S_1' und S_2' des Objektpunktes s_1 liegen in den Richtungen, die durch die Winkel α_1' und α_2' bestimmt werden:

$$\alpha_1' = \alpha_1 - \theta + \theta', \qquad \alpha_2' = -\alpha_1 + \theta + \theta'. \tag{20.2}$$

Wenn man zur Aufzeichnung und zur Rekonstruktion dieselbe Referenzwelle verwendet, erhalten wir $\varrho' = \infty$ und $\theta = \theta'$. Man erhält dann entsprechend den Gleichungen (20.1) und (20.2) $p_1' = p_1$ und $p_2' = p_2$ sowie $\alpha_1' = \alpha_1$ und $\alpha_2' = -\alpha_1 + 2\theta'$. Der Strahlenverlauf entspricht den Abb. 19.5 oder 19.8. Das Bild S_1 ist virtuell, und das Bild S_1' ist reell. Wir wollen S_1 das normale Bild und S_1' das konjugierte Bild nennen. Im allgemeinen Fall, bei dem sich die Quellen S_R und S_R' an beliebigen Orten befinden, gelten folgende Formeln:

$$\frac{1}{p_1'} = \frac{1}{p_1} - \frac{1}{\varrho} + \frac{1}{\varrho'} \quad \text{für das normale Bild,} \tag{20.3}$$

$$\frac{1}{p_2'} = -\frac{1}{p_1} + \frac{1}{\varrho'} + \frac{1}{\varrho} \quad \text{für das konjugierte Bild.} \tag{20.4}$$

Die Gleichungen (20.2) bleiben unverändert. Diese Formeln zeigen, daß sowohl das normale Bild als auch das konjugierte Bild reell oder virtuell sein kann.

Verwendet man bei der Rekonstruktion solches Licht, dessen Wellenlänge λ' sich von der Wellenlänge λ des bei

der Aufzeichnung benutzten Lichtes unterscheidet, so ändern sich die oben angegebenen Formeln wie folgt

$$\left.\begin{aligned} \frac{1}{p_1'} &= \frac{\lambda'}{\lambda}\left(\frac{1}{p_1} - \frac{1}{\varrho}\right) + \frac{1}{\varrho'}, \\ \alpha_1' &= \frac{\lambda'}{\lambda}(\alpha_1 - \theta) + \theta' \end{aligned}\right\} \text{für das normale Bild,} \qquad (20.5)$$

$$\left.\begin{aligned} \frac{1}{p_2'} &= \frac{\lambda'}{\lambda}\left(-\frac{1}{p_1} + \frac{1}{\varrho}\right) + \frac{1}{\varrho'}, \\ \alpha_2' &= \frac{\lambda'}{\lambda}(-\alpha_1 + \theta) + \theta' \end{aligned}\right\} \text{für das konjugierte Bild.} \qquad (20.6)$$

Wir wollen nun an Stelle des einen Objektpunktes s_1, wie es in Abb. 20.1 dargestellt wurde, zwei Objektpunkte s_1 und s_2 betrachten (Abb. 20.2), die sich in einer Ebene befinden, die parallel zur Ebene des Hologramms ver-

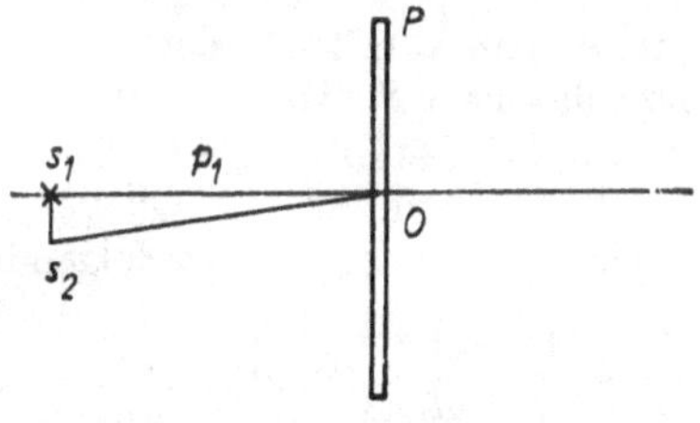

Abb. 20.2. Aufzeichnung eines aus zwei leuchtenden Punkten s_1 und s_2 bestehenden Objektes

läuft. Nach der Rekonstruktion haben die beiden normalen Bilder S_1 und S_2 (Abb. 20.3) einen Abstand voneinander, der durch die laterale Vergrößerung G_1 des Systems gegeben ist:

$$\overline{S_1 S_2} = G_1 \cdot \overline{s_1 s_2}. \qquad (20.7)$$

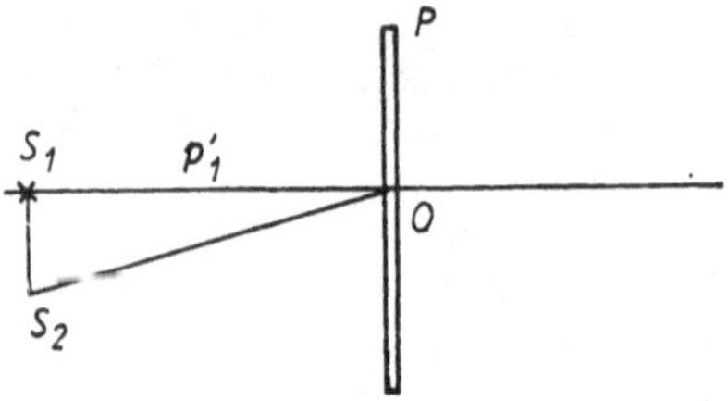

Abb. 20.3. Rekonstruktion der Bilder S_1 und S_2 der Objekte s_1 und s_2 bei Verwendung einer anderen Wellenlänge

Mit Hilfe der Abbildungsformeln erhält man

$$G_1 = \frac{\lambda'}{\lambda} \frac{p_1'}{p_1} \quad \text{für das normale Bild,}$$

$$G_2 = -\frac{\lambda'}{\lambda} \frac{p_2'}{p_1} \quad \text{für das konjugierte Bild.} \tag{20.8}$$

Für die axiale Vergrößerung σ' ergibt sich dann

$$G_1' = \frac{\lambda'}{\lambda} G_1^2 \quad \text{für das normale Bild,}$$

$$G_2' = -\frac{\lambda'}{\lambda} G_2^2 \quad \text{für das konjugierte Bild.} \tag{20.9}$$

Man kann sehr große Vergrößerungen erreichen, wenn die bei der Rekonstruktion verwendete Wellenlänge wesentlich größer als die bei der Aufzeichnung benutzte Wellenlänge ist.

20.2. Hologrammaberrationen

Die oben angegebenen Abbildungsformeln stellen Näherungsgleichungen dar, deren Näherungscharakter etwa der GAUSSschen Näherung bei der Abbildung durch

gewöhnliche optische Systeme entspricht. Führt man exakte Berechnungen durch, so findet man die klassischen Aberrationen. Man erhält die sphärische Aberration, Koma, Astigmatismus, Verzeichnung und schließlich auch bei einer Änderung der Wellenlänge zwischen Aufzeichnung und Rekonstruktion chromatische Fehler. *Die Abbildung ist streng stigmatisch, wenn die Rekonstruktionswelle mit der zur Aufzeichnung verwendeten Referenzwelle identisch ist, und zwar unabhängig von ihrer Form.* Bei Verwendung einer punktförmigen Referenzquelle muß für eine stigmatische Abbildung die Vertauschbarkeit der zur Rekonstruktion verwendeten Quelle mit der Referenzquelle vorausgesetzt werden.

21. Spezielle holographische Verfahren

21.1. Fouriersche Hologramme

Wir wollen nun eine Anordnung betrachten, wie sie in Abb. 21.1 dargestellt ist. Dabei befindet sich die punktförmige Referenzquelle S_R in der gleichen Ebene, in der auch das Objekt A liegt. In diesem besonderen Fall haben die an einem beliebigen Punkt s des Objektes gebeugte Welle und die von S_R ausgehende Referenzwelle

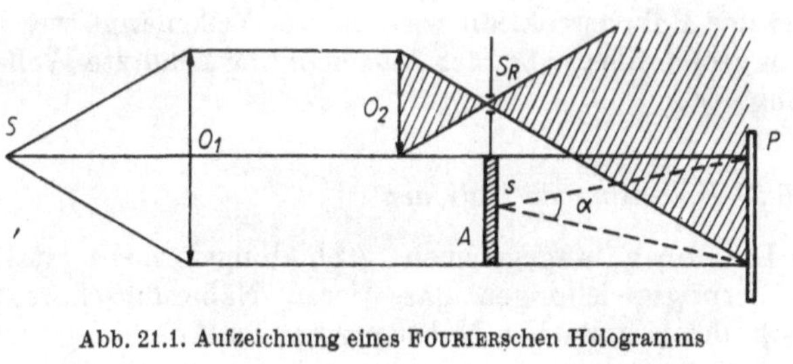

Abb. 21.1. Aufzeichnung eines Fourierschen Hologramms

die gleiche Krümmung. Beide Wellen sind nur seitlich gegeneinander versetzt. Die beiden Punkte S_R und s erzeugen auf der Platte ein System von YOUNGschen Streifen, wobei der Abstand zweier aufeinanderfolgender Streifen desselben Typs $\lambda D/d$ beträgt. Hierbei bedeutet D den Abstand von S_R bzw. s bis zur Platte P, d gibt die Entfernung zwischen S_R und s an. Jedem Objektpunkt entspricht auf der Platte P ein System sinusförmiger Streifen, deren Abstand von d abhängt. Zur Rekonstruktion der Bilder aus dem so erzeugten Hologramm verwendet man die in Abb. 21.2 angegebene Anordnung.

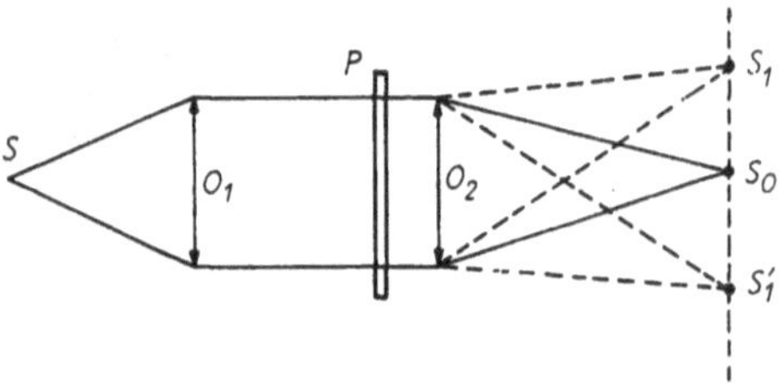

Abb. 21.2. Rekonstruktion der Bilder mit einem FOURIERschen Hologramm

Wir beleuchten dabei das Hologramm P mit einem Bündel paralleler Strahlen und stellen hinter P ein Objektiv O_2 auf. Wir wollen voraussetzen, daß das Hologramm eines einzelnen Objektpunktes s aufgenommen wurde. Nach dem Entwickeln erhält man auf dem Negativ ein Sinusgitter, wenn wir eine Linearität der Emulsion voraussetzen. In der Brennebene des Objektivs O_2 kann man dann wieder das direkte Bild S_0 und die beiden Spektren S_1 und S_1' beobachten. Diese beiden Spektren stellen die rekonstruierten Bilder des punktförmigen Objektes s dar. Verwenden wir ein ausgedehntes Objekt, so bleibt der Entstehungsmechanismus der Bilder der gleiche. Es werden zu beiden Seiten des direkten Bildes S_0 der Lichtquelle zwei Bilder rekonstruiert.

Die Bilder S_1 und S_1' liegen in bezug auf S_0 symmetrisch wie Abb. 21.3 zeigt, in der die beiden Bilder eines beliebigen Objektes dargestellt sind. Bei diesem besonderen Typ von Hologrammen, die FOURIERsche Hologramme genannt werden, spielt das Auflösungsvermögen der photographischen Emulsion nicht dieselbe Rolle wie bei den FRESNELschen Hologrammen. Bei diesen sind die

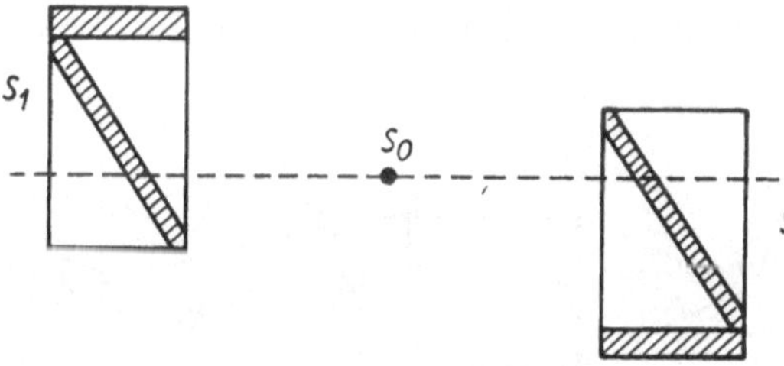

Abb. 21.3. Anordnung von zwei mit einem FOURIERschen Hologramm erhaltenen Bildern

Wellenflächen der Referenzwelle entweder eben oder so gekrümmt, daß in der Hologrammebene ihre Krümmung von der mittleren Krümmung der Wellenflächen der vom Objekt ausgesandten Wellen verschieden ist.

Der Abstand der einem Punkt s entsprechenden sinusförmigen Streifen ist um so geringer, je größer die Entfernung $d = sS_R$ ist. Liegt der *Abstand* der Streifen unterhalb der Auflösungsgrenze der Emulsion, so kann man den Punkt s nicht sehen. Das Auflösungsvermögen der Emulsion begrenzt das *Beobachtungsfeld*, hat jedoch keinen Einfluß auf die Feinheit des Bildes, die nicht von dem in Abb. 21.1 angegebenen Winkel α abhängt. FOURIERsche Hologramme können also von ebenen Objekten Bilder mit einem sehr hohen Auflösungsvermögen liefern.

21.2. Holographie bei Objektpunkten, die untereinander inkohärent sind

Das Prinzip der Holographie bei räumlich inkohärenter Beleuchtung kann wie folgt dargestellt werden: Jeder Objektpunkt wird in zwei kohärente Bilder zerlegt, die auf dem Hologramm ein System von sinusförmigen Streifen erzeugen. Jedes Streifensystem ist für die räumliche Lage des Objektpunktes, der es erzeugt hat, charakteristisch. Wenn man bei der Rekonstruktion das Hologramm mit kohärentem Licht beleuchtet, erzeugt jedes Streifensystem zwei punktförmige Bilder. Das gleiche gilt auch für alle anderen Objektpunkte. Man kann also das Bild der punktförmigen Beleuchtungsquelle und zwei Bilder des Objektes, die in bezug auf das Bild der Lichtquelle symmetrisch liegen, beobachten.

Wir wollen uns nun vorstellen, daß wir das Hologramm eines ebenen Objektes, z. B. des Buchstaben A, mit räumlich inkohärentem Licht erzeugen wollen (Abb. 21.4). Wir legen das Objekt in eine horizontale Ebene Π. Zwei ebene Spiegel M_1 und M_2 werden senkrecht zur Ebene Π und senkrecht zueinander in der Nähe

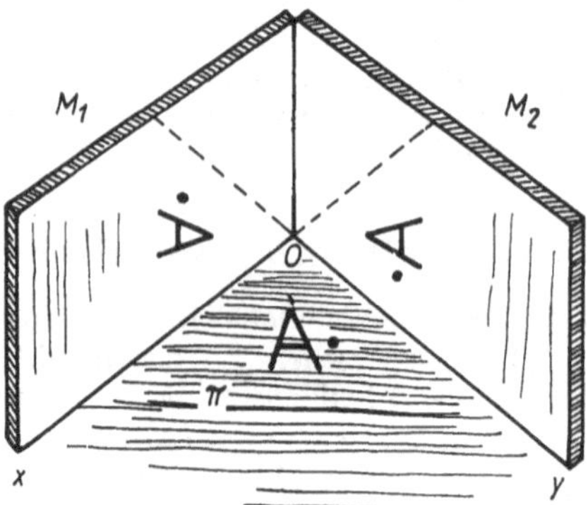

Abb. 21.4. Verdopplung des Bildes eines ebenen Objektes durch Aufzeichnung eines Hologramms mit räumlich inkohärentem Licht

des Buchstabens A angeordnet. Legen wir den Buchstaben A so, daß die Winkelhalbierende des Winkels xoy die Symmetrieachse von A bildet, so beobachten wir infolge der Reflexion an den beiden Spiegeln M_1 und M_2 zwei Bilder, die in bezug auf den Punkt O symmetrisch liegen. Der schwarze Punkt, der seitlich vom Buchstaben A eingezeichnet wurde, dient dazu, daß man die Umkehrung des einen der Bilder gegenüber dem anderen gut erkennen kann. Jeder Punkt des Objektes Buchstabe A erzeugt zwei bezüglich O symmetrisch angeordnete Bildpunkte. Diese beiden Punkte erzeugen auf einem beliebigen Schirm B (Hologramm) ein YOUNGsches Streifensystem. Jeder andere Punkt des Objektes Buchstabe A kann nicht dasselbe YOUNGsche Streifensystem erzeugen, weil entweder die Entfernung der beiden Bildpunkte differiert oder die Neigung des Streifensystems unterschiedlich ist. Dieser Sachverhalt wird in Abb. 21.5 veranschaulicht. Die Punkte a und b des einen der beiden Bilder entsprechen den Punkten a' und b' des anderen Bildes. In einer beliebigen Ebene cyz (Ebene des Hologramms) erzeugen die beiden kohärenten Punkte b und b' ein System von YOUNGschen Streifen, das in Richtung von cm parallel zu bb' verläuft. Die beiden Punkte a und a' haben zwar denselben Abstand wie b und b', aber die Richtung von aa' ist verschieden von der von bb'. Daher erzeugen die beiden kohärenten Punkte a und a' ein YOUNGsches Streifensystem in der Richtung cm' parallel zu aa'.

21.3. Der Einfluß der Dicke der photographischen Emulsion

In allen vorhergehenden Betrachtungen haben wir die Dicke der photographischen Emulsion nicht berücksichtigt und so getan, als wäre sie bedeutungslos. In Wirklichkeit ist das keineswegs der Fall. Wir müssen daher jetzt die Wirkungen der Dicke der photographischen Schicht auf die Aufzeichnung und Beobachtung der Hologramme untersuchen.

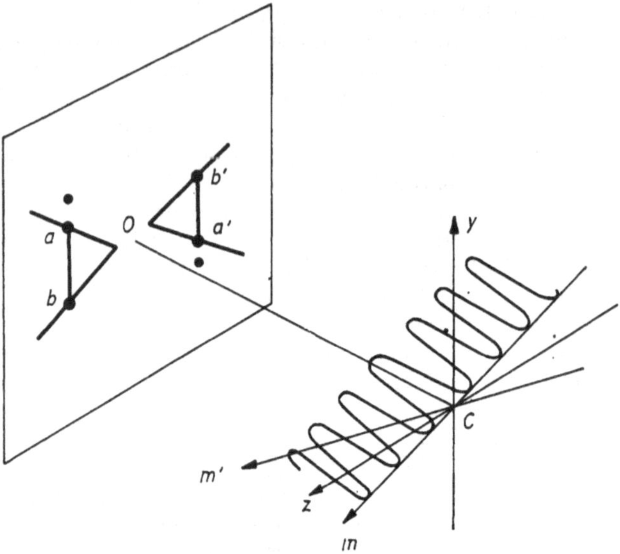

Abb. 21.5. Jeder Punkt des Objektes muß ein die Lage dieses Punktes charakterisierendes Streifensystem erzeugen

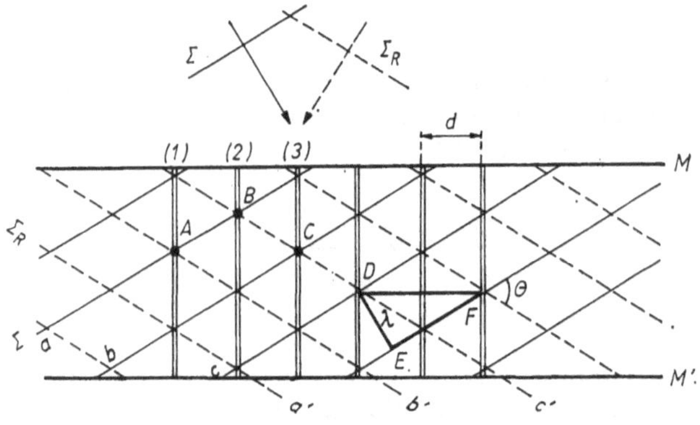

Abb. 21.6. Interferenzerscheinungen im Innern einer dicken Emulsion

In Abb. 21.6 wird ein Schnitt der Emulsion mit einer Ebene (Zeichenebene) dargestellt, die senkrecht zur Photoplatte liegt. Die Emulsion werde durch zwei parallele Ebenen begrenzt, deren Spuren mit M und M' bezeichnet sind. Wir wollen nun eine ebene Welle Σ, die sogenannte Objektwelle, betrachten, die durch die Photoschicht hindurchtritt. Zu einem festen Zeitpunkt werden die Maxima dieser Welle durch die ausgezogenen Linien a, b, c usw. dargestellt. Die ebene Referenzwelle Σ_R durchläuft ebenfalls die Emulsion, und die gestrichelten Linien a', b', c' usw. geben die Lage der Maxima dieser Welle zum gleichen Zeitpunkt an. Wir wollen voraussetzen, daß die beiden Wellen bezüglich M und M' symmetrisch sind. In den Punkten A, B, C usw. besitzen die beiden Wellen die gleiche Phase. Ihre Amplituden addieren sich daher. Im Laufe der Zeit bewegen sich die Wellenflächen weiter, und die Punkte A, B, C usw. verlaufen auf Geraden, die senkrecht zu M und M' stehen. Sie werden durch die Doppellinien (*1*), (*2*), (*3*) usw. dargestellt. Betrachtet man die Verhältnisse dreidimensional, so ergeben sich in der Abbildung Ebenen, die senkrecht zur Zeichenebene stehen und deren Spuren mit (*1*), (*2*), (*3*) usw. identisch sind. Nach dem Entwickeln verhalten sich alle diese Ebenen wie halbdurchlässige Spiegel. Der Abstand zwischen zwei aufeinanderfolgenden Maxima bei ein und derselben Welle beträgt λ. Wenn die beiden Wellennormalen einen Winkel θ miteinander bilden, kann man den Abstand d, der die halbdurchlässigen Spiegel voneinander trennt, mit Hilfe des Dreiecks DEF berechnen und erhält

$$d = \frac{\lambda}{2 \sin \frac{\theta}{2}}. \tag{21.1}$$

Wir wollen jetzt die ebene Objektwelle Σ rekonstruieren, indem wir das Hologramm unter gewöhnlichen Bedingungen mit einer ebenen Welle Σ_R' beleuchten. Wir

nehmen an, daß die Ausbreitungsrichtung der Welle Σ_R' nicht dieselbe wie bei der Aufzeichnung ist. Die zur Welle Σ_R' (Abb. 21.7) zugeordneten Strahlen bilden mit den halbdurchlässigen Spiegeln den Winkel α. In Abb. 21.7 wurde die Brechung an den Grenzflächen nicht be-

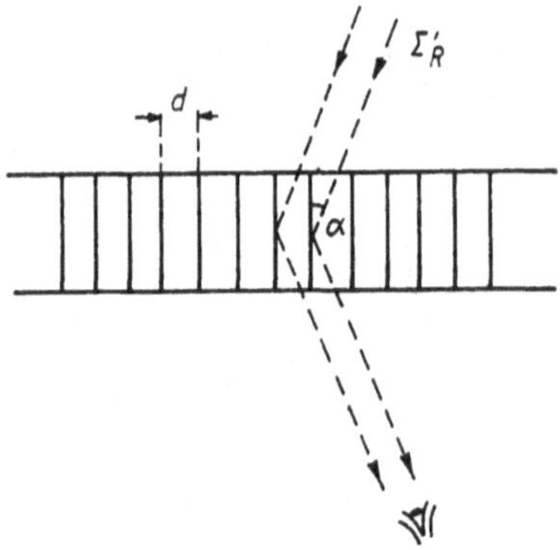

Abb. 21.7. BRAGGscher Effekt in einer dicken Emulsion

rücksichtigt. Damit das Auge ein rekonstruiertes Bild der ebenen Objektwelle Σ beobachten kann, müssen alle Strahlen nach der Reflexion an den halbdurchlässigen Spiegeln phasengleich sein. Der Winkel α muß also folgende Bedingung erfüllen:

$$\sin\alpha = \pm\frac{\lambda}{2d}, \tag{21.2}$$

die der den Kristallographen gut bekannten BRAGGschen Bedingung entspricht. Vergleicht man die beiden Gleichungen (21.1) und (21.2), so sieht man, daß die Intensität ein Maximum annimmt, wenn

$$\alpha = \pm\frac{\theta}{2}, \qquad \alpha = \pm\left(\pi - \frac{\theta}{2}\right) \tag{21.3}$$

gilt. Die Bedingung $\alpha = + \frac{\theta}{2}$ besagt, daß die Welle Σ'_R, die das Hologramm beleuchtet, mit der Referenzwelle Σ_R der Aufzeichnung identisch ist. Die Objektwelle Σ wird also in ihrer ursprünglichen Form rekonstruiert. Wenn $\alpha = - \frac{\theta}{2}$ gilt, bedeutet das, daß die Welle Σ'_R in bezug auf das Hologramm dieselbe Richtung wie die Objektwelle Σ besitzt. Die ebene Objektwelle Σ wird in Richtung $+ \frac{\theta}{2}$ rekonstruiert. Entsprechend findet man bei $\alpha = - \left(\pi - \frac{\theta}{2}\right)$, daß die Welle Σ'_R gegenüber der ursprünglichen Referenzwelle ihre Richtung umkehrt, während sie bei $\alpha = \pi - \frac{\theta}{2}$ in entgegengesetzter Richtung zur Objektwelle verläuft. Alle Aussagen, die hier für eine ebene Objektwelle erhalten wurden, können auf den allgemeinen Fall eines beliebigen Objektes übertragen werden (Abb. 21.8), wobei dann die Objektwelle

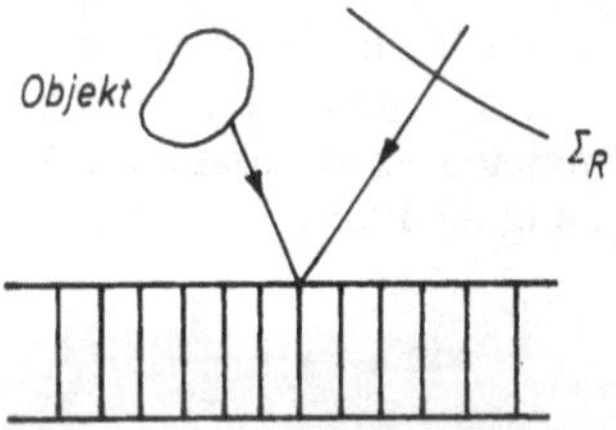

Abb. 21.8. Gegenseitige Lage von Objekt und Referenzwelle bei der Aufzeichnung

in ein Spektrum ebener Wellen zerlegt wird. Man erhält dann für jede einzelne ebene Welle, wie oben ausgeführt wurde, die entsprechenden Ergebnisse. Hieraus ergibt sich für Emulsionen endlicher Dicke die wichtige Schluß-

folgerung, daß das Hologramm *nur dann Bilder des Objektes rekonstruiert, wenn das Objekt in einer geeigneten Richtung beleuchtet wird.*

Die vorstehenden Überlegungen lassen sich zusammenfassend in den Abb. 21.9, 21.10, 21,11 und 21.12 ver-

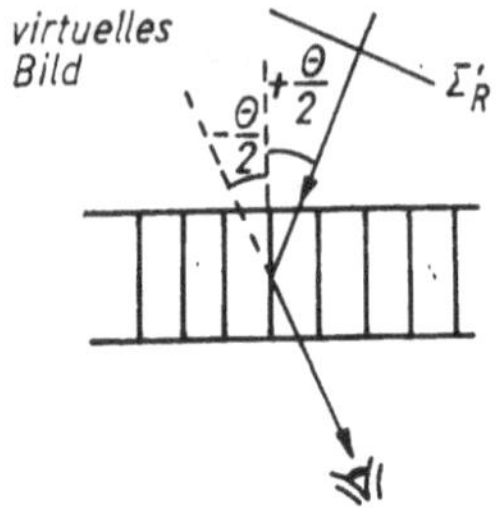

Abb. 21.9. Virtuelles Bild

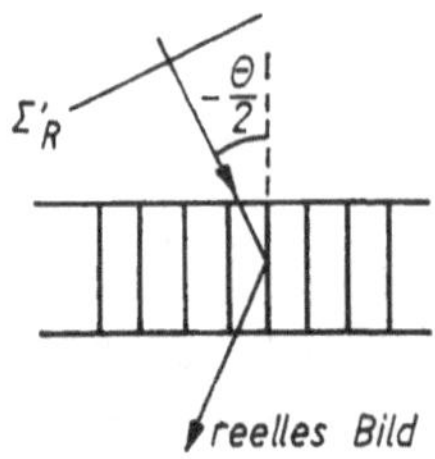

Abb. 21.10. Reelles Bild (nicht brauchbar)

anschaulichen, wobei Abb. 21.8 als Ausgangspunkt dient. Im einzelnen erhält man dann folgende Fälle:

1. Die Welle Σ'_R, die das Hologramm beleuchtet, ist mit der ursprünglichen Referenzwelle Σ_R identisch (Abb. 21.9). Mit Hilfe des Hologramms wird ein virtuelles Bild rekonstruiert, das mit dem Objekt identisch ist, wie wir früher festgestellt haben (vgl. Abschnitt 19.5).

2. Die Welle Σ_R' breitet sich in der gleichen Richtung wie die Objektwelle aus (Abb. 21.10). Man erhält ein reelles Bild, aber die Welle Σ_R' erfüllt die BRAGGsche Bedingung nur für eine der ebenen Wellen, die als Objektwelle einfallen. Durch das Hologramm wird also nur ein Teil des Objektes rekonstruiert.

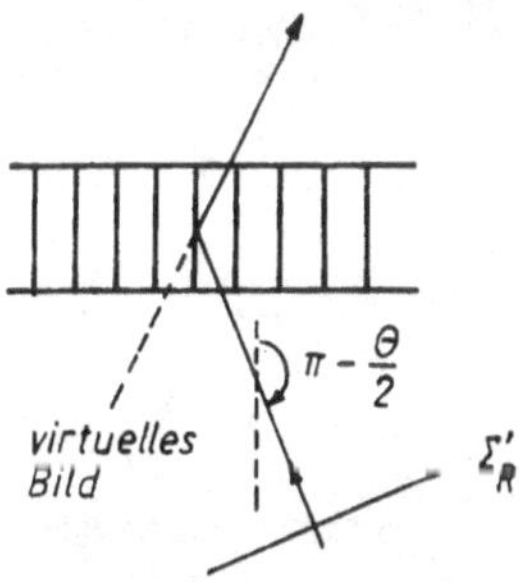

Abb. 21.11. Virtuelles Bild (nicht brauchbar)

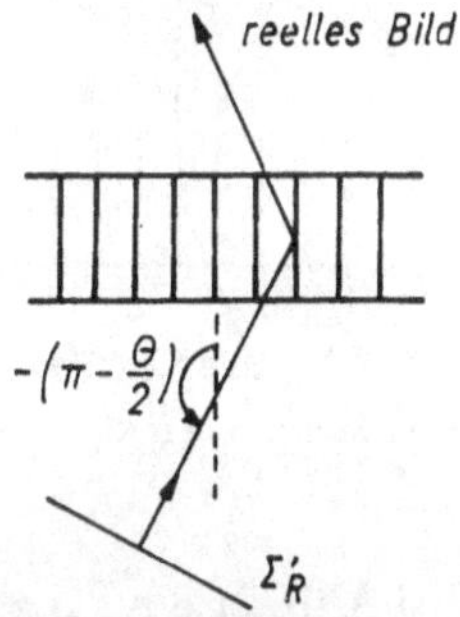

Abb. 21.12. Reelles Bild

3. Die Welle Σ_R' verläuft in entgegengesetzter Richtung wie die Objektwelle (Abb. 21.11). Man erhält ein virtuelles Bild, das wegen der oben dargelegten Gründe wenig brauchbar ist (vgl. Fall 2).

4. Die Welle Σ_R' breitet sich in entgegengesetzter Richtung zur ursprünglichen Referenzwelle aus (Abb. 21.12). Man erhält ein reelles Bild.

Bei allen bisherigen Ergebnissen wurde vorausgesetzt, daß die Emulsion eine endliche Dicke besitzt. Man kann feststellen, daß diese Aussagen solange richtig bleiben, solange die Dicke der photographischen Schicht viel größer als der Abstand d zwischen den halbdurchlässigen Spiegeln ist. Ist die Emulsionsdicke im Verhältnis zu d klein, so ist der BRAGGsche Effekt unbedeutend, und das Hologramm verhält sich wie ein zweidimensionales Medium, das wir bereits früher untersucht haben.

21.4. Farbholographie

Die Technik der Farbhologramme beruht im wesentlichen auf den beiden folgenden Grundlagen:

1. den Eigenschaften einer photographischen Emulsion mit endlicher Dicke (Abschnitt 21.3),

2. dem LIPPMANNschen Verfahren der Farbphotographie.

Im vorhergehenden Abschnitt wurde das Auftreten von halbreflektierenden Ebenen in der Emulsion festgestellt, die durch die Interferenzen von Objekt- und Referenzwelle bedingt sind. Wir wollen nochmals den in Abb. 21.9 dargestellten Sachverhalt betrachten. Das Hologramm wird mit einer Welle Σ_R' beleuchtet, die mit der ursprünglichen, zur Aufzeichnung des Hologramms verwendeten Referenzwelle identisch ist. Insbesondere bedeutet das, daß die Wellenlängen der zur Rekonstruktion und zur Aufzeichnung benutzten Wellen gleich sind. Wir erhalten die Rekonstruktion der Objektwelle Σ, die eine maximale Intensität besitzt. Wir wollen nun lediglich die Wellenlänge von Σ_R' ändern und das Hologramm mit einer Welle der Wellenlänge λ' beleuchten, die sich von der Wellenlänge λ der bei der Aufzeichnung benutzten Welle unterscheidet. Da sich der konstante Abstand d aller halbreflektierenden Ebenen nicht verändert hat,

können die reflektierten Wellen nicht gleichzeitig mit den Wellen der Wellenlänge λ bzw. λ' phasengleich sein. Die Wellen der Wellenlänge λ' werden praktisch nicht mehr reflektiert. Wir verwenden nun zur Beleuchtung weißes Licht. Lediglich die Wellen der Wellenlänge λ, die zur Aufzeichnung verwendet wurden, werden ein Bild erzeugen, während die Wellen mit einer anderen Wellenlänge vernichtet werden. Das Hologramm wirkt praktisch wie ein Interferenzfilter.

Die günstigsten Bedingungen erhält man nicht bei dem in Abb. 21.8 dargestellten Fall, sondern man muß eine Anordnung verwenden, wie sie in Abb. 21.13 angegeben ist. Wenn die Objektwelle Σ und die Referenzwelle Σ_R in

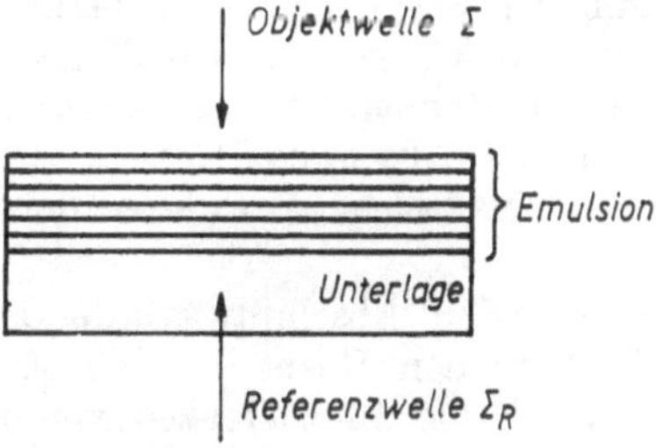

Abb. 21.13. Optimale Bedingungen für die Aufzeichnung eines Hologramms mit einer dicken Emulsion

entgegengesetzter Richtung verlaufen, erzeugen die stehenden Wellen halbdurchlässige Flächen parallel zu den Begrenzungsflächen der Emulsion. Das ist die Anordnung, wie sie bei der LIPPMANNschen Farbphotographie verwendet wird. Der Abstand d zwischen zwei halbdurchlässigen Flächen besitzt den Wert $\lambda/2$. Bei der Rekonstruktion erhält man ein virtuelles Bild, wenn man das Hologramm mit einer Welle Σ_R', die mit Σ_R identisch ist, beleuchtet und das Bild in Reflexion beobachtet (Abb. 21.14). Um ein reelles Bild beobachten zu können,

beleuchtet man das Hologramm mit einer Welle Σ_R', die sich in entgegengesetzter Richtung wie Σ_R ausbreitet (Abb. 21.15). In allen Fällen, in denen das bei der Rekonstruktion zur Beleuchtung verwendete Licht weiß ist, sieht man das Bild in einer derjenigen Wellenlänge ent-

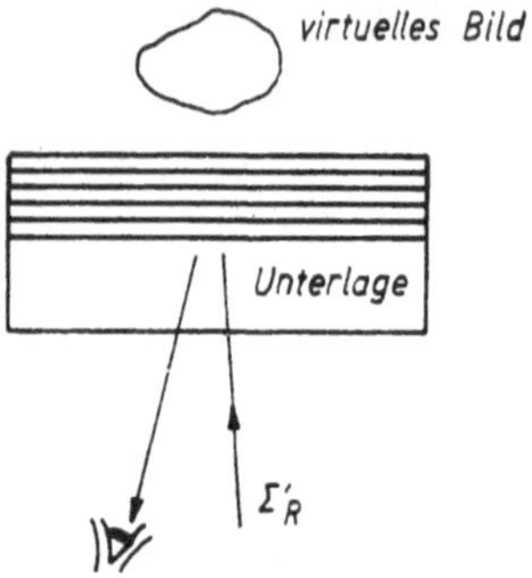

Abb. 21.14. Beobachtung eines virtuellen Bildes

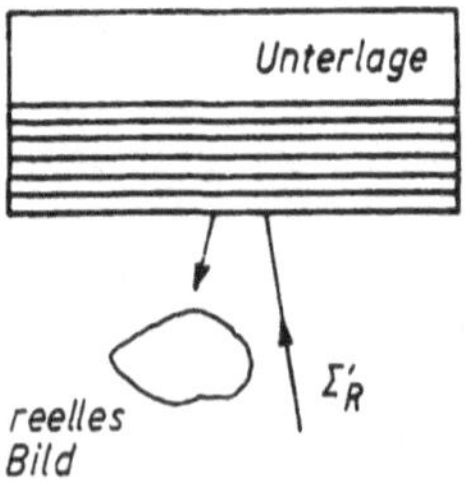

Abb. 21.15. Beobachtung eines reellen Bildes

sprechenden Farbe, die bei der Aufzeichnung benutzt wurde. Alle anderen Wellenlängen vernichten sich durch Interferenz. Wir verwenden nun bei der Aufzeichnung des Objektes Licht mit drei verschiedenen Wellenlängen. Wie LIPPMANN gezeigt hat, können die verschiedenen Wellen-

längen entsprechenden stehenden Wellen in derselben Emulsion aufgezeichnet und in Reflexion rekonstruiert werden. Wenn man daher während der Aufzeichnung des Hologramms das Objekt mit drei geeigneten Wellenlängen beleuchtet, wird das bei der Rekonstruktion mit weißem Licht beleuchtete Hologramm ein farbiges und plastisches Bild erzeugen.

22. Hologramminterferometrie

22.1. Anwendungen der Holographie in der Interferometrie

In allen klassischen Interferometern läßt man zwei von derselben Lichtquelle ausgehende, d. h. im gleichen Augenblick ausgestrahlte Wellen miteinander interferieren. Mit Ausnahme der Laser erzeugen die gewöhnlichen Lichtquellen nur Wellenzüge von sehr geringer Länge. Es ist daher nicht möglich, Interferenzen bei Verwendung verschiedener Lichtquellen zu beobachten. Mit Hilfe der Holographie ist es möglich, diese Schwierigkeit in sehr eleganter Weise zu umgehen, selbstverständlich ohne die Grundprinzipien in Frage zu stellen. Der entscheidende Punkt liegt dabei wiederum in der Möglichkeit, die Phase und die Amplitude einer beliebigen Welle in einem Hologramm aufzuzeichnen.

Wir wollen dazu eine ebene Welle Σ betrachten (Abb. 22.1). Diese sei die Objektwelle. Um ein Hologramm auf der Platte P aufzeichen zu können, überlagert man die Welle Σ mit einer kohärenten Welle Σ_R, die ebenfalls als eben vorausgesetzt wird. Vor dem Entwickeln der Platte führen wir eine zweite Belichtung durch, wobei wir der Objektwelle eine etwas andere Neigung geben. Diese neue Welle wird in Abb. 22.2 mit Σ' bezeichnet. Wir entwickeln nun die Platte unter den üblichen Bedingungen

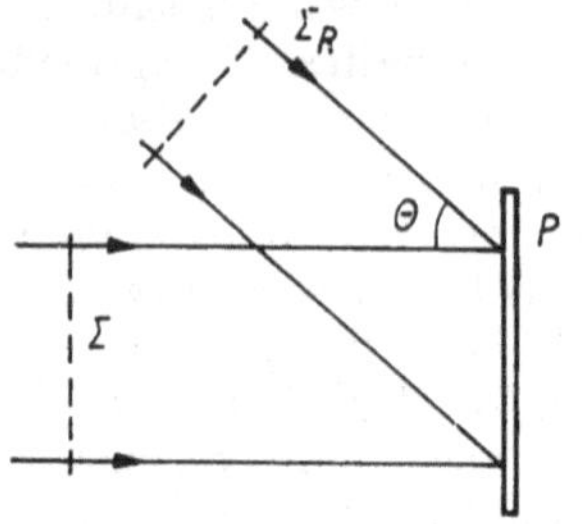

Abb. 22.1. Aufzeichnung einer ebenen Welle Σ

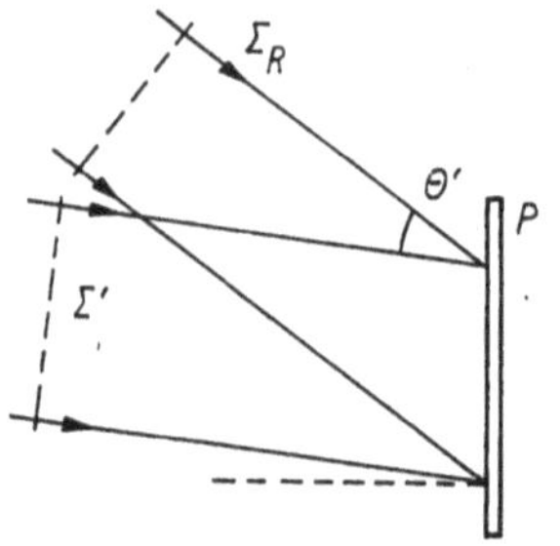

Ab b. 22.2. Aufzeichnung einer zweiten ebenen Welle Σ'

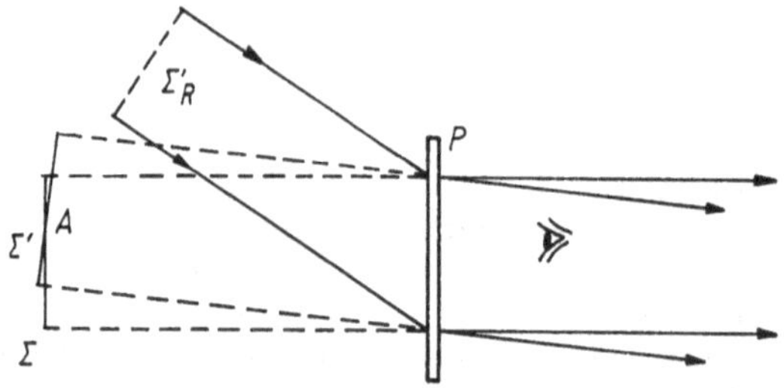

Abb. 22.3. Interferenz zweier ebener rekonstruierter Wellen Σ und Σ'

im linearen Teil der Schwärzungskurve. Beleuchtet man anschließend das so erhaltene Hologramm mit einer Welle Σ_R', die mit Σ_R identisch ist (Abb. 22.3), so werden in bezug auf die *Phase* und die *Amplitude* zwei Wellen Σ und Σ' rekonstruiert. Da das Hologramm mit einer punktförmigen Lichtquelle beleuchtet wird, sind die beiden Wellen Σ und Σ' kohärent und können interferieren. In einem beliebigen Bereich A, in dem die beiden Wellen sich überlagern, wird man beispielsweise geradlinige, parallele und äquidistante Streifen beobachten. Infolge der Eigenschaften der Hologramme kann man zwei zu verschiedenen Zeitpunkten aufgezeichnete Wellen miteinander interferieren lassen. Selbstverständlich tritt diese Erscheinung nicht auf, wenn man bei der Aufzeichnung die kohärente Welle Σ_R unterdrückt. Wir wollen noch einmal die in Abb. 22.1 dargestellte Anord-

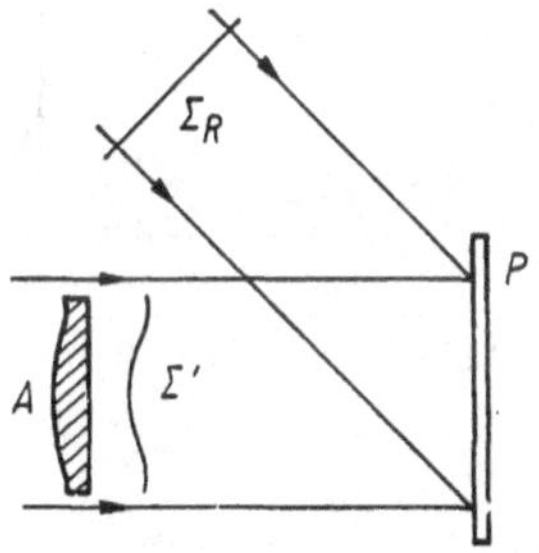

Abb. 22.4. Aufzeichnung des Hologramms eines Phasenobjektes A

nung betrachten. Die Platte werde mit einer ebenen Welle Σ belichtet. In das einfallende Bündel bringen wir ein durchsichtiges Objekt A (Abb. 22.4). Die Phase der einfallenden Welle wird durch das transparente Objekt verändert, d. h., die Welle wird deformiert. Wir wollen sie mit Σ' bezeichnen. Es wird nun eine zweite Aufnahme gemacht. Anschließend entwickeln wir die Platte und beleuchten

das Hologramm unter denselben Bedingungen wie bei der Aufzeichnung. Man beobachtet dann die Interferenzen der ebenen Welle Σ, die bei der ersten Aufzeichnung verwendet wurde, mit der deformierten Welle Σ'. Wir erhalten nicht lokalisierte Streifen, die insbesondere im Bild des Objektes A beobachtbar sind. Sie stellen Linien gleicher Wegdifferenz des Objektes A dar. Wenn die Dicke des Objektes in einem Punkt mit e bezeichnet wird und sein Brechungsindex mit n, ergeben die Streifen Linien der Bedingung $(n-1)e = \text{const}$. Wenn das Objekt A einen konstanten Brechungsindex besitzt, ergeben die Streifen Linien konstanter Dicke von A. Man findet die gleichen Ergebnisse, die man auch erhalten würde, wenn man A in ein klassisches Interferometer, z. B. in ein MACH-ZEHNDER-Interferometer, gebracht hätte.

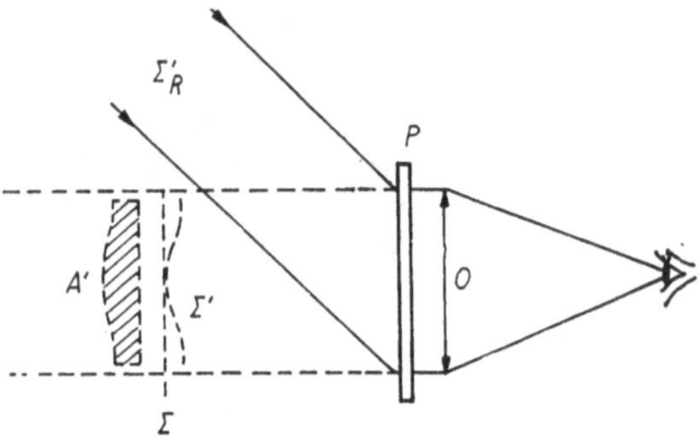

Abb. 22.5. Beobachtung der vom Bild A' des Phasenobjektes erzeugten Phasenschwankungen

Wenn man die Streifen bei einem virtuellen Bild beobachten will, muß man das Hologramm in der in Abb. 22.5 dargestellten Art und Weise beleuchten. Die Pupille des Auges befindet sich dazu im Brennpunkt eines Objektivs O, das hinter dem Hologramm aufgestellt wird. Mit Hilfe

des Objektivs O kann man das Auge auf das Bild A' des Objektes einstellen. Man erkennt, daß jede Abblendung des Hologramms das Beobachtungsfeld reduziert. Es ist möglich, ein reelles Bild des Objektes mit den Streifen zu erhalten, wenn man das Hologramm mit einem parallelen Bündel beleuchtet, das symmetrisch zu dem bei der Aufzeichnung verwendeten Bündel liegt (Abb. 22.6). Stellt

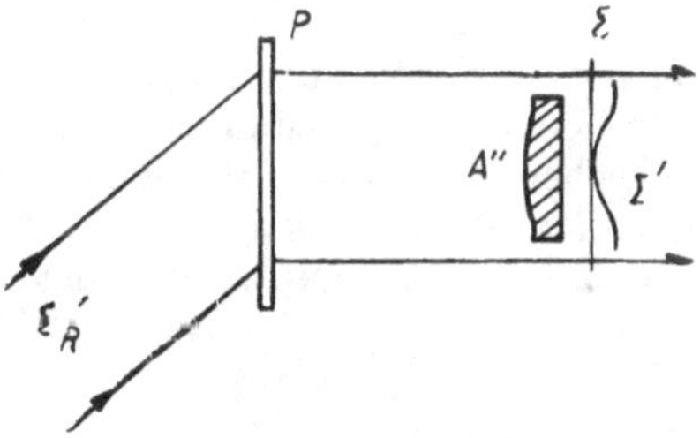

Abb. 22.6. Beobachtung des reellen Bildes

man einen Schirm in der Ebene des Bildes A'' auf, wobei ein sehr kleines Objekt angenommen wird, so findet man, daß die Interferenzstreifen Linien gleicher Phasendifferenz des Objektes darstellen.

22.2. Interferometrie unter Verwendung einer Streuscheibe

Eine Streuscheibe D werde mit kohärentem Licht beleuchtet. Wir stellen vor D ein durchsichtiges Objekt A auf (Abb. 22.7). Wie bisher erfolgt die Aufzeichnung mit Hilfe einer kohärenten Welle Σ_R. Wir entfernen nun das Objekt A, ohne sonst etwas an der Apparatur zu ändern. Es wird ein zweites Mal belichtet und die Platte entwickelt. Das so erhaltene Hologramm zeigt Interferenzstreifen, die den Linien $(n - 1)e = \text{const.}$ des Objektes A entsprechen. Wir betrachten die Wirkung eines beliebigen Punktes M. Er liege nahe bei einem Teilbereich

von A, der die Dicke e und die Brechzahl n besitzt. Die Phase besitzt in M einen bestimmten Wert, den man nicht unbedingt kennen muß. Wenn wir das Objekt A entfernen, müssen wir im Punkt M den optischen Weg ne, der von A herrührt, durch die optische Weglänge e in

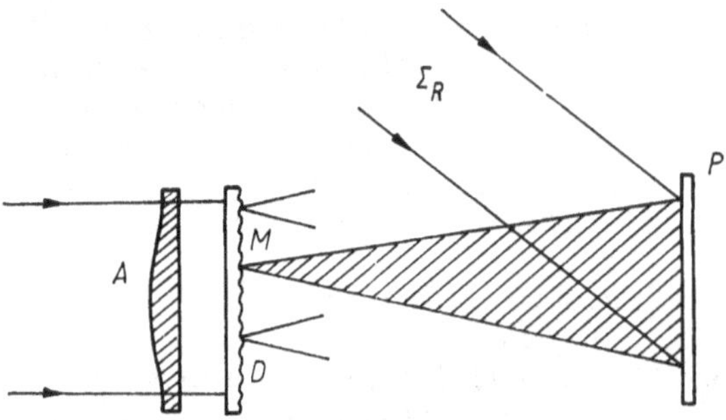

Abb. 22.7. Aufzeichnung des Hologramms des Phasenobjektes A durch eine Mattscheibe D

Luft ersetzen. Man sieht, daß sich zwischen den beiden Aufnahmen der optische Weg um den Wert $(n - 1)e$ geändert hat. Da man die beiden entsprechenden Wellen zur Interferenz bringen kann, beobachtet man Interferenzstreifen mit einem Gangunterschied von der Größe $(n - 1)e$. Nimmt man nun an, daß sich nur die Dicke e von einem Punkt des Objektes A zu einem anderen ändert, so stellen die Interferenzstreifen Kurven gleicher Dicke des Objektes A dar. Wir erhalten hier bedeutende Unterschiede zu den Interferenzen, die wir ohne Mattscheibe beobachten können (vgl. Abschnitt 22.1). Bei der in Abb. 22.7 dargestellten Anordnung streut jeder Punkt M der Mattscheibe D das Licht über das gesamte Hologramm P. Daher beeinflussen die Änderungen des optischen Weges $(n - 1)e$ die ganze Oberfläche des Hologramms. Wie im Fall eines streuenden Objektes (vgl. Abschnitt 19.2) reicht ein beliebiger Teil des Hologramms

aus, um die Erscheinung zu rekonstruieren. Das Bild und die Interferenzstreifen können mit bloßem Auge ohne besondere optische Hilfsmittel beobachtet werden. Man kann auch das Phasenobjekt zwischen der Mattscheibe D und dem Hologramm P anordnen. Die erste Aufnahme wird bei Anwesenheit des Phasenobjektes gemacht, während es bei der zweiten Aufnahme fehlt. Um in diesem Fall eine Beobachtung durchführen zu können, stellt man ein Objektiv, in dessen Brennpunkt eine Blende mit einem kleinen Loch steht, vor das Hologramm. Dadurch wird erreicht, daß die Strahlen, die zwischen der Mattscheibe und dem Hologramm parallel verlaufen, ins Auge dringen können. Verschiebt man das Loch, so kann man das Interferenzfeld für die verschiedenen Neigungen des parallelen Bündels beobachten, das durch das Objekt hindurchgegangen ist.

Die Abb. 22.8 und 22.9 geben schematisch zwei eindrucksvolle Anwendungsbeispiele der Interferenzholographie wieder, die von R. E. Brooks und seinen Mit-

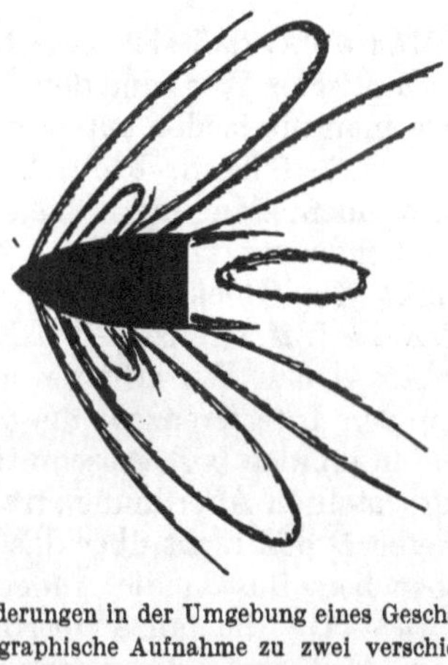

Abb. 22.8. Druckänderungen in der Umgebung eines Geschosses. Interferenzen, die man durch holographische Aufnahme zu zwei verschiedenen Zeitpunkten erhält. Schematische Darstellung nach einer Photographie von R. E. Brooks und Mitarbeitern

arbeitern stammen. In Abb. 22.8 wird die Änderung des Luftdruckes in der Umgebung eines Geschosses dargestellt. Man erhält eine Aufnahme wie bei einem klassischen Interferometer. Bei der ersten Aufnahme wird das von der Mattscheibe gestreute Licht mit einem ko-

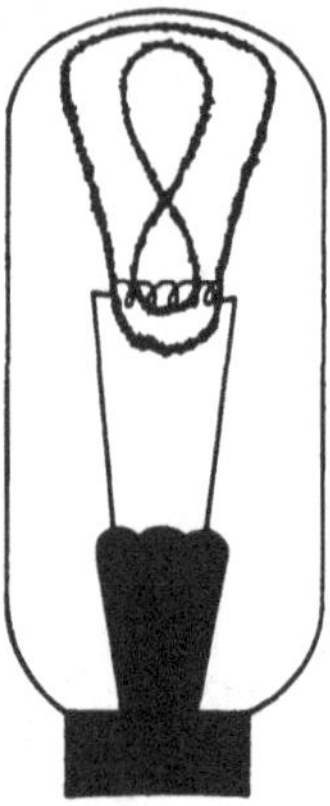

Abb. 22.9. Wärmeströmungen in einer Glühlampe. Interferenzen, die man durch holographische Aufnahmen zu zwei verschiedenen Zeitpunkten erhält. Schematische Darstellung nach einer Photographie von R. E. BROOKS und Mitarbeitern

härenten Untergrund aufgezeichnet. Bei der zweiten Aufnahme wird am Aufbau der Apparatur nichts verändert. Man photographiert in dem Augenblick, in dem das Geschoß vor der Mattscheibe vorbeifliegt.

Abb. 22.9 zeigt die Wärmeströmungen über dem Glühfaden einer Lampe. Bei der ersten Aufnahme wird der Glühfaden nicht erhitzt. Die Aufzeichnung wird mit einem kohärenten Untergrund durchgeführt, wobei die Lampe vor der Streuscheibe aufgestellt wird. Bei der zweiten Aufnahme läßt man die Anordnung unverändert. Der Glühfaden wird hierbei erhitzt. Obwohl der Glaskolben

der Glühlampe bei beiden Aufnahmen vorhanden ist, stören im Gegensatz zum klassischen Interferenzverfahren die Inhomogenitäten keineswegs die Beobachtung.

22.3. Interferometrie streuender Objekte

Mit Hilfe der Holographie ist es möglich, streuende Objekte interferometrisch zu untersuchen. Hierin liegen vielleicht die größten Vorteile der Hologramme. Wir betrachten dabei ein beliebiges Objekt A, beispielsweise eine Streuscheibe. Der Einfachheit halber nehmen wir an, daß das von einer Lichtquelle beleuchtete Objekt A eine gleichförmige Oberfläche besitzt. Wir nehmen dann das Objekt A auf (Abb. 22.10). Nach dem Entwickeln

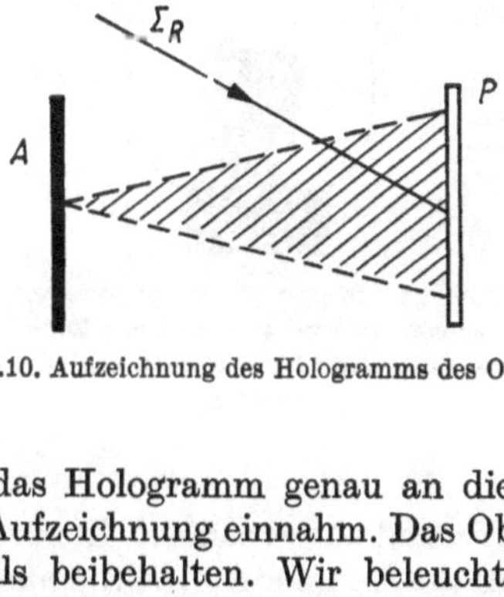

Abb. 22.10. Aufzeichnung des Hologramms des Objektes A

bringen wir das Hologramm genau an die Stelle, die es zur Zeit der Aufzeichnung einnahm. Das Objekt soll seine Lage ebenfalls beibehalten. Wir beleuchten das Hologramm mit einem zu Σ_R identischen Bündel Σ_R' (Abb. 22.11).

Das vom Auge zu beobachtende virtuelle Bild A_1 interferiert mit dem Objekt A, das von derselben Lichtquelle beleuchtet wird. (Das Bündel, das A beleuchtet, ist in Abb. 22.11 nicht dargestellt.) Wenn das Objekt A nach der Aufzeichnung des Hologramms nicht deformiert wurde, fallen A und A_1 zusammen. Der Interferenzzustand ist in allen Punkten derselbe. Die Interferenzen

zwischen A und A_1 verändern nichts, das Bild ist wie das Objekt A gleichförmig. Wird dagegen das Objekt A ein wenig deformiert, indem es beispielsweise entsprechend A_2 durchgebogen wird, entstehen zwischen A und A_2 Interferenzen. Man erhält so die für diese Deformation charakteristischen Interferenzstreifen.

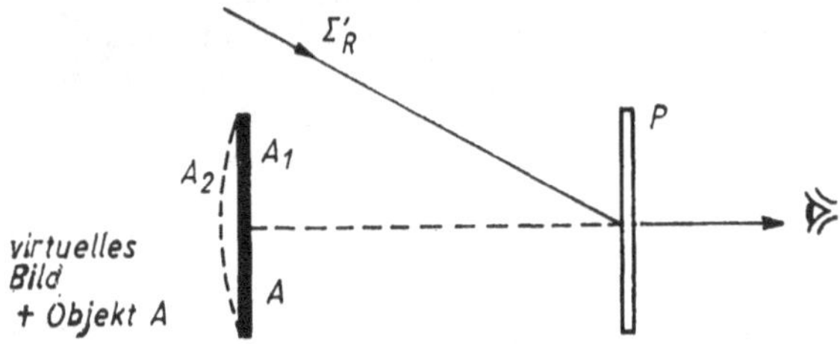

Abb. 22.11. Interferenz zwischen dem Objekt A und seinem mit Hilfe des Hologramms P rekonstruierten Bildes A_1

Diese Deformation kann man beobachten, indem man nacheinander zweimal das Objekt auf ein und demselben Hologramm aufzeichnet. Bei der ersten Aufnahme ist das Objekt A nicht deformiert, während die zweite Aufnahme mit dem deformierten Objekt durchgeführt wird. Man beobachtet bei der Rekonstruktion des Hologramms zwei Bilder. Das eine befindet sich an der Stelle A in Abb. 22.11, das andere an der Stelle A_2. Beide Bilder interferieren miteinander, und man erhält die für die Deformation charakteristischen Interferenzstreifen.

22.4. Interferometrie bewegter Objekte

Wir wollen das vorstehend beschriebene Experiment mit dem deformierten Objekt A wiederholen. Zwei aufeinanderfolgende Aufzeichnungen des Objektes auf demselben Hologramm haben es ermöglicht, das Objekt in den beiden Stellungen A und A_1 zu rekonstruieren und die zwischen A und A_1 aufgetretene Deformation durch

Interferenzen zu untersuchen. Wir wollen uns nun vorstellen, daß das Objekt A schwingt. A_1 sei dabei einer der möglichen Zustände, in dem sich das Objekt zu einem bestimmten Zeitpunkt befindet. Es ist nun durchaus möglich, aufeinanderfolgende Momentzustände auf demselben Hologramm aufzuzeichnen. Bei der Rekonstruktion werden wir genau so viele Zustände des Objektes beobachten können, wie wir aufgezeichnet haben, und alle diese Bilder werden miteinander interferieren. Man kann das Verfahren nun so verallgemeinern, daß man nur eine einzige Aufnahme macht während einer Zeit, in der das Objekt A in beliebiger Weise schwingt. Nach dem Entwickeln der Platte beobachten wir das Hologramm unter den üblichen Bedingungen. Wir wollen annehmen, daß die Bewegung eines Punktes A sinusförmig verläuft. Es ergibt sich dann, daß die Intensität I in jedem Bildpunkt von der Schwingungsamplitude abhängt. Da wir vorausgesetzt hatten, daß das streuende Objekt A gleichförmig ist, ergibt sich folgende Proportionalität für die Intensität I:

$$I \sim J_0^2(2km) \tag{22.1}$$

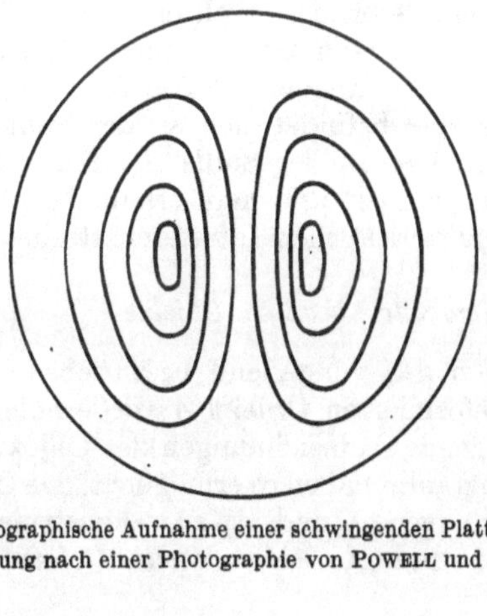

Abb. 22.12. Holographische Aufnahme einer schwingenden Platte. Schematische Darstellung nach einer Photographie von POWELL und STETSON

wobei m die Schwingungsamplitude im betrachteten Punkt bedeutet. J_0 ist die BESSEL-Funktion nullter Ordnung und $k = 2\pi/\lambda$ die Wellenzahl. Die Intensität ist in jedem Punkt unabhängig von der Schwingungsfrequenz. R. L. POWELL und K. A. STETSON haben auf diese Weise

Abb. 22.13. Holographische Aufnahme einer schwingenden Platte (andere Schwingungsform). Schematische Darstellung nach einer Photographie von POWELL und STETSON

die Schwingungsformen einer schwingenden Platte untersucht, die sich am Ende eines Zylinders befindet. Man beobachtet dabei dunkle Linien, die Kurven konstanter Amplitude darstellen und den Nullstellen der BESSEL-Funktion J_0 entsprechen. In Abb. 22.12 und Abb. 22.13 sind zwei Arten der Schwingung schematisch dargestellt.

23. Weitere Anwendungen der Holographie

23.1. Aufzeichnung von Hologrammen durch ein phasenänderndes Medium

Wir zeichnen das Hologramm eines beliebigen Objektes A auf (Abb. 23.1) und legen eine Mattscheibe D zwischen Objekt und Hologramm. Die Referenzwelle Σ_R sei durch

einen einfachen Pfeil angegeben. Nach dem Entwickeln beleuchten wir das Hologramm so, daß wir ein reelles Bild D' der Mattscheibe erhalten (Abb. 23.2). Die Phase in einem beliebigen Punkt (x, y, z) der Mattscheibe soll durch $\Phi(x,y,z)$ beschrieben werden. Die komplexe

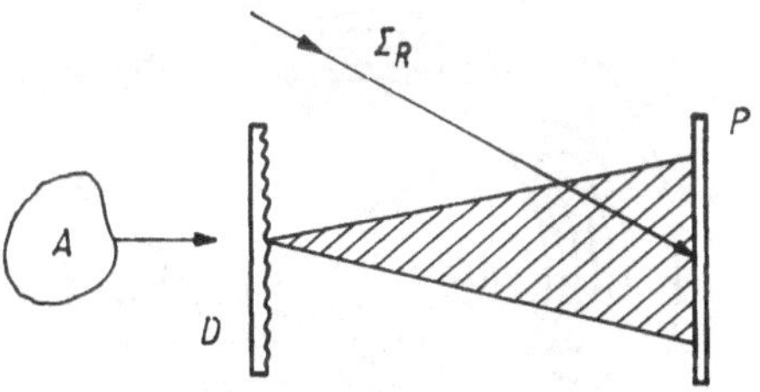

Abb. 23.1. Aufzeichnung des Hologramms eines Objektes *A* durch eine Streuscheibe *D*

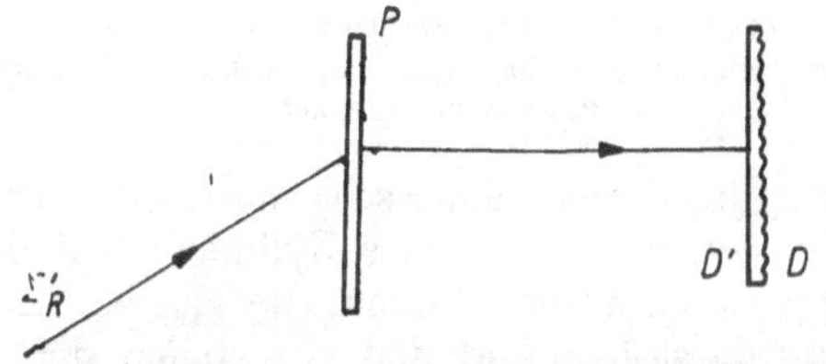

Abb. 23.2. Das Bild des Objektes wird sichtbar, wenn man das rekonstruierte reele Bild *D'* mit der Streuscheibe *D* zusammenfallen läßt

Amplitude kann man dann durch den Ausdruck $e^{j\Phi}$ darstellen. Im gleichen Punkt (x, y, z) des Bildes D' der Mattscheibe ergibt sich die komplexe Amplitude zu $e^{-j(\Phi+\varphi)}$, wobei φ den Einfluß des Objektes A beschreibt. Stellt man die Mattscheibe D so auf, daß sie mit dem reellen Bild D' zusammenfällt, so werden die von der Mattscheibe hervorgerufenen Phasenänderungen durch die des Bildes D' kompensiert. Es bleibt nur der durch das Objekt

bedingte Term übrig, der sich auch bei Verwendung einer planparallelen Platte ergeben würde.

Das gleiche Prinzip kann man benutzen, um die Aberrationen eines Objektivs zu korrigieren (Abb. 23.3). Man stellt eine punktförmige Lichtquelle S in den Brennpunkt des Objektivs O, das die Lichtquelle ins Unendliche ab-

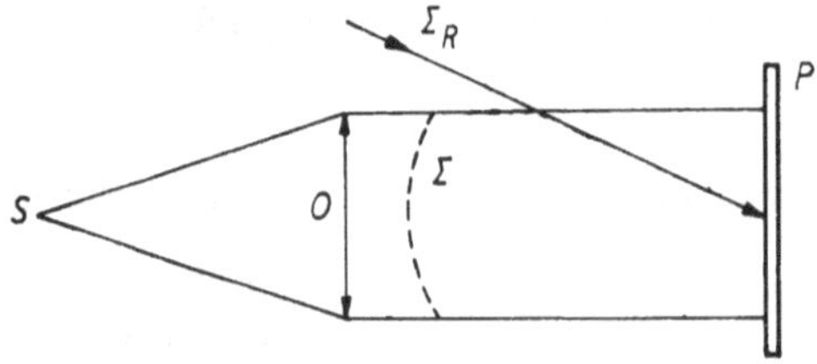

Abb. 23.3. Aufzeichnung des Hologramms eines mit einer sphärischen Aberration behafteten Objektivs O

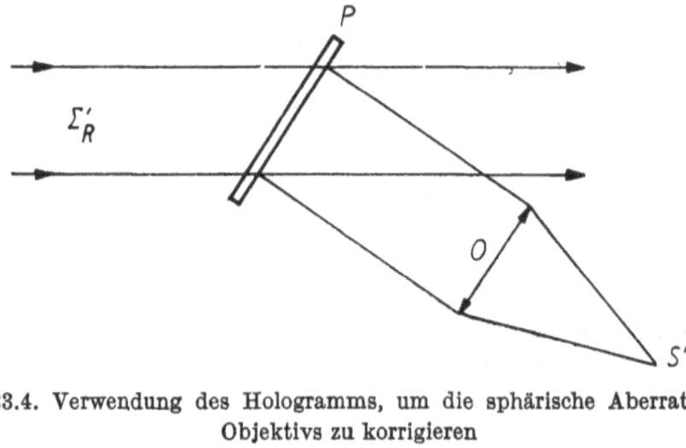

Abb. 23.4. Verwendung des Hologramms, um die sphärische Aberration des Objektivs zu korrigieren

bildet. Wenn das Objektiv O eine sphärische Aberration besitzt, ist die Welle Σ nicht eben. Ihre Deformationen charakterisieren die Aberrationen des Objektivs. Man kann die Amplitude der Welle Σ in einem beliebigen Punkt durch einen Ausdruck der Form $e^{j\Phi}$ darstellen,

wobei Φ die durch die sphärische Aberration verursachte Phasenänderung bedeutet. Wir zeichnen ein Hologramm auf und benutzen es so zur Beleuchtung des Objektivs wie dies in Abb. 23.4 dargestellt ist. Das Bündel, das aus P austritt, wird durch das Objektiv O in ein reelles Bild von Σ abgebildet. Dieses reelle Bild von Σ, das durch den Ausdruck $e^{-j\Phi}$ dargestellt wird, kompensiert die durch $e^{j\Phi}$ beschriebene Aberration des Objektivs. Das Bild S' der punktförmigen Lichtquelle ist bezüglich der sphärischen Aberration korrigiert.

23.2. Fouriersche Hologramme und optische Filterung

Wichtige Anwendungsgebiete der FOURIERschen Hologramme sind die Datenverarbeitung und die Entschlüsselung von Schriftzeichen durch optische Filterung. Wir wollen hierzu ein Beispiel betrachten. Es liege ein Text mit vielen weißen Schriftzeichen auf schwarzem Unter-

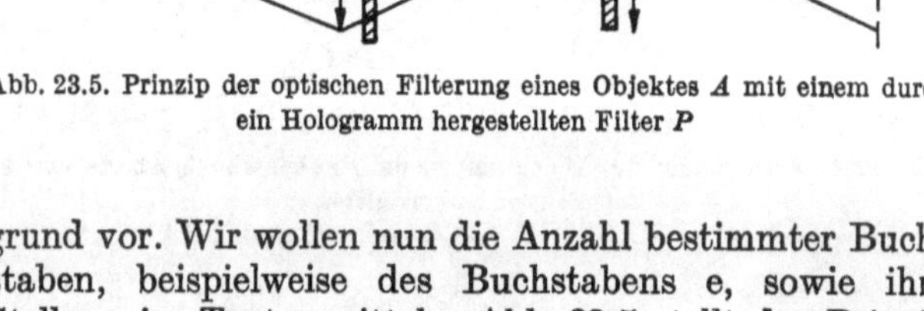

Abb. 23.5. Prinzip der optischen Filterung eines Objektes A mit einem durch ein Hologramm hergestellten Filter P

grund vor. Wir wollen nun die Anzahl bestimmter Buchstaben, beispielweise des Buchstabens e, sowie ihre Stellung im Text ermitteln. Abb. 23.5 stellt das Prinzip dieses Experimentes dar. Der zu untersuchende Text befindet sich in A und wird durch eine punktförmige Quelle S (Laser) beleuchtet. Ein vor A aufgestelltes Objektiv O_1 erzeugt in S', dem Bild von S eine charak-

teristische Beugungserscheinung von A. Ein zweites in der Nähe von S' aufgestelltes Objektiv O_2 erzeugt in A' ein Bild von A. Bringt man nun bei S' ein geeignetes Filter P in den Strahlengang, so wird das Auftreten der Buchstaben e im Text A in der Bildebene A' durch leuchtende Punkte auf schwarzem Untergrund angezeigt. Jeder leuchtende Punkt entspricht einem Buchstaben e und gibt seine Lage an. Wir müssen nun noch das Wesen und die Wirkungsweise des Filters P näher erklären. Um ein Signal identifizieren zu können, benötigt man ein Maximum an Information über das Objekt. Im vorliegenden Fall bedeutet das, daß man die Amplitude und die Phase des vom Signal ausgestrahlten Lichtes kennen muß. Das Filter P muß also ein Hologramm sein. Man kann aus dem in Abb. 23.5 dargestellten Prinzip der verwendeten Anordnung entnehmen, daß das in P aufgestellte Hologramm ein FOURIERsches Hologramm sein muß. Wenn man den Buchstaben e herausfinden will, muß man ein FOURIERsches Hologramm dieses mit kohärentem Licht beleuchteten Buchstabens aufnehmen (Abb. 23.6). Dazu wird eine photographische Aufnahme

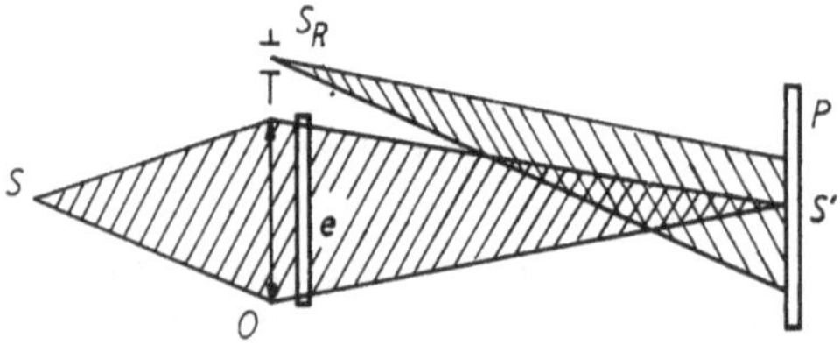

Abb. 23.6. Aufzeichnung des FOURIERschen Hologramms eines zu bestimmenden Signals

des Buchstabens e hinter einem von einer punktförmigen Lichtquelle S beleuchteten Objektiv aufgestellt. In S', das zu S optisch konjugiert ist, befindet sich eine Photoplatte P, die das Hologramm aufzeichnet. Die punktförmige

Referenzquelle steht in S_R. Die beiden Quellen S und S_R werden von demselben Laser erzeugt, der in Abb. 23.6 nicht eingezeichnet wurde, um die Abbildung nicht unnötig zu komplizieren. In S' beobachtet man die charakteristische Beugungserscheinung des Buchstabens e. Durch Verwendung des von S_R erzeugten kohärenten Untergrundes werden im Hologramm P Amplitude und Phase dieser Beugungserscheinung aufgezeichnet. Das so erzeugte Hologramm wird an der Stelle P in Abb. 23.5 aufgestellt. Wie wir schon bei der Behandlung der FOURIERschen Hologramme festgestellt haben (vgl. Abschnitt 21.1), erhält man ein zentrales Bild S_0 und zwei dazu symmetrische Bilder A_1 und A_1' (Abb. 23.7). Das

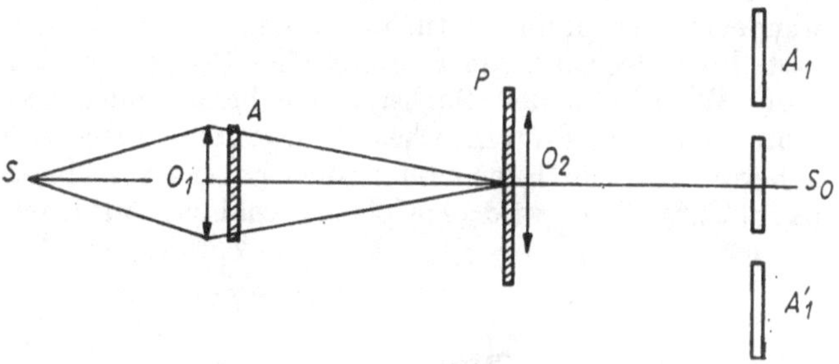

Abb. 23.7. Entschlüsselung eines Buchstabens A im Text durch optische Filterung mit Hilfe eines FOURIERschen Hologramms P

zentrale Bild reproduziert den ursprünglichen Text. Wenn man das Hologramm so hergestellt hat, wie dies in Abb. 23.6 dargestellt ist, kann man zeigen, daß man das Bild A_1', das sich in Abb. 23.7 unten befindet, benutzen muß. Das Bild A_1' enthält einen leuchtenden Punkt, dessen Lage dem zu ermittelnden Signal (Buchstabe e) entspricht. Mehrere Buchstaben e erzeugen voneinander unterschiedliche Punkte, die die Positionen der einzelnen Buchstaben angeben. Es ist natürlich einzusehen, daß man falsche Ergebnisse erhalten kann, wenn eine gewisse

Ähnlichkeit zwischen dem zu identifizierenden und einem anderen Buchstaben besteht. Eine solche Möglichkeit ist beispielsweise bei den beiden Buchstaben I und L gegeben. LOWENTHAL hat eine Methode vorgeschlagen, die er Derivationsmethode nannte, bei der insbesondere die Erkennbarkeit unterbrochener Linien des Signals erhöht wird. Man setzt dann das abgewandelte Objekt unter denselben Bedingungen zu dem abgewandelten Signal in Korrelation.

23.3. Anwendung der Holographie in der Mikroskopie

Es ist bekannt, daß in der Mikroskopie die Tiefenschärfe des Bildfeldes mit wachsender Vergrößerung abnimmt. Auf diesem Gebiet bietet die Holographie große Vorteile infolge der dreidimensionalen Wiedergabe der Bilder. Sobald das Hologramm aufgenommen wurde, kann man den gesamten Umfang des Bildes erforschen, indem man einfach das optische Beobachtungssystem verschiebt. Auch in anderer Beziehung ergeben sich Vorteile. Die Anwendung der Formeln (20.8) zeigt, daß man die Vergrößerung um den Faktor λ'/λ steigern kann, wenn man die Aufzeichnung bei einer Wellenlänge λ durchführt, die Rekonstruktion aber unter Verwendung von Licht der Wellenlänge λ' vornimmt. Man könnte sich dazu ein mit Röntgenstrahlen arbeitendes Mikroskop vorstellen, bei dem die Aufzeichnung mit Röntgenstrahlen vorgenommen wird. Die Rekonstruktion könnte mit normalem Licht aus dem sichtbaren Spektralbereich erfolgen. Mit einem solchen Mikroskop könnte man ein dem Elektronenmikroskop entsprechendes Auflösungsvermögen erreichen. Jedoch liegt die Realisierung des Röntgenmikroskops noch in der Zukunft.

Literatur

1. R. E. Brooks, L. O. Heflinger and R. F. Wuerker, IEEEJ. Quantum Electron. QE-**2**, 275 (1966).
2. Y. N. Denisyuk, Opt. Spectr. **15**, 279 (1963).
3. D. Gabor, Nature **161**, 777 (1948).
4. D. Gabor, Proc. Roy. Soc. London **A 197**, 454 (1949).
5. D. Gabor, Proc. Roy. Soc. London **B 64**, 449 (1951).
6. J. W. Goodman, Introduction to Fourier Optics, McGraw-Hill Book Company, New York 1968.
7. B. P. Hildebrand and K. A. Haines, Applied Optics **5**, 172 (1966).
8. M. H. Horman, Applied Optics **4**, 335 (1965).
9. A. Kozma and D. L. Kelly, Applied Optics **4**, 387 (1965).
10. E. N. Leith and J. Upatnieks, J. Opt. Soc. Amer. **52**, 1123 (1062).
11. E. N. Leith and J. Upatnieks, J. Opt. Soc. Amer. **53**, 1377 (1963).
12. S. Lowenthal et Y. Belvaux, Revue d'Optique **1**, 1 (1967).
13. L. Mertz and N. O. Young, Proc. ICO Conf. Opt. Instr. London 1961, p. 305.
14. K. S. Pennington and L. H. Lin, Appl. Phys. Letters **7**, 56 (1965).
15. R. L. Powell and K. A. Stetson, J. Opt. Soc. Amer. **55**, 1593 (1965).
16. L. M. Soroko, Uspechi fiz. nauk (URSS) **90**, No. 1 (1966).
17. G. W. Stroke, An introduction to coherent optics and holography, Academic Press, New York 1966.
18. J. C. Vienot, L'onde électrique **48**, No. 492, 226 (1968).

VI. NICHTLINEARE OPTIK

24. Grundlegende Experimente

Bei vielen physikalischen Erscheinungen ist die zwischen zwei Größen bestehende Beziehung nur in erster Näherung linear. Dies ist beispielsweise bei einem Pendel der Fall, das aus seiner Gleichgewichtslage um einen Winkel α ausgelenkt wird. Die Kraft F, die das Pendel bei einer Auslenkung in die Gleichgewichtslage zurücktreibt, ist dem Winkel α nur in erster Näherung direkt proportional, d. h., wenn dieser Winkel hinreichend klein ist.

Eine ähnliche Erscheinung findet man auch in der Optik, wenn man die Beziehung zwischen der Polarisation P eines Kristalls und der elektrischen Feldstärke E betrachtet. Bezeichnen wir mit χ die elektrische Suszeptibilität des Kristalls, so gilt folgende Gleichung:

$$P = \chi E(1 + aE + bE^2 + \cdots). \qquad (24.1)$$

Der Koeffizient a ist dabei eine Größe, die dem atomaren Feld innerhalb des Kristalls umgekehrt proportional ist. Wenn man den Kristall mit Hilfe einer gewöhnlichen Lichtquelle bestrahlt, nimmt das Feld E keine besonders großen Werte an. Man braucht daher in der oben stehenden Gleichung nur das erste Glied zu berücksichtigen. Wenn man jedoch den Kristall mit einem Laser bestrahlt, ergeben sich andere Erscheinungen, da der Laser sehr intensive Felder erzeugt. Konzentriert man das Laserbündel mit Hilfe einer Linse auf den Kristall, so erhält man durch die Wechselwirkung mit dem im Kristall vorhandenen atomaren Feld nicht zu vernachlässigende

Felder. Man kann daher in diesem Fall die Glieder höherer Ordnung in Gleichung (24.1) nicht mehr vernachlässigen. Es besteht also keine Linearität mehr zwischen P und E. Dies ist der Grund für die Bezeichnung „nichtlineare Optik“, die man dieser Erscheinung gegeben hat. Wir wollen annehmen, daß nur die ersten beiden Glieder der rechten Seite von Gleichung (24.1) für die weiteren Untersuchungen von Bedeutung sind:

$$P = \chi E + a\chi E^2. \tag{24.2}$$

Wir bestrahlen nun einen Kristall mit einem Laserbündel, dessen Kreisfrequenz ω sei. Auf den Kristall wirkt dann ein elektrisches Feld der Form

$$E = E_m \sin \omega t. \tag{24.3}$$

Setzen wir diesen Ausdruck in Gleichung (24.2) ein, so erhalten wir

$$P = \chi E_m \sin \omega t + a\chi E_m{}^2 \sin^2 \omega t \tag{24.4}$$

bzw. nach einer Umformung

$$P = \chi E_m \sin \omega t + \frac{a\chi E_m{}^2}{2} (1 - \cos 2\omega t). \tag{24.5}$$

Die beiden Ausdrücke $\chi E_m \sin \omega t$ und $\frac{a\chi E_m{}^2}{2} \cos 2\omega t$ entsprechen zwei elektromagnetischen Wellen mit den Kreisfrequenzen ω und 2ω. Der von einem Laserstrahlbündel der Kreisfrequenz ω bestrahlte Kristall sendet dann neben der einfallenden Strahlung noch eine neue Strahlung mit der Kreisfrequenz 2ω aus, die man die zweite Harmonische nennt. Wenn man ein Strahlenbündel, das von einem Rubinlaser mit einer Wellenlänge von 6943 Å ausgesandt wird, auf einen Kristall konzentriert, beobachtet man am Ausgang des Kristalls eine sehr

intensive Strahlung gleicher Wellenlänge und außerdem eine Strahlung mit einer geringeren Intensität mit der Wellenlänge 3470 Å, die die zweite Harmonische darstellt. Der Anteil der einfallenden Strahlungsenergie, die zur Erzeugung der zweiten Harmonischen umgewandelt wird, hängt von den Eigenschaften des verwendeten Kristalls und der Intensität der einfallenden Strahlung ab.

25. Die zweite Harmonische

25.1. Die Intensität der zweiten Harmonischen am Kristallausgang

Betrachten wir in Abb. 25.1 einen Kristall der Dicke e, der von einem von links nach rechts verlaufenden Laserstrahlbündel durchstrahlt wird. Wir wollen den Punkt,

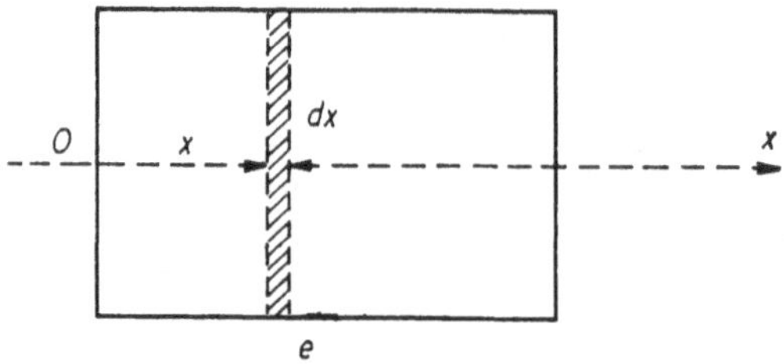

Abb. 25.1.

in dem das Strahlenbündel auf die Kristalloberfläche auftrifft, mit O bezeichnen. In einem Abstand x vom Punkt O besitzt dann das elektrische Feld einen Wert

$E_m \sin(\omega t - \varphi_1)$ mit

$$\varphi_1 = \frac{2\pi n_1 x}{\lambda} = k_1 x. \tag{25.1}$$

Der Brechungsindex des Kristalls für die einfallende Strahlung der Wellenlänge λ sei n. Der Komponente $\frac{a\chi E_m^2}{2}\cos 2\omega t$ aus Gleichung (24.5) entspricht im Abstand x vom Punkt O ein elektrisches Feld, das proportional zu $\cos 2(\omega t - \varphi_1)$ ist. Um zur Austrittsfläche des Kristalls zu gelangen, benötigt die zweite Harmonische eine Zeit t', die durch die folgende Gleichung gegeben ist:

$$t' = \frac{e - x}{v_2}; \tag{25.2}$$

v_2 bedeutet dabei die Phasengeschwindigkeit der zweiten Harmonischen. Betrachtet man den Anteil, den eine differentielle Dicke $\mathrm{d}x$ des Kristalls zum elektrischen Feld der zweiten Harmonischen an der Austrittsfläche des Kristalls beiträgt, so erhält man einen Ausdruck, der proportional zu $\cos 2[\omega(t - t') - \varphi_1]$ ist. Zur Vereinfachung führen wir ein:

$$k_2 = \frac{2\pi n_2}{\lambda/2}, \qquad v_2 = \frac{2\omega}{k_2}. \tag{25.3}$$

Hierin ist n_2 der Brechungsindex des Kristalls bezüglich der zweiten Harmonischen. Durch Integration über alle Anteile, die von den einzelnen $\mathrm{d}x$ herrühren, erhält man das elektrische Feld an der Austrittsfläche für den gesamten Kristall:

$$\int\limits_0^e \cos\left[2\omega t - k_2 e + (k_2 - 2k_1)x\right]\mathrm{d}x$$
$$= e\,\frac{\sin\left(\frac{k_2}{2} - k_1\right)e}{\left(\frac{k_2}{2} - k_1\right)e}\cos\left[2\omega t - \left(\frac{k_2}{2} + k_1\right)e\right]. \tag{25.4}$$

Die Intensität I des elektrischen Feldes der zweiten Harmonischen ergibt sich zu

$$I = \left[e \frac{\sin\left(\frac{k_2}{2} - k_1\right) e}{\left(\frac{k_2}{2} - k_1\right) e} \right]^2 = \left[e \frac{\sin\left[\frac{e\omega}{c}(n_2 - n_1)\right]}{\frac{e\omega}{c}(n_2 - n_1)} \right]^2 . \tag{25.5}$$

Dabei bedeutet c die Lichtgeschwindigkeit im Vakuum. Dieses Ergebnis zeigt den störenden Einfluß der Dispersion. Aus der obenstehenden Gleichung kann man erkennen, daß die Intensität I bei einem Anwachsen der Differenz $n_2 - n_1$ abnimmt. Infolge der Dispersion kann für isotrope Kristalle die Bedingung $n_1 = n_2$ nicht gelten, wohl aber für anisotrope Kristalle, bei denen diese Bedingung erfüllt werden kann. Es genügt hierbei, daß für eine vorgegebene Ausbreitungsrichtung der Brechungsindex des ordentlichen Strahles für die Frequenz der einfallenden Strahlung gleich dem Brechungsindex des außerordentlichen Strahles für die doppelte Frequenz ist. Wenn $n_1 = n_2$ erfüllt ist, ergibt sich aus Gleichung (25.5), daß die Intensität der zweiten Harmonischen proportional zum Quadrat der Kristalldicke ist.

Franken, der das Strahlenbündel eines Rubinlasers auf eine Quarzplatte richtete, fand 1961, daß 10^{19} Photonen der einfallenden Strahlung (6940 Å) 10^{11} Photonen der zweiten Harmonischen (3470 Å) erzeugten. In neuerer Zeit erzeugte Terhune mit Hilfe einer Phasenanpassung und eines A.D.P.-Kristalls eine zweite Harmonische, deren Intensität ungefähr 20% der Intensität der einfallenden Strahlung entsprach.

25.2. *Die zweite Harmonische und Kristallsymmetrie*

Das Auftreten der zweiten Harmonischen in einem Kristall hängt von der Symmetrie im Kristall ab. Der

Koeffizient a in der Gleichung (24.2) nimmt bei Kristallen, die wie beispielsweise Spat ein Inversionszentrum besitzen, den Wert Null an (Abb. 25.2). In Abb. 25.2 ist die Polarisation P des Kristalles über der elektrischen Feldstärke E des einfallenden Feldes aufgetragen. Da hier ein

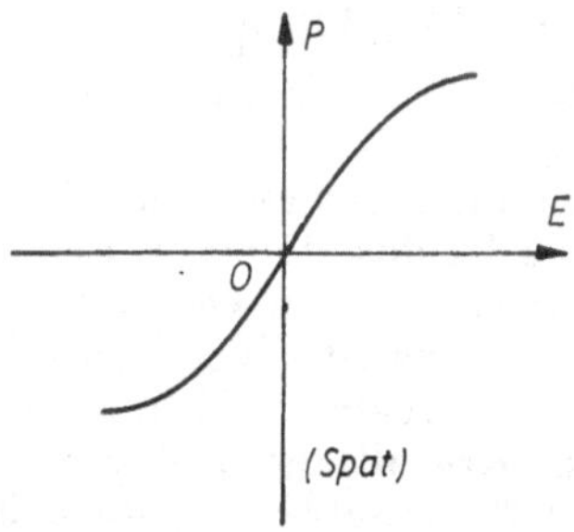

Abb. 25.2

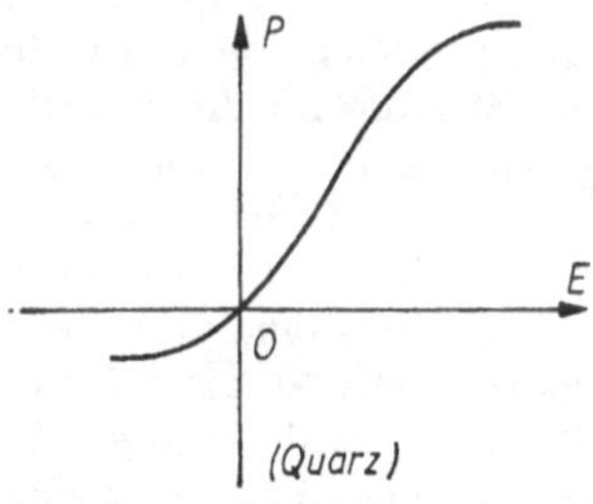

Abb. 25.3

Inversionszentrum vorhanden ist, ändert die Polarisation ihr Vorzeichen, wenn E sein Vorzeichen ändert. Die Entwicklung von P kann keine Glieder mit geraden Potenzen von E enthalten. Wenn kein Inversionszentrum auftritt (Abb. 25.3), kann eine zweite Harmonische entstehen. Trotzdem ist es möglich, einen Kristall mit einem Inversionszentrum zu verwenden, wenn man

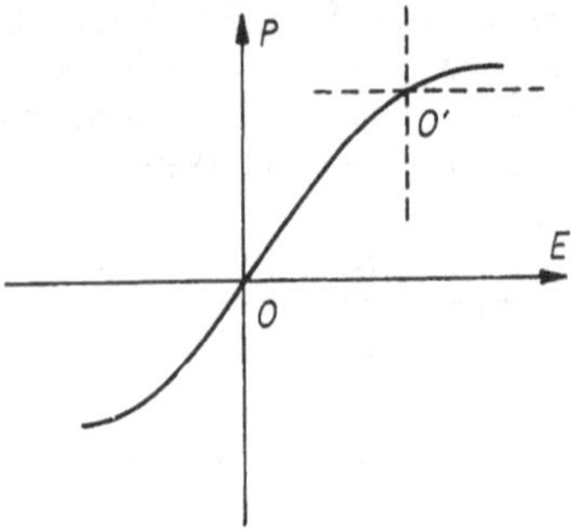

Abb 25.4.

es einem konstanten und starken elektrischen Feld aussetzt. Dieses Feld verschiebt den Nullpunkt von O nach O' (Abb. 25.4). Die Entwicklung von P als Funktion von E enthält dann Glieder mit geraden Potenzen von E.

26. Behandlung der Erscheinungen unter Verwendung der Tensordarstellung

Eine Beziehung, die P und E miteinander verknüpft, läßt sich auch in tensorieller Form schreiben. Es sei $\vec{p}$ die Polarisation, die dem Quadrat der elektrischen Feldstärke (zweite Harmonische) zugeordnet wird. $\vec{p}$ läßt sich dann als lineare Funktion der Komponenten des symmetrischen Tensors $\vec{E}\vec{E}$ darstellen. Man kann den Tensor dann in folgender Weise darstellen:

$$P_i^{2\omega} = X_{ijk}^{2\omega} \, E_j^{\omega} \, E_k^{\omega} . \tag{26.1}$$

Die Indizes i, j, k stellen eine Permutation der Koordinaten x, y, z dar, die oberen Indizes bezeichnen die Frequenzen ω oder 2ω. Die Koeffizienten $X_{ijk}^{2\omega}$ hängen von

den Symmetrieeigenschaften des Kristalls ab. Im allgemeinen kann man j und k durch einen Parameter m ersetzen, der die Werte 1 bis 6 annehmen kann. Die Zuordnung erfolgt in folgender Weise

m	1	2	3	4	5	6
jk	xx	yy	zz	yz	zx	xy

Beim Quarz kann man die Koeffizienten $X_{im}^{2\omega}$ entsprechend der folgenden Tabelle darstellen:

i/m	1	2	3	4	5	6
x	α	$-\alpha$	0	β	0	0
y	0	0	0	0	$-\beta$	-2α
z	0	0	0	0	0	0

Mit dieser Bezeichnungsweise erhält man dann

$$\begin{aligned} p_x &= \alpha E_x^2 - \alpha E_y^2 + \beta E_y E_z, \\ p_y &= -\beta E_z E_x - 2\alpha E_x E_y, \\ p_z &= 0. \end{aligned} \tag{26.2}$$

Die z-Achse liegt in Richtung der optischen Achse.

Die folgende Tabelle gibt für drei Richtungen des Strahlenbündels das Quadrat der Polarisation p senkrecht zur Ausbreitungsrichtung an. Diese Größe ist der Intensität der zweiten Harmonischen proportional.

Richtung des elektrischen Feldes		Intensität der zweiten Harmonischen
x-Achse	$(E_x = 0)$	$p_y^2 + p_z^2 = 0$
y-Achse	$(E_y = 0)$	$p_z^2 + p_x^2 = \alpha^2 E_x^4$
z-Achse	$(E_z = 0)$	$p_x^2 + p_y^2 = \alpha^2 (E_x^2 + E_y^2)^2$

Der Tabelle entnimmt man, daß die zweite Harmonische unabhängig von der Schwingungsrichtung der einfallenden Strahlung ist, wenn das Laserstrahlbündel in Richtung der optischen Achse (z-Achse, $E_z = 0$) einfällt. Sie wird jedoch von der Schwingungsrichtung abhängig, wenn die Strahlung in Richtung der y-Achse ($E_y = 0$) einfällt. Wenn sich die Strahlung dagegen in Richtung der x-Achse ($E_x = 0$) ausbreitet, wird keine zweite Harmonische erzeugt.

Betrachten wir einen Kristall, der ein Inversionszentrum besitzt, so tritt in der Entwicklung von P in Gleichung (24.1) als zweites Glied der Ausdruck $\chi b E^3$ auf, das der dritten Harmonischen entspricht. Diese dritte Harmonische wird durch den folgenden Tensor beschrieben:

$$P_i^{3\omega} = X_{ijkl}^{3\omega} E_j^{\omega} E_k^{\omega} E_l^{\omega} \qquad (26.3)$$

Sie ist sehr intensitätsschwach und kann nur bei Verwendung eines sehr leistungsstarken Lasers beobachtet werden.

Literatur

1. J. A. ARMSTRONG, N. BLOEMBERGEN, J. DUCUING and P. S. PERSHAN, Interaction of light waves in a nonlinear dielectric, Phys. Rev. **127,** 1918 (1962).
2. N. BLOEMBERGEN, Harmonic light waves, Bull. Amer. Phys. Soc. (2) **7,** 196 (1962).
3. N. BLOEMBERGEN and J. DUCUING, Observation of reflected light harmonic, Phys. Rev. Letters, **10,** 474 (1963).
4. P. A. FRANKEN and J. F. WARD, Optical harmonics and nonlinear phenomena, Rev. Modern Phys. **35,** No. 1, 22 (1963).

MIX
Papier | Fördert gute Waldnutzung
FSC® C083411

Zeitfracht Medien GmbH
Ferdinand-Jühlke-Straße 7
99095 Erfurt, Deutschland
produktsicherheit@kolibri360.de